青岛旅游集团 编

青岛奥帆海洋文化旅游区创建案例及操作指南

中国海洋大学出版社
·青岛·

20
21
25
MERCURY

青岛奥帆中心港池晚霞

序一

2018年我作为京师天成聘请专家来青岛竞标奥帆创建5A全程服务时，经过对青岛奥帆海洋文化旅游区的实地勘察，我对其5A创建工作充满信心。

我的信心来自奥帆的天时、地利、人和。

先说天时。2008年第29届北京奥运会帆船赛、2018年上合组织青岛峰会在这里举办，青岛人在为国家、为世界作出巨大贡献的同时，也赢得了全国乃至国际社会的高度赞扬。奥帆在此基础上创建5A级景区，可以说是恰逢其时。2019年，“中国人民解放军海军成立70周年阅兵式”也在这里举行，这让青岛更加亮眼。

再说地利。青岛地处山东半岛南部，东濒黄海，是全国副省级城市之一，而且是山东半岛都市圈的核心城市，是国务院批复确定的中国沿海重要中心城市和滨海度假旅游城市、国际性港口城市。可以说，青岛是我国北方最耀眼的明星城市，海洋科学、海洋经济发展水平较高。世纪之交我在主持大连市跨世纪发展战略时，曾就大连和青岛城市经营模式做了系统的研究，发现青岛在城市经营中的很多很好的做法值得大连乃至全国各地学习。青岛城市经营模式的主要特点就是强调“四大理念”。一是大资源观，即把整个城市看作一个资源的聚合体，不仅包括物质的、有形的资源，也包括精神的、无形的资源；不仅包括现存的、供给的资源，也包括潜在的、需求的资源。二是资本化的观念，即把城市的各种有形、无形资产尽量转化为可以增值的活化资本，寻求其人格化的延展，通过流动、组合、裂变等方式优化配置和有效运作，最大限度地实现资本的聚集、增值和盈利。三是社会化运作的观念，即充分利用城市空间和功能载体，鼓励和吸引个人、企业、中介组织等各类社会主体参与城市发展，努力形成政府主导、市场主体、社会运作的多元化发展格局。四是竞争化的经营观念，即打破公用基础设施建设和经营的旧模式，在行业之间、行业内部都要引入竞争机制，以竞争性打破垄断性，以多元化打破单一化，在竞争中改进社会管理。青岛在大型节事、赛事遗产地的基础上，联合青岛海底世界景区创建高等级旅游区，应该说是占尽地利。

最后说人和。齐鲁大地不仅有好客山东的万千大众，更有勇于改革、开拓创新的文旅战士，青岛奥帆海洋文化旅游区的决策者、管理者和建设者就是这样的战士。他们坚持以文塑旅，以旅彰文，紧紧围绕山、海、湾、城等资源特色，践行国企担当，以资源整合和海洋旅游高质量发展为主线，以资本运营和数字科技赋能各个部门，全力推进“旅游资源整合、旅游资产运营、旅游资本运作、旅游综合服务”四大平台。再加上他们主动学习，虚心向有关专家和部门请教，所以，即便是再艰巨的任务，他们也一定能够完成好。

事实证明，在上述天时、地利、人和的加持下，奥帆海洋文化旅游区仅用了不到5年的时间就创建成为国家5A级景区，可喜可贺。这在山东省已经建成的15个甚至全国已经建成的339个5A级景区中都是十分少见的。现在，奥帆海洋文化旅游区已经成为集帆船运行、海滨休闲、文化体验、海洋研学、会议会展旅游的国际海洋文化旅游目的地。

要了解奥帆海洋文化旅游区后来居上、捷足先登、一跃成为众人瞩目的明星景区的秘诀,就需要深入考察其在创建5A过程中的做法和经验。这些做法和经验，用青岛旅游集团自己的话来说有这样几条：高位推动，政府主导；精准定位，文化引领；系统规划，分步实施；对标对表，精细管理等。具体请见本书的有关部分内容。

在我看来，奥帆创建5A之路，是继往开来、扬帆远航之路，是齐心协力、共铸辉煌之路，是不忘初心、勇于奉献之路，是文旅融合、创新发展之路！我荣幸地参与其中，深感自豪。特此恭贺《5A之路——青岛奥帆海洋文化旅游区创建案例及操作指南》出版发行，希望大家都关心奥帆、支持奥帆、常游奥帆。

是为序。

吴殿廷

北京师范大学，教授，博士生导师

国家文旅部技术标准化委员会委员

序二

为深入落实习近平总书记提出的“办好一次会，搞活一座城”重要指示精神，青岛旅游集团积极作为、开拓进取，创新整合青岛奥帆中心与青岛海底世界，实现了两大景区的优势互补和协同发展，于2024年成功创建国家5A级旅游景区。这不仅是青岛文旅产业的重大里程碑，更是山东省文旅融合发展史上的璀璨篇章。

回首过往，砥砺前行。自2021年初启动创建国家5A级旅游景区工作以来，青岛旅游集团在文化和旅游部及省、市相关部门的悉心指导下，历经近四年的精心筹备与全面提升，使青岛奥帆海洋文化旅游区在基础设施、景观质量、服务水平等方面有了大幅提升，并以优异的成绩顺利通过省文旅厅和文旅部的景观质量评审。从青岛奥帆中心景区与青岛海底世界景区的创新性整合，到海陆双航线的联动衔接；从基础硬件设施的完善，到智慧化景区建设的推进；从景观质量的显著提升，到旅游服务的全面优化……每一步都凝聚着青岛旅游人的心血与汗水，是你们以坚忍不拔的毅力和精益求精的态度，最终迎来了这一历史性的时刻。

展望未来，扬帆远航。2023年，青岛旅游集团在海上旅游、码头整合、旅游演艺等10个方面取得了重大突破，并且在营业收入、利润总额方面取得了大幅增长，时隔三年首次实现扭亏为盈，在全国文旅集团品牌传播力100强榜单中，位列第33位，取得了社会效益、经济效益的双丰收。未来，青岛奥帆海洋文化旅游区要以成功创建国家5A级旅游景区为契机，持续深化海洋文旅产品的丰富内涵，不断提升旅游区的综合管理和服务质量，做强“海上游青岛”品牌，全力打造奥帆海洋文化“特色品牌”、全国海洋旅游“青岛样板”、青岛海上旅游“数字航母”以及旅游资源整合“创新路径”，成为青岛这座旅游城市最靓丽的名片。

在此，衷心希望青岛奥帆海洋文化旅游区百尺竿头、更进一步，对标世界著名旅游景区标准，持续丰富多元化旅游产品内涵，不断提升市场知名度和美誉度，持续擦亮“奥帆海洋文化”品牌，早日成为“好客山东”“好品山东”的金字招牌。

是为序。

孙树娥

山东省文化和旅游厅原副厅长

一级巡视员

目录

1 向海而行　奋勇拼搏

2 多方协作　运筹帷幄

3 面面俱到　精益求精

4 总结过去　展望未来

附　录

奥帆灯塔

1

向海而行　奋勇拼搏

奥帆中心南港池

青岛旅游集团有限公司

青岛旅游集团有限公司是青岛市委、市政府为适应新一轮城市发展战略而成立的大型国有综合性旅游集团，2015 年 12 月列入青岛市直企业序列。作为竞争力强、产业链完整的大型国有旅游集团，其旗下拥有青岛国际会议中心有限公司、青岛旅游景区运营管理集团有限公司、青岛汇泉海洋科技开发有限公司、青岛海洋文旅产业集团有限公司、青岛全域旅游码头发展有限公司、青岛旅游资源投资有限公司、青岛文旅融合发展集团有限公司、青岛文旅建设有限公司和青岛旅游集团文化演艺有限公司 9 家一级子集团及公司（图 1–1）。

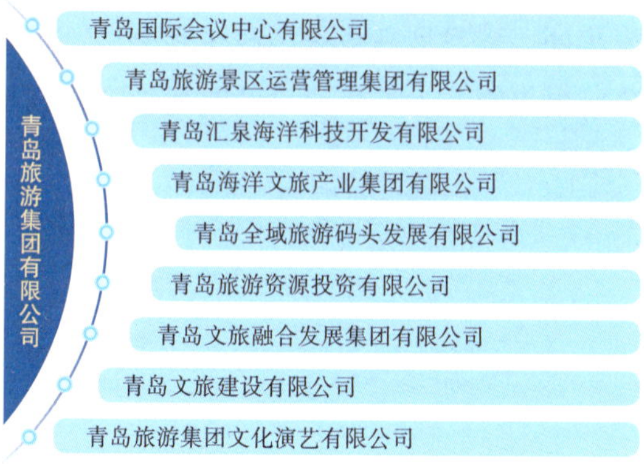

图 1–1 青岛旅游集团有限公司旗下子集团及公司

青岛旅游集团坚持以文塑旅、以旅彰文，秉持“传播蓝色海洋城市文化，传承重大活动中国精神”理念，紧密围绕“山、海、湾、城”等资源特色，深度挖掘青岛3000年来的航海史，精心打造全国首部大型沉浸式航海史诗音乐剧《寻梦沧海》，填补我市常态化旅游演出市场空白。青岛旅游集团现拥有码头泊位近400个，各类船舶近50艘，总运力3000余客位，逐步形成以海上旅游休闲、船舶租赁、帆船游艇体验、赛事运营与体育培训为主的业务板块，着力培育完善的产业链体系，搭建全方位海洋旅游服务平台。以承办保障2018上合组织青岛峰会、2019年中国人民解放军海军成立70周年多国海军活动、2023山东省旅游发展大会及跨国公司领导人峰会为契机，创新联动青岛奥帆中心和青岛海底世界两个4A级景区，成功创建国家5A级旅游景区——青岛奥帆海洋文化旅游区。曾先后荣获“国家滨海旅游休闲示范区”、全国科普教育基地、全国通用航空旅游示范单位、中国体育旅游十佳精品景区、时尚体育打卡地和第三批国家级夜间文化和旅游消费集聚区等国家级荣誉称号。

青岛旅游集团积极践行国企担当，以旅游资源整合和海洋旅游高质量发展为主线，以资本运营和数字科技为赋能，全力推进“旅游资源整合、旅游资产经营、旅游资本运作、旅游综合服务”四大平台建设，力争在“十四五”期间将集团打造成为国内旅游行业中产业链条完整、服务要素齐全、融合程度高兼具旅游产业经营与旅游产业投资双重属性的文旅综合开发集团，以发展新成果、改革新突破，在青岛旅游业高质量发展中打头阵、当先锋，为加快建设新时代社会主义现代化国际大都市贡献“青旅力量”。

大型国际性帆船赛事

青岛奥帆海洋文化旅游区简介

青岛奥帆海洋文化旅游区位于山东省青岛市市南区，景区面积 5.25 平方千米，由奥帆中心和海底世界两大区域组成。奥帆中心作为 2008 年北京奥运会、残奥会帆船比赛场地，拥有全国唯一一处帆船类奥运文化遗产，奥运会、上合峰会、海军节等重大节会也为奥帆中心留下了众多宝贵的文化资源。海底世界景区拥有风格浓郁独特的建筑景观，展示有多种国家一、二级保护生物标本，上万件珍稀海洋生物标本以及数万尾来自世界各地的珍稀海洋生物。

旅游区依托优质旅游资源，推出海洋体育运动、海洋科普研学、滨海休闲娱乐等全方位的主题产品，将景区打造成集帆船运动、海滨休闲、文化体验、海洋研学、会展旅游为一体的国际海洋文化旅游目的地。

青岛奥帆海洋文化旅游区申报背景

上合组织青岛峰会之后，青岛旅游集团深入落实习近平总书记“办好一次会，搞活一座城”的重要指示，积极响应“把青岛峰会作为山东扬帆起航的新起点，不断放大峰会效应，乘着东风再出发”的号召，推动各项工作再上新台阶。2019 年 4 月，青岛奥帆中心又承担了中国人民解放军海军成立 70 周年多国海军活动重要保障任务。连续两年的重大国际活动不仅改进了青岛奥帆中心的硬件设施，其资源价值、品牌价值、市场美誉度等方面均实现了质的飞跃。当前，我们正按照青岛市委、市政府的要求着力将青岛奥帆中心打造成“时尚旅游目的地、时尚运动引领地、时尚文化集聚地、时尚国际会议新高地”。

青岛是著名的旅游城市，但目前青岛仅有崂山风景区一处国家 5A 级景区，于 2011 年创建成功。这与省内其他地级市相比较为落后（烟台、威海各有两家 5A 级景区），更不符合青岛的经济实力和旅游城市定位。青岛市委、市政府高度重视，要求青岛奥帆中心不断提高政治站位，以创建国家 5A 级景区为抓手，以打造优质旅游目的地为目标，主动作为、有效落实。可以说，青岛奥帆中心创建国家 5A 级景区对世界级峰会遗产的利用开发、国际重大赛事场馆的转型发展、展现大国海洋文化、提升海洋旅游品质等多个方面都具有重要的示范和引领意义。

青岛奥帆中心景区是 2008 年北京奥运会帆船赛和第 29 届残奥会帆船比赛举办场地，是全国目前唯一一处帆船类奥运文化遗产，随着 2018

年上合组织青岛峰会以及 2019 年中国人民解放军海军成立 70 周年多国海军活动在奥帆中心的相继举办，奥帆中心又被赋予了保障国际重大峰会运营，展现大国海洋文化的神圣职责。青岛海底世界作为全国首家专业性海洋生物展馆，作为极具价值的海洋生态科研展示地，保育、繁衍技术全国领先。

经研究，青岛旅游集团决定将奥帆中心与青岛海底世界进行捆绑，整体打包推进 5A 级景区创建工作。同时还确定了 2020 年创建工作的核心目标：通过国家文旅部组织的“景观质量评价”。按照工作计划，自 4 月份起，青岛旅游集团着手完善《总规》《专项规划》和宣传片，将青岛海底世界加入其中。青岛奥帆中心在知名度、品牌价值、文化内涵、配套设施等多个方面已经达到甚至远超此次参评的其他景区，青岛奥帆中心创建 5A 级景区，不仅现实可行，而且具有十分重要的政治意义和社会价值，体现了青岛旅游集团为国家服务的政治意识和大局意识。

世界级的品牌需要最高标准的旅游品牌对标。因此，青岛旅游集团诚恳地请求领导帮助协调山东省文旅厅，大力支持并推荐青岛奥帆中心景区通过 2020 年山东省创建 5A 级旅游景区景观质量专家评审会，并报送文化和旅游部，代表山东参加由文化和旅游部组织的创建 5A 级旅游景区景观质量专家评审会。我们一定严格按照国家 5A 级景区的要求，高标准建设好景区，高水平运营好景区，高质量服务好国内及海内外游客，把青岛奥帆中心建设成为青岛市的旅游新名片，山东省文、旅、体融合发展的新样板，全国乃至世界著名旅游目的地。

青岛奥帆海洋文化旅游区
国家 5A 级景区创建咨询单位

北京京师天成旅游规划设计咨询有限公司

北京京师天成旅游规划设计咨询有限公司是京师文旅集团下属公司。京师文旅始于 2003 年，是中国旅游景区协会规划专业委员会副主任单位、中国旅游规划设计甲级资质单位，文旅产业创新发展引领者。京师文旅秉承“京师注力·中国之美”的核心使命，依托北京师范大学、中国科学院等国内知名院校和研究机构，整合国内外多领域学科顶级专家，拥有专业背景技术团队，长期致力于文旅产业体系建设，深度聚焦文旅价值挖掘与永续发展。

京师六大服务板块：京师文旅智库研究，区域文旅战略规划，旅游景区、度假区建设全案服务，文化创意开发与设计，乡村旅游落地实操，培训参访及运营辅导。京师以创新驱动为引领，以价值共建为目标，为客户量身定制“一站式”文旅解决方案。

2

多方协作　运筹帷幄

青岛奥帆博物馆

创建工作专班成立与组织架构

青岛奥帆海洋文化旅游区国家 5A 级旅游景区创建工作专班成立

为加快推进青岛奥帆海洋文化旅游区创建国家 5A 级旅游景区的各项工作，加强各部门之间的协同配合，青岛市委、市政府高度重视，成立了青岛奥帆海洋文化旅游区国家 5A 级旅游景区创建工作专班。

工作专班由青岛市委、市政府主要领导任总指挥，相关市领导任副总指挥，市委、市政府相关部门及企业担任专班成员，包括市委宣传部、市委网信办、团市委、市科协、市发展改革委、市公安局、市自然资源和规划局、市生态环境局、市住房城乡建设局、市城市管理局、市交通运输局、市文化和旅游局、市卫生健康委、市中医药管理局、应急管理局、市市场监管局、市行政审批局、市气象局、市消防救援支队、市南区政府、青岛旅游集团、青岛城运控股集团。

工作专班办公室设在市文化和旅游局，主要负责市级层面创建工作的综合协调工作。青岛旅游集团作为国家 5A 级旅游景区创建主体责任单位，承担具体达标创建工作。

创 5A 工作计划与时间线

创建时间安排

筹备动员阶段（2021 年 3 月）

提升建设阶段（2021 年 3 月—2022 年 9 月）

初评验收阶段（2022 年 10 月—2022 年 12 月）

整改阶段（2023 年 1 月—2023 年 10 月）

总结阶段（2023 年 10 月）

公示阶段（2024 年 1 月）

综合提高阶段（验收后）

表 2-1 5A 级旅游景区创建流程表

序号	创建阶段	创建内容
1	筹备阶段	统一思想，明确目标；编制实施方案，成立工作专班
2	景观质量评审	省级初审：省级机构初评景观质量，通过后向国家质量等级评定机构推荐
		国家评审：国家级旅游景区质量等级评定机构进行景观质量评审
3	创建整改阶段	景观质量评审通过后列入 5A 预备创建单位，制订创建方案和计划任务书，创建期一般不少于一年
		省级质量等级评定机构对景区初审，通过后向国家申请，并报送报告、材料审核
4	迎接暗访、明查阶段	国家级旅游景区质量等级评定机构组织专家实地暗访，通过后将组织明查，不通过将向景区反馈整改意见
5	公示阶段	文化和旅游部网站公示明查考核结果，颁发证书和标牌

上合组织青岛峰会主会场——青岛国际会议中心

多方协作机制与政策支持回顾

市政府召开青岛奥帆海洋文化旅游区创建国家 5A 级旅游景区专题会议

2021 年 4 月 27 日，受副市长委托，市政府办公厅副主任主持召开青岛奥帆海洋文化旅游区创建国家 5A 级旅游景区专题会议。市委宣传部、市委网信办、团市委、市科协、市南区政府、市文化和旅游局、市发展改革委、市公安局、市自然资源和规划局、市生态环境局、市住房城乡建设局、市城市管理局、市交通运输局、市市场监管局、市应急管理局、青岛旅游集团、青岛城运集团有关负责同志参加了会议。

会议分别听取了青岛旅游集团关于青岛奥帆海洋文化旅游区创建基本情况和奥帆中心景区围挡拆除计划的汇报，市文化和旅游局关于《青岛奥帆海洋文化旅游区创建国家 5A 级旅游景区工作实施方案（征求意见稿）》的汇报，与会单位进行了讨论。

会议指出，青岛奥帆海洋文化旅游区创建国家 5A 级旅游景区对于打造青岛旅游品牌，推动青岛市旅游业高质量发展具有重要的示范带动作用，对于树立世界级赛事、峰会运营开发标杆，展现大国海洋文化窗口，助力建设全球海洋中心城市具有重要意义。在 5A 级景区创建大环境下，拆除奥帆中心围挡寓管理于无形中，对景区创建亮点工作，提升游客体验度，打造开放、现代、活力、时尚的现代化国际大都市具有积极推动作用。

会议强调，市委、市政府高度重视青岛奥帆海洋文化旅游区创建国家 5A 级旅游景区工作，《青岛国际时尚城建设攻势作战方案（2019—2022 年）》明确指出，推进青岛奥帆中心（上合组织青岛峰会会址）争创 5A 级旅游景区。按照既定时间要求完成 5A 级旅游景区创建工作，“五一”假期前有序完成景区围挡拆除工作。各有关单位必须提高政治站位，扎实推动各项工作有序开展，确保在相应时间节点前完成工作任务。

会议确定：

一是加快创建工作推进。会议原则通过了《青岛奥帆海洋文化旅游区创建国家 5A 级旅游景区工作实施方案（征求意见稿）》。各责任部门要根据各自职责分工，对照创建标准，逐层分解任务指标，倒排时间节点，制定整改举措。对各部门提出的意见建议，合理地吸收采纳，对未达成一致的，可进一步研究论证和联系对接，各责任部门要加强联动协作，相互配合，形成合力，加快推进各项工作。

二是加强定期调度。5A 级旅游景区创建领导小组办公室要建立起调度督导工作机制，根据创建流程和时间安排定期召开调度协调会议，掌握各责任部门创建工作进度，梳理不同时期存在的重点和难点，及时协调解决创建过程中出现的各类问题，适时通报工作推进情况，督促工作落实，确保此次 5A 级景区创建工作一举成功。

三是推动重点任务落实。市旅游集团要结合 5A 级旅游景区创建工作实际，稳妥有序完成奥帆中心景区围挡拆除任务，实现景区的无障碍、全开放。要尽快制订围挡拆除工作方案，明确工作措施、工作步骤等重点环节。要全面做好“五一”假期景区应急预案，确保在围挡拆除的情况下奥帆中心景区井然有序。要加强智慧化景区建设，通过人脸识别、动态监测等手段实现后台管控，加强景区秩序维护与安全保障工作，让景区真正实现“视觉上无障碍，管理上有章法”，全面提高景区管理水平，提升游客满意度。市城市管理局、市市场监管局等相关部门要根据职责分工，加强对奥帆中心的巡检频次及执法力度，严禁发生因拆除围挡引起的黄牛乱拉客、不文明遛狗、违规钓鱼、游商浮贩占道经营等扰乱公共秩序和非法经营的行为，为青岛奥帆海洋文化旅游区的 5A 创建工作提供有力保障。

资源整合与项目规划详情

为创建国家5A级旅游景区，主要对青岛奥帆海洋文化旅游区（奥帆中心区域及海底世界区域）进行改造提升，建设内容主要包括旅游交通基础设施提升、旅游停车场提升、游客服务设施提升及智慧管理设施提升四个方面。

一、旅游交通基础设施提升

重点增设无障碍设施；对路面及木栈道进行更新改造；提升观光车站；更新景区全景图、景区导游图等标识标牌，以及外部交通标识等。

二、旅游停车场提升

重点对清远路停车场、干船坞停车场和海底世界停车场、奥帆博物馆地下停车场进行改造，包括停车场铺装、划线绿化、配置充电桩、亮化、不锈钢花坛、等候区站台等设施。

三、游客服务设施提升

游客服务中心、公共休息设施提升改造；整体提升燕岛山公园品质，包括铺装、绿化、景观构筑物、亮化等；对奥帆中心、海底世界所有公共卫生间进行改造；增设集装箱餐饮设施、移动售货车；对奥帆中心港池设施进行美化、破损修复等提升改造；更换景区垃圾桶；在情人坝增设文化体验项目；在奥帆博物馆开展文化展示项目；配备消防防火设备，主要包括森林防火设备、停车场消防设备以及对现有微型消防站进行更新；更新安全警示标示、新增语音及视频提示，新增紧急救援点，建立探测报警系统、增加报警设施等。

四、智慧管理设施提升

信息化建设方案主要包括智能化硬件部分和智能化软件部分两部分建设方案。其中智能化硬件部分建设方案主要包括燕岛山信息化建设、奥帆景区室外信息化建设、客服中心信息化建设（客服中心信息化建设和客服中心机房信息化建设）、停车场信息化建设、海底世界信息化建设、智慧厕所建设；智能化软件部分建设方案主要包括综合管理平台、网站建设、公众号小程序建设、导游导览系统、电子商务平台、IoT 平台、电子发票系统、OTA 分销系统、移动管理端、游客互动系统（AR 特效、Vlog 和情人坝灯塔投影）、统一收银系统、3D 建模、其他智慧化系统、安防管理系统。

奥帆灯塔

3

面面俱到　精益求精

筹备阶段

创建工作方案及计划任务书（外部单位）

青岛奥帆海洋文化旅游区
创建国家 5A 级旅游景区工作实施方案

青岛奥帆海洋文化旅游区（奥帆中心与海底世界两处 4A 级旅游景区联合捆绑创建）已于 2020 年 9 月通过文化和旅游部组织的 5A 级旅游景区景观质量评审，目前已经进入正式创建阶段。为确保奥帆海洋文化旅游区顺利成功创建为国家 5A 级旅游景区，特制订本方案。

一、创建意义

目前，我市只有崂山风景区 1 家国家 5A 级旅游景区，青岛奥帆海洋文化旅游区创建国家 5A 级旅游景区对于提升我市旅游业发展质量将起到重要的示范带动作用；对于树立世界级赛事、峰会运营开发的标杆，展现大国海洋文化窗口，助力建设全球海洋中心城市具有重要意义。

二、组织领导

为强化青岛奥帆海洋文化旅游区创建国家 5A 级旅游景区的组织领导和工作协调，成立由市委副书记、市长担任总指挥，市委常委、宣传部部长，副市长担任副总指挥，市委网信办、团市委、市科协、市发展改革委、市公安局、市自然资源和规划局、市生态环境局、市住房城乡建设局、市城市管理局、市交通运输局、市文化和旅游局、市卫生健康委、应急管理局、市市场监管局、市行政审批局、市气象局、市消防救援支队、市南区政府、青岛旅游集团、青岛城运控股集团主要负责同志为成员的“青岛奥帆海洋文化旅游区 5A 级旅游景区创建工作专班”。专班主要职责为统筹领导、协调推进青岛奥帆海洋文化旅游区创建工作，研究解决阶段性重点问题，推动各项工作落实。

三、重点任务分工

（一）景区服务提升组

参与单位：市发展改革委、市公安局、市交通运输局、市文化和旅游局、市市场监管局等。

主要职责：

1. 监督制作旅游标识系统。

2. 推动落实智慧景区建设，建成国内一流智慧化景区。

3. 监督旅游文创商品的开发和销售。

4. 加强餐饮和购物场所食品安全和价格行为监管。

5. 游客满意度调查和旅游投诉管理。

（二）项目规划建设组

参与单位：市发展改革委、市自然资源和规划局、市生态环境局、市住房城乡建设局、市文化和旅游局、市卫生健康委、青岛旅游集团等。

主要职责：

1. 监督规划提升游客服务中心、3A 级旅游厕所，新建海底世界码头，改造提升生态停车场。

2. 审核景区项目及水电等配套设施规划设计和建设。

3. 加快项目立项和项目建设用地审批、环评等前期手续办理和后期审计工作。

4. 保障景区通讯信号加强和全覆盖，游客可达区域 WI-FI 全覆盖。

5. 推动落实医疗服务和救护服务，建立医务室。

6. 招商旅游项目，加大文旅融合、体旅融合等新业态项目招商引资工作，实施非遗文化进景区、夜游等体验项目打造。

（三）环境交通整治组

参与单位：市公安局、市生态环境局、市住房城乡建设局、市城市管理局、市交通运输局、市文化和旅游局、应急管理局、市行政审批局、城运控股集团等。

主要职责：

1. 争取开通青岛机场、青岛站、青岛北站、青岛客运站至景区的公共交通专线及景区内部、奥帆中心至海底世界旅游专线，建设沿线旅游交通标识标牌、站点。

2. 景区内的电线和通讯线路落地工作。

3. 监督制订游客高峰期和特殊情况安全处置预案，建立完善的安全应急体系，完善安全设施设备。

4. 落实安全保护机构制度，加强景区治安综合治理和安全宣传工作，设置公安执勤点。

5. 加强对旅游项目采用清洁能源设施设备和环保型材料的引导和管理，指导开展空气、噪声、废水等日常监测和景区环境质量认证等相关工作。

（四）宣传推广报道组

参与单位：市委宣传部、市委网信办、市文化和旅游局等。

主要职责：

1. 开展创建宣传造势，通过各级新闻媒体开展创建工作宣传，特别加强与中央级、省级媒体宣传合作。

2. 加大市场营销力度，策划组织丰富多彩的全国性系列主题活动和节庆活动，提升景区知名度和美誉度。

3. 指导做好官网、官微等宣传平台建设和运行。

4. 督促做好景区文化的挖掘、文化核心的提炼，确保建筑、设施与景区环境文化协调。

5. 配合做好对旅游区的舆情监督，指导景区做好对突发舆论事件的处理。

四、工作要求

青岛奥帆海洋文化旅游区创建国家 5A 级旅游景区工作时间紧、任务重，从目前景区自评情况看，距离《旅游景区质量等级的划分与评定》

（GB / T 17775—2003）国家标准仍有近 200 分的差距。特别是该项目为奥帆中心与海底世界景区联合捆绑创建，景区整体性要求高，目前景区的海陆串联、配套设施建设、道路导向牌设置、游客中心建设及沿海一线环境治理工作任务十分艰巨。各相关单位要高度重视、大力支持、密切配合、形成合力，全力做好景区创建各项提升保障工作。市文化和旅游局要加强工作的协调督导，及时协调解决有关问题。青岛旅游集团作为创建主体，要建立健全内部工作机制，强化工作主动性，着力提升景区软硬件水平。各相关单位要安排专人负责，确定一名工作联络员，全力做好各项配合保障工作。

根据《旅游景区质量等级评定管理办法》和现行《旅游景区质量等级的划分与评定》国家标准（GB/ T 17775—2003）中的细则一“服务质量与环境质量”评分细则，并参照征求意见的《旅游景区质量等级的划分与评定》国家标准（GB/ T 17775—2020）中的细则二“旅游设施与服务质量”评分细则，对青岛奥帆海洋文化旅游区创建国家 5A 级旅游景区任务做如下梳理（表 3-1）。

青岛奥帆海洋文化旅游区海上旅游船

表 3-1 青岛奥帆海洋文化旅游区创建国家 5A 级旅游景区任务汇总表

序号	评定项目	评定标准	任务目标	牵头单位	责任单位	完成时间	备注
1	旅游交通						
1.1	可进入性	系指引导到达景区的标识，专用外部交通标识，在颜色、外形上有别于一般交通标识	主要站（节）点标识：高速公路设置距出口 1.5 千米旅游景区交通标志预告，在高速出口附近设置旅游景区交通标志，并在与高速公路出口衔接的干线公路设置相应指引标志	市交通运输局	市文化和旅游局、青岛旅游集团	2023 年 2 月	重点任务
			所在城区（市）标识：城区旅游景区从干线公路与城市主干道的交叉路口开始设置旅游景区交通标志。城市道路在城市主干道交叉口，主干道与次干道、次干道与次干道交叉口，主干道与支路、次干道与支路交叉口附近根据市区道路情况设置旅游景区交通标志，并且不可与道路沿线的其他交通标志产生冲突与影响	市交通运输局	市城市管理局、市文化和旅游局、青岛旅游集团	2023 年 2 月	
			通景道路交通标识：在通往旅游景区（点）的方向上首次设置标志牌后，应该选择该方向上通往旅游景区（点）的有利于交通的最短路径	市交通运输局	市文化和旅游局、青岛旅游集团	2023 年 2 月	

（续表）

序号	评定项目	评定标准	任务目标	牵头单位	责任单位	完成时间	备注
1.2	自配停车场地	景区各类自配停车场面积的总和，达到10000平方米以上	将清远路停车场加上百丽广场地下停车场、中航翔通酒店停车场、海尔洲际酒店地下停车场、会议中心地下停车场和博物馆地下停车场总面积38889平方米，总车位约2100个，能够满足5A级景区要求；将海底世界景区内停车场作为摆渡车终点站以及VIP车位残疾人车位等停车位	市文化和旅游局	青岛旅游集团	2023年2月	重点任务
		地面：生态化地面/硬化/黑化/泥土地面	停车场地面改造：采用生态化地面（停车场有绿化停车面或绿化隔离线，鼓励采用本土材料或者使用生态环保型建筑材料修建）；准备台账资料	市文化和旅游局	青岛旅游集团	2023年2月	
		设停车线、停车分区、车场内有方向引导指示标识、分设出入口、专人值管	出入口分设，明确出口与入口位置，做好人车分流；增加无障碍车位；停车场门区增加电子信息屏，提示可停车数量、区域等信息；统一停车场标识系统，规范公共图形符号的使用	市文化和旅游局	青岛旅游集团	2023年2月	
		停车场或码头美观，有特色或有文化性	采用树池的形式增加绿植隔离带，加强停车场的生态性	市文化和旅游局	市生态环境局、青岛旅游集团	2023年2月	

（续表）

序号	评定项目	评定标准	任务目标	牵头单位	责任单位	完成时间	备注
1.2	自配停车场地	停车场或码头与景观的协调性	增加景区 LOGO 与文化元素，美化停车场环境，增强停车场的文化性与景观协调性	市文化和旅游局	市生态环境局、青岛旅游集团	2023 年 2 月	
1.3	内部交通	游道或线路设置合理	游览线路制定：重新制定游览线路，增加水上航线、陆上摆渡交通	市文化和旅游局	市交通运输局、市海洋发展局、青岛旅游集团	2023 年 2 月	
		进出口设置合理	景区进出口分设，利于游客疏散，要求符合评分细则	市文化和旅游局	市交通运输局、青岛旅游集团	2023 年 2 月	
		游步道设计特色突出，有文化性效果	奥帆中心区域提升具有文化特色的步行道，提升观光车站台；海底世界区域游步道增设无障碍通道，提升具有文化特色的步行道	市文化和旅游局	市交通运输局、青岛旅游集团	2023 年 3 月	
2	游览						
2.1	门票	免费旅游景区此项不失分，设园中园、票中票的，发现一处扣 2 分	设计制作：外观精美、有特点或成套制作、背面有游览简图，咨询、投诉、紧急救援电话；电子门票：在智慧旅游系统中设置电子门票，并具备完善的功能	市文化和旅游局	青岛旅游集团、市物价局	2023 年 2 月	重点任务

（续表）

序号	评定项目	评定标准	任务目标	牵头单位	责任单位	完成时间	备注
2.1	门票	要求设计制作精美、有突出特色、背面有游览简图，咨询、投诉、紧急救援电话	门票及游览项目价格（含景区内交通工具）：严格执行价格政策、落实对特殊人群的价格优惠政策、主动向游客提供正规票据。 价格公布：必须在醒目位置公示门票价格、另行收费项目的价格、团体（特殊人群）收费的价格；景区须及时公布价格调整事项；景区内的核心游览项目因故暂停向旅游者开放或者停止服务的，应公示暂停原因与期限，并酌情减少相应收费；公示的版面设计风格与标识系统保持一致，版面内容满足相关规定的要求。 联票价格：实行一票制或设有联票，联票价格应低于各单项门票价格之和，旅游者有权选择其中的单项票				

（续表）

序号	评定项目	评定标准	任务目标	牵头单位	责任单位	完成时间	备注
2.2	游客中心	位置优越，设在主入口附近，方便醒目的地点	主游客中心：改造提升奥帆海洋文化旅游区主游客中心（奥帆中心清远路入口处），规模、功能布局满足5A景区标准要求。申请把水族馆的一栋楼房移交给海底世界，改建为旅游区次游客中心，规模、功能布局满足5A景区标准要求。 游客服务点：运用集装箱等面积扩充，满足游客需要，设置醒目标识	市文化和旅游局	青岛旅游集团、青岛市科学技术协会	2023年3月	重点任务

（续表）

序号	评定项目	评定标准	任务目标	牵头单位	责任单位	完成时间	备注
2.2	游客中心	标识醒目；造型景观化，能够烘托景观环境；规模专用，且面积适应游客需要；设施与服务要求设电脑触摸屏且内容丰富；影视介绍要求设影视厅，影视播放系统内容丰富、信息充分；提供游客休息设施；提供本旅游景区导览宣传资料且品种多，展示精美；有工作人员提供咨询服务；提供游程线路图等；明示景区活动节目预告；提供导游（讲解）服务；提供饮料及纪念品服务	游客中心应配备咨询服务台和宣传展示设施，有专门的旅游咨询电话，提供在线咨询服务，提供咨询服务，服务人员配备齐全，业务熟练，服务热情。 公众信息资料品种与内容丰富，纸质版与电子版齐备，文字优美，制作精美，特色突出，适时更新。 免费提供纸质景区地图；公布和展示景区主要产品、服务项目、收费价格及其他重要信息，宣传和倡导文明旅游、保护环境、厉行节约和反对浪费。 提供邮政纪念、手机充电、饮用冷热水、小型物品与宠物托管、代订与快递景区商品及其他多种增值服务。 设电脑触摸屏、影视介绍、影视厅、提供游客休息设施，明示景区活动节目预告等				

（续表）

序号	评定项目	评定标准	任务目标	牵头单位	责任单位	完成时间	备注
2.3	标识系统	设置导游全景图、导览图、标识牌、景物介绍牌；布局合理，根据数量，合理设置，发现一处设置不合理扣 1 分	全面完成表示系统的提升改造工作。制订工作方案、统一规划、设计标识系统，监督制作和施工，梳理、排查景区内的标识系统，满足 5A 标准关于标识系统要求。奥帆中心标识系统增设、替换，海底世界区域重新制作安装。标识系统主要要求如下	市文化和旅游局	青岛旅游集团、青岛市科学技术协会	2023 年 3 月	重点任务
		全景图要正确标识出主要景点及旅游服务设施的位置，包括各主要景点、游客中心、厕所、出入口、医务室、公用电话、停车场等，并明示咨询、投诉、救援电话，少一项扣 1 分。导览图指处于大型景区内交叉路口，标明现在位置及周边景点和服务设施的图示	全景图与导览图：编制景区全景图和导览图。在景区入口或景区内适当位置设置景区全景图，正确标注主要景点和游客中心、厕所、出入口、医务室、公用电话、停车场等服务设施的位置；在景区内游客集中区域和交通节点设置导览图，标明当前位置及周边景点和服务设施，明示咨询、投诉、救援电话				

（续表）

序号	评定项目	评定标准	任务目标	牵头单位	责任单位	完成时间	备注
2.3	标识系统	标识牌指景区内引导方向或方位的指引标志；景区介绍牌指介绍主要景点、景观或相关展示内容的介绍说明牌	标识牌与景物介绍牌：数量充足、布局合理、内容丰富、科学准确				
		提示与警示标牌指在景区内用于提醒游客注意安全、保护环境、遵守秩序等行为规范的标志	提示与警示标牌：材质环保、位置适当、提示到位、内容温馨；齐全、醒目、规范				
		设计制作，图案直观明了，雅致大方。外形别致，具有艺术感。从档次、生态性、与景区协调性方面考查；制作精致	设计制作：完成设计，图案直观明了，体现主题文化特色；外形别致，具有艺术感；材质考虑质感、生态性、与景观协调性；制作精致				
		维护好	维护保养：分工落实，责任到人，确保各类标识牌字迹清晰、无脱落、无毛刺、无腐蚀				

（续表）

序号	评定项目	评定标准	任务目标	牵头单位	责任单位	完成时间	备注
2.3	标识系统	无中英文对照说明的，不得分；文不符图或中英文有错误的，发现一处扣 1 分；每增加一种外文对照，得 1 分，最多 3 分；但如文不符图或有错误的，则扣除该种外文对照得分	（6）中外文对照：有中英文（或主要客源地语种）对照，图文相符，无文字错误	市文化和旅游局	青岛旅游集团、青岛市科学技术协会	2023 年 3 月	重点任务
2.4	宣教资料	包括正式出版印刷的导游图、明信片、画册、音像制品、研究论著、科普读物等。其中，音像制品每种 3 分；精美画册或研究专著每种 2 分；其他每种 1 分	整理出版导游图、明信片、画册、音像制品、研究论著、科普读物等资料；增加音像制品、精美画册、研究专著数量。在游客中心及旅游咨询点放置	市委宣传部	市文化和旅游局、中国邮政集团有限公司、青岛市分公司、青岛旅游集团	2023 年 3 月	

（续表）

序号	评定项目	评定标准	任务目标	牵头单位	责任单位	完成时间	备注
2.5	导游服务	指景区提供的导游、导览等各种服务，数量和游客接待规模与旅游景区性质相适应，酌情打分。有高级导游员或讲解员，含可为游客服务的高级馆员、研究员等，须作为正式讲解员公布	导游员和讲解员：数量满足需要，公布所有在岗导游员和讲解员的照片、姓名、编号及语种，有高级导游员或讲解员。两区域导游数量至少56人，其中高级导游员4人、中级导游员8人、初级导游员16人、讲解员28人。每种外语导游1~2位，配备若干名志愿者讲解员	市文化和旅游局	青岛旅游集团	2023年3月	重点任务
			在奥帆中心游客中心、海底世界游客中心设立导游服务台，导游人员信息在游客中心进行公示，要求照片、姓名、导游证号、级别、语种的齐全、准确，展示牌美观醒目				
		粤语、闽南话方言导游，每种2分；外语导游每个语种3分。最多为9分	讲解语种：配备英语或主要客源地语种或方言（含粤语、闽南话）导游，并聘请其他至少3国外语导游员，以满足外国游客游览需要				

（续表）

序号	评定项目	评定标准	任务目标	牵头单位	责任单位	完成时间	备注
2.5	导游服务	导游词科学、准确、有文采	导游词：对两区域导游词进行重新编写，并考虑两区域转乘时导游词。提供针对性强的导游服务，比如在奥帆博物馆、海底世界增加少年儿童科普讲解服务；提升导游形象，为导游设置个性化、蕴含景区文化特色的服装				
		设语音导游，便携式可选择播放	语音导游：在游客中心及主要节点提供携带方便、易于使用、配备多种语言的声音清晰的导览设备				
		导游效果清晰、生动、有吸引力。导游服务有针对性，强调个性化	导游管理：将导游员、讲解员纳入景区统一管理体系，有序承接任务；倡导导游态度热情、行为有度，符合行业规范要求，无故意消费引导，无低俗讲解内容，无胁迫游客言行。成立独立的导游班，建设稳定的导游讲解队伍，提供良性的导游管理和服务。规范导游仪容仪态，统一导游服装、工作牌、发型、妆容、讲解姿势等				

（续表）

序号	评定项目	评定标准	任务目标	牵头单位	责任单位	完成时间	备注
2.6	游客公共休息设施和观景设施	布局合理，数量充足，能满足需要，不设置在危险地带、危险场所，酌情打分。造型与景观环境的协调性，要求对景观有特别烘托效果；制作精美，有艺术感；材质从档次、生态性、与景区协调性考查；维护好	奥帆中心区域针对现有休息设施布局，增加上合坝与八角广场到旗阵广场区域的公共休息设施；对景区内所有的公共休息设施和观景设施进行全面的维护与保养，更换或修复已破损的设施设备。 建议在淡水生物馆、科技馆等游客游览时间较长的展馆内的合适区域增加游客休息休憩区域及设施；根据展馆主题，设计强化景区主题、具有设计感的休息休憩设施，也可按照文创商品、网红产品打造，让休憩设施成为一种旅游产品	市文化和旅游局	青岛旅游集团、青岛市科学技术协会	2023 年 3 月	

（续表）

序号	评定项目	评定标准	任务目标	牵头单位	责任单位	完成时间	备注
2.7	公共信息图形符号设置	标识的内容、位置与范围，参照GB/T 10001标准，如果现有的国家标准没有提供图形符号，可采用国际惯例或景区自行设计。位置与数量要求在停车场、出入口、售票处、购物场所、医疗点、厕所、餐饮设施等位置，合理设置公共信息图形符号，发现一处没按要求设置扣1分。图形符号设计要求图形规范、与景观相协调、有文化特色，视觉效果精美，维护保养好	在道路、停车场、出入口、售票处、购物点、医疗点、厕所、餐饮点等位置，合理设置公共信息图形符号。参照现行国家标准设计设计符合景区景观氛围的停车场标识牌、出入口标识牌、售票处标识牌、卫生间标识牌，规范使用图形符号。加强维护保养	市文化和旅游局	青岛旅游集团、市科学技术协会	2023年3月	重点任务
2.8	特殊人群服务项目	图形符号设计要求图形规范，与景观相协调，有文化特色，视觉效果精美，维护保养好	奥帆中心区域在新游客中心增添轮椅、拐杖、童车等特殊人群设备，海底世界区域因多数建筑为历史文化建筑，应增加特殊爬坡式轮椅辅助设施且专人进行服务及管理	市文化和旅游局	青岛旅游集团、市科学技术协会	2023年3月	

（续表）

序号	评定项目	评定标准	任务目标	牵头单位	责任单位	完成时间	备注
3	旅游安全						
3.1	安全保护机构、制度及人员	设有安全保护机构，有健全的安全保护制度，专职安全保护人员，在游客集中和有安全隐患的地方分布；以水上游乐为主的旅游景区的巡视员、救护员，比例应较高；景区流动安全保护人员应与旅游区规模及性质相适应	合理分布安全保护机构与安全保护点。规划在奥帆中心游客中心、海底世界游客中心设立景区安全保护机构，情人坝、海上平台、奥运大道、海底世界码头建立安全保护点。 增加安全保护标识标牌。制度与职责上墙公示。安全保护制度和安保人员职责要在安全保卫部和安全保护点办公室安全岗亭的墙上公示。 增加流动安保人员、增强安保人员技能水平。增强消防员、海上救生员等不同岗位安全保护人员的职责熟悉程度以及专业防护技能水平	市文化和旅游局	应急管理局、市海洋发展局、青岛旅游集团	2023年2月	

（续表）

序号	评定项目	评定标准	任务目标	牵头单位	责任单位	完成时间	备注
3.2	安全处置	高峰期游客安全处置，预案职责明确，程序清晰；处置效果要求工作人员到岗到位，分流得力，安全措施有效。 特殊情况的安全处置，包括恶劣气候、突发灾情、传染病疫情、食物中毒、缆车停电等特殊情况，预案，处置效果反应迅速，组织得力，替代设施到位，处置效果好。 安全巡查要求设施完备，定时巡查，能有效维护安全秩序	针对景区的游览特点，完善游客高峰期、景区游客落水、突发灾情、恶劣气候、事故停电等特殊情况安全处置预案，并进行演练，保证处置反应迅速，组织得力，措施有效。 进一步完善应急处置响应系统。优化利用现代通讯和呼叫系统，能够根据应急处理预案，对旅游突发事件进行综合指挥调度和协调救援服务。 安全隐患处加大巡查力度。在情人坝、燕儿岛、海上平台、码头等重要隐患位置设置安全巡逻点、救援点、专业巡逻人员。 建立安全巡查方案。推行景点安全巡查责任制，健全安全巡查台账，做到“谁巡查，谁登记，谁负责”	市文化和旅游局	应急管理局、市海洋发展局、青岛旅游集团	2023年2月	

（续表）

序号	评定项目	评定标准	任务目标	牵头单位	责任单位	完成时间	备注
3.3	安全设备设施	危险地带安全防护设施，包括安全护栏、水上拉网等应齐全和有效。发现一处不足或无效扣3~5分。消防、防火等设备，重点是室内旅游点的消防设备，森林公园、风景区、自然保护区等旅游区的防火设备等应齐备、完好、有效，发现一处不合格扣2分。监控设施设闭路监控系统。 游览游乐服务设施安全，包括交通工具、交通设施、游乐设施、水上游乐设备以及地面防滑处理、无障碍设施等，应符合安全规定，发现一处安全不合格的扣2分。 特殊旅游项目的安全确认，速降、蹦极、潜水、漂流、游乐等特殊旅游项目，未经验收的，此项不得分	排查安全防护设施隐患，按照国家标准，在危险区域设置安全防护护栏，并及时补充已缺失救援设备。 及时维护与更换消防、防火等设备，增加灭火箱10个	市文化和旅游局	应急管理局、青岛旅游集团	2023年2月	

（续表）

序号	评定项目	评定标准	任务目标	牵头单位	责任单位	完成时间	备注
3.4	安全警告标志、标识	安全警告标志、标识，应齐全、醒目、规范。如设置不足或设置不规范，每处扣2分，没有设置不得分	排查梳理需要设置安全警告标志、标识的位置和数量。 设计并安装统一、规范的与景区氛围相协调的安全警告标志、标识。公共信息图形符号的设置要参照 GB/T 10001《标志用公共信息图形符号》标准；安全警告标识添加中、英、日、韩四国语言。 对配电箱等直接裸露在外的安全设施设备进行美化处理。 替换、补充完善安全警告标志、标识，确保齐全、醒目、规范	市文化和旅游局	青岛旅游集团	2023 年 3 月	
3.5	安全宣传	包括安全说明或须知等；有关重点景区（水上项目、滑雪场）需安装安全广播。安全说明或须知等要求图形显示和中外文对照，置于醒目位置。达不到以上要求的，每项扣 2 分，没有设置不得分	在新增水上项目，游船项目等重点安全防护区域安装安全广播和安全须知或说明。 结合标识系统建设，排查、替换安全须知或说明，要求图形显示和中外文对照，置于醒目位置。 结合景区现有景观或路灯，按照所处环境，结合智慧旅游建设增加不同类型的安全广播设施设备	市文化和旅游局	应急管理局、市海洋发展局、青岛旅游集团	2023 年 3 月	

（续表）

序号	评定项目	评定标准	任务目标	牵头单位	责任单位	完成时间	备注
3.6	医疗服务	设立医务室，专为游客设立的医务室，有专职医护人员，备日常药品，备急救箱，备急救担架	在奥帆中心游客中心和海底世界游客中心分别设置专门的医务室；配备齐全药品与急救设施，包括急救药品、日常药品、急救箱担架、除颤仪等；针对景区游客需要，设置专门的针对病患药品；每个医务室配备医师职称以上的医生和有经验的医护人员1~2名；建立严格的医务室管理制度	市文化和旅游局	应急管理局、市海洋发展局、青岛旅游集团	2023年3月	

（续表）

序号	评定项目	评定标准	任务目标	牵头单位	责任单位	完成时间	备注
3.7	救护服务	救护设备，重点是水上旅游景区、山地旅游景区、滑雪场等的救护设备。建立紧急救援体系，有内部救援电话，向游客公布且畅通有效；与相关单位有专门运送协议，及时发现，安全运送	紧急救援电话公示，保证畅通有效。在门票背面、导游全景图、导览图上标明紧急救援电话；将救援电话在景区客户端、网站、微信、微博等渠道进行公布。 建设完整的紧急救援系统。医疗设备可到达景区任何位置的交通工具，完善担架等救援设备，做到设备齐全；在情人坝、上合坝、海豹馆、海底世界码头分设紧急救援点；奥运大道、燕儿岛滨海大道、情人坝、游轮码头沿岸、海底世界临海游步道散点适当重点配备救生圈等救护设备，定期进行排查；建设探测报警系统；增加警报设施，建立火险、地质灾害等灾害自动探测报警系统，以及游客禁入区域的红外线监控系统。 海底世界与签订青岛市市立医院（东院区）定点医院运送协议，发现救护事件能及时安全运送	市文化和旅游局	应急管理局、市医疗保障局、市海洋发展局、青岛旅游集团	2023 年 3 月	

（续表）

序号	评定项目	评定标准	任务目标	牵头单位	责任单位	完成时间	备注
4	卫生						
4.1	环境卫生	场地秩序：无乱堆、乱放、乱建现象，施工场地维护完好、美观，发现一处不合格扣1分	场地秩序：无乱堆、乱放、乱建现象，施工场地维护完好、美观	青岛旅游集团	市住房城乡建设局、市文化和旅游局	2023年3月	长期任务
		游览场所地面：无污水、污物，发现一处污水或污物明显的，扣1分	游览场所地面：无污水、无污物	青岛旅游集团			
		建筑物及各种设施设备：无污垢、无剥落，发现一处污垢或剥痕明显的，扣1分（在规划建设中对建筑物和设施的剥落和破损有特殊要求除外）	建筑物及各种设施设备：无污垢、无剥落（在规划建设中对建筑物和设施的剥落和破损有特殊要求除外）	青岛旅游集团			
		气味：清新，无异味；不符合要求酌情扣分	气味：清新，无异味	青岛旅游集团			

（续表）

序号	评定项目	评定标准	任务目标	牵头单位	责任单位	完成时间	备注
4.2	废弃物管理	污水排放： （1）排放效果。不污染地面、河流、湖泊、海滨等。发现一处不得当的，视情节严重程度扣1~3分。 （2）排放设施。排放设施现场检查为主，设施需齐全和完好，酌情给分	污水排放：不污染地面、河流、湖泊、海滨，排放设施需齐全和完好	青岛旅游集团	市生态环境局、市水务管理局	2022年12月	
		垃圾管理： （1）垃圾清扫。日产日清不留陈垃圾；流动清扫，不留陈垃圾；垃圾清扫器具，美观、整洁，与景观环境相协调	垃圾管理： （1）制定严格的卫生管理制度，加强流动清扫，垃圾及时清理，做到日产日清，根据保洁员数量、工作强度和实际情况，分片区、分段、分时段落实到相应负责人。 （2）景区内所有的清扫工具摆放到指定较隐蔽地点，并加强监督和督查。 （3）垃圾集中处理，处理场地或垃圾集中场地远离旅游景区	青岛旅游集团			

（续表）

序号	评定项目	评定标准	任务目标	牵头单位	责任单位	完成时间	备注
4.2	废弃物管理	（2）垃圾箱（桶）。 外观整洁，发现一处不合格，扣 1 分。 数量充足，布局合理，发现一处有明显不足，扣 1 分。 造型美观，与景观环境相协调；根据景观环境专门设计造型的得 8 分，其他酌情打分。 分类设置	垃圾箱（桶）：重新购置垃圾桶，垃圾桶样式应与景区主题相一致，垃圾桶进行分类回收设置。休息椅旁摆放垃圾桶（距离 3~5 米），游步道两侧合适位置设置垃圾桶，厕所内垃圾桶应统一购买带盖垃圾桶（脚踩开盖垃圾桶）。 使用功能将垃圾桶明确分类（室内垃圾桶、室外垃圾桶、大型垃圾桶），按摆放位置将垃圾桶合理划分，吸烟区垃圾桶配备烟灰盒，禁烟区垃圾桶将不设计烟灰盒功能				
4.3	吸烟区管理	划分为吸烟区与非吸烟区	合理划分、管理到位：划分为吸烟区与非吸烟区，标志清楚且管理到位；或景区全部为非吸烟区且管理到位。对非吸烟区吸烟行为，管理措施明确，管理行为到位	青岛旅游集团	市生态环境局	2022 年 12 月	
4.4	餐饮服务	服务质量：就餐环境和服务态度良好，菜式有特色，规模符合需求，价格合理	服务质量：就餐环境和服务态度良好，菜式有特色，规模符合需求，价格合理	青岛旅游集团	市市场监督管理局	2022 年 11 月	

（续表）

序号	评定项目	评定标准	任务目标	牵头单位	责任单位	完成时间	备注
4.4	餐饮服务	食品卫生，厨具质量：食品卫生符合国家规定；餐具、饮具、厨具分类存放，消毒处理，检查餐厅、酒吧、冷饮部、小卖部及其操作间等，发现一处不合格，扣1分	食品卫生，厨具质量：食品卫生符合国家规定；餐具、饮具、厨具分类存放，消毒处理				
4.5	厕所	布局合理：步行30分钟范围内须有设置； 位置合理：位置相对隐蔽，但易于寻找，方便到达，并适于通风、排污	布局合理：厕所数量充足、布局合理，步行30分钟内须有设置；位置相对隐蔽，但易于寻找，方便到达，并便于通风、排污；满足A级旅游厕所标准相关要求	青岛旅游集团	市住房城乡建设局	2022年12月	重点任务
		数量充足：厕位总量达旺季日均游客接待量的比率：男小便厕位可按每位0.8~1米的宽度计量。游客高峰期设流动厕所	数量充足：厕位总量占景区承载量0.5%，男女厕位比例应小于2∶3，高峰期厕位数量能满足需求，配有相关活动临时厕所	青岛旅游集团			

（续表）

序号	评定项目	评定标准	任务目标	牵头单位	责任单位	完成时间	备注
4.5	厕所	残疾人厕位：应方便实用。每个得 2 分，最多得 5 分	残疾人厕位：建设符合《无障碍设计规范》（GB 50763），方便特殊人群使用；数量充足，覆盖特殊人群可达范围	青岛旅游集团			
		厕所设备： （1）洁具质量。 （2）隔板和门。要求隔板与门均有，缺失其一不得分；设立不达标或维护情况不好的酌情扣分。 （3）其他设备。主要游览场所厕所具备盥洗设施（水龙头）、挂衣钩、卫生纸、皂液、面镜、干手设备、烟缸等且实用有效的，每项得 1 分，最多 5 分	厕所设备：确保洁具质量，要求隔板与门均有，主要游览场所厕所具备盥洗设施（水龙头）、挂衣钩、皂液、面镜、干手设备、卫生纸、烟缸等且实用有效	青岛旅游集团			
		厕所内部有文化氛围	厕所内部有文化氛围：指厕所根据景区特点进行装饰与布置	青岛旅游集团			

（续表）

序号	评定项目	评定标准	任务目标	牵头单位	责任单位	完成时间	备注
4.5	厕所	厕所外观、色彩、造型与景观环境的协调：按照景观特点专门设计，具有独创性的	厕所外观、色彩、造型与景观环境的协调：厕所外观、色彩、造型与环境协调，有特色；根据景区特点进行装饰与布置	青岛旅游集团			
		厕所服务：游客集中场所的厕所有专人提供服务	厕所服务：管理规范，游客集中场所由专人管理，3A 厕所专人专职负责	青岛旅游集团		2023 年 1 月	
		三星级以上厕所比例：参照《旅游厕所质量等级的划分与评定》（GB / T 18973—2003）	三星级以上厕所比例：参照 GB / T 18973—2016 标准及其细则，A 级厕所达 100%，AA 级厕所占比 50% 以上，AAA 厕所占比达到 20% 以上（比例待最终确定）	青岛旅游集团		2022 年 12 月	
		厕所卫生：有异味或地面（池面）有秽物的，发现一处扣 2 分	厕所卫生：确保厕所保持无异味，地面（池面）无秽物，定时清扫	青岛旅游集团		2023 年 1 月	
5	邮电						
5.1	邮政纪念服务	邮政服务：提供信函等基本邮政业务，且服务便捷	提供信函等基本邮政业务，且服务便捷	青岛旅游集团	中国邮政集团有限公司青岛市分公司	2022 年 12 月	

（续表）

序号	评定项目	评定标准	任务目标	牵头单位	责任单位	完成时间	备注
5.1	邮政纪念服务	提供纪念戳、本地纪念封、明信片、纪念邮票等，每种2分，最多6分	提供纪念戳、本地纪念封、明信片、纪念邮票等	青岛旅游集团			
5.2	电讯服务	公用电话设置，数量充足，设置合理；公用电话亭及标志，与环境相协调，标志美观、醒目	公用电话设置，数量充足、位置合理，满足基本需要	青岛旅游集团	中国电信集团青岛分公司、中国联通集团青岛分公司、中国移动集团青岛分公司		
		能接收移动电话信号	保证景区全部地方能接收移动电话信号	青岛旅游集团		2023年1月	

（续表）

序号	评定项目	评定标准	任务目标	牵头单位	责任单位	完成时间	备注
6	旅游购物						
6.1	购物场所	购物场所不破坏主要景观，不妨碍游客游览，不与游客抢占道路和观景空间；购物场所建筑造型、色彩、材质与景观环境相协调；布局合理，外部广告标志不过分影响观景效果	清理奥帆中心区域的清远路入口大门处购物场所，将购物场所移至建筑内或搭建临时性购物亭，与景观环境相协调，不抢占游客道路；设置流动服务车 2 部，根据季节及各类活动临时使用的商业销售点，弥补游客动线上的商业服务能力不足	市文化和旅游局	市市场监管局、市商务局、青岛市科学技术协会、青岛旅游集团	2022 年 12 月	
			清除旅游旺季时海底世界区域入口处的兜售商贩；除海底世界“购物船”、商场（旅游纪念品）外，另外配置流动服务车 2 部，根据季节及各类活动临时使用商业销售点，弥补游客动线上的商业服务能力不足				

（续表）

序号	评定项目	评定标准	任务目标	牵头单位	责任单位	完成时间	备注
6.1	购物场所		将购物场所建筑造型、色彩、材质与景观环境协调，并形成统一风格；外部广告标志重新统一设计，形成独特的风景线	市文化和旅游局	市市场监管局、市商务局、青岛旅游集团	2022年12月	
6.2	购物场所管理	对购物场所进行集中管理，环境整洁，秩序良好，无围追兜售、强卖强买现象	购物场所进行集中管理，设置购物场所管理机构，设立专门的旅游购物场所监督管理部门，建立健全的购物场所管理监督制度，对购物场所进行调控、监督和管理	市文化和旅游局	市市场监管局、市商务局、青岛旅游集团	2023年1月	
6.3	商品经营从业人员管理	有统一管理措施和手段，包括质量管理、价格管理（须明码标价）、计量管理、位置管理、售后服务管理等	对商品经营商铺及其从业人员进行统一管理提升，从质量管理、价格管理、计量管理、位置管理、售后服务管理等方面，制定统一的管理措施及管理手段	市文化和旅游局	市市场监管局、市商务局、青岛旅游集团	2023年1月	

（续表）

序号	评定项目	评定标准	任务目标	牵头单位	责任单位	完成时间	备注
6.4	旅游商品	具有本旅游景区的特色	依据景区实际情况与游客需求，增加旅游商品的种类，使商品多元化、特色化；设置高、中、低档旅游商品，以满足不同层次消费者的不同需求；所有旅游商品均实行明码标价，确保物美价廉、物有所值，以增加游客旅游购物消费乐趣；打造一系列有品、有颜、有范、有心、好玩、好潮、好用的奥帆系列文创商品	市文化和旅游局	市商务局、市委宣传部、青岛旅游集团	2022 年 12 月	
7	综合管理						
7.1	机构与制度	管理机构健全，职责分明，要求景区提供相关资料，并现场抽查管理人员，职责掌握率不足 50% 的，不得分；掌握率 50 % 以上的，酌情给 1~2 分；全部掌握的，给 3 分	管理机构健全，职责分明，准备提供相关资料，保证管理人员全部掌握职责	青岛旅游集团		2022 年 12 月	

（续表）

序号	评定项目	评定标准	任务目标	牵头单位	责任单位	完成时间	备注
7.1	机构与制度	规章制度健全，市场营销、质量、导游、卫生、环保、统计等规章制度健全，缺一项扣2分	规章制度健全，健全市场营销、质量、导游、卫生、环保、统计等规章制度	青岛旅游集团		2022年12月	
		规章制度贯彻得力，各项规章制度贯彻得力，有一年以上完整执行记录。记录不完整不得分	各项规章制度贯彻得力，有一年以上完整执行记录	青岛旅游集团			
7.2	企业形象	产品形象，具有独特的产品形象并形成外在的企业标志	产品形象：具有独特的产品形象并形成外在的企业标志	青岛旅游集团		2022年12月	
		质量目标、质量方针或口号，有明确的质量目标，有鲜明的质量方针或口号，为全体员工所熟知。抽查员工，掌握率不足50%的，不得分；掌握率50%以上的，酌情给1~3分；全部掌握的，给5分	质量目标、质量方针或口号：有明确的质量目标，有鲜明的质量方针或口号，为全体员工所熟知	青岛旅游集团			

（续表）

序号	评定项目	评定标准	任务目标	牵头单位	责任单位	完成时间	备注
7.2	企业形象	企业标志运用，要求在旅游景区入口、导览系统（如全景图、指示牌、景物介绍牌）、宣传品、门票、工牌等上均有企业标志	企业标志运用：要求在旅游景区入口、导览系统（如全景图、指示牌、景物介绍牌）、宣传品、门票、工牌等上均有企业标志	青岛旅游集团		2022 年 12 月	
		企业标志注册，企业品牌标志进行商标注册	企业标志注册：企业品牌标志进行商标注册	青岛旅游集团		2022 年 12 月	
		员工服饰，员工着岗位服饰，佩带工牌。岗位服饰 3 分，服饰美观有特色 1 分，佩带工牌 1 分	员工服饰：员工着岗位服饰，佩带工牌	青岛旅游集团			
		员工服务，服务规范，举止文明，热情大方，服务态度、效果及质量好。能够针对不同客源群，提供个性化订制服务	员工服务：服务规范，举止文明，热情大方，服务态度、效果及质量好；能够针对不同客源群，提供个性化订制服务	青岛旅游集团		2022 年 12 月	

（续表）

序号	评定项目	评定标准	任务目标	牵头单位	责任单位	完成时间	备注
7.3	规划	规划制订，有按照本标准及细则制订的相关规划	规划制订：制订《奥帆海洋文化旅游区总体规划》《奥帆海洋文化旅游区提升规划》	青岛旅游集团		2022年10月	
		规划审批，旅游部门或当地政府审批	规划审批：相关规划报国家主管部门审批，相关的审批文件存档	青岛旅游集团	市文旅局	2022年10月	
		包括土地利用、功能布局、游览项目与设施安排等。严重违规的此项不得分。规划中的各项建设项目和市场开发方案得到全面实施	规划实施：全面实施规划中的各项建设项目和市场开发方案，不得违反国家相关规定	青岛旅游集团	市住房城乡建设局	2022年12月	
7.4	培训	培训制度、机构、人员、经费明确落实，每一项不落实，扣1分	培训制度、机构、人员、经费明确落实	青岛旅游集团		2023年1月	
		查看年度计划及实施记录，要求对每一位正式员工建立培训档案，对管理人员及服务人员进行全面培训	年度培训范围：查看年度计划及实施记录，要求对每一位正式员工建立培训档案，对管理人员及服务人员进行全面培训	青岛旅游集团			

（续表）

序号	评定项目	评定标准	任务目标	牵头单位	责任单位	完成时间	备注
7.4	培训	质量、营销、安全、导游、卫生、环保、统计等业务培训全面，缺一项培训扣 1 分	质量、营销、安全、导游、卫生、环保、统计等业务培训全面	青岛旅游集团		2022 年 12 月	
		抽查员工，考查其业务，回答流利、正确、全面	达到抽查回答流利、正确、全面的培训效果	青岛旅游集团			
7.5	游客投诉及意见处理	投诉处理制度健全	健全投诉处理制度	青岛旅游集团		2022 年 12 月	
		检查投诉处理记录，对于重大投诉可向投诉人了解反馈意见	明确游客投诉及意见处理负责部门，制定相应管理制度、工作流程及岗位职责；服务态度好，记录完整细致，有回访记录；检查投诉处理记录，对于重大投诉可向投诉人了解反馈意见	青岛旅游集团			
		有明确的投诉电话，有明确的投诉办公室标志，有投诉信箱、意见本等	设置投诉电话，投诉办公室（且标识醒目），投诉信箱、意见本等，编制《常见问题标准解答》教案，及时关注并积极处理线上线下投诉信息，投诉受理迅速	青岛旅游集团			

（续表）

序号	评定项目	评定标准	任务目标	牵头单位	责任单位	完成时间	备注
7.5	游客投诉及意见处理	一年不少于3次，样本量符合接待规模（总量达到全年接待量的1/1000），征询意见有分析、有通报、有改进措施	征询游客意见：制订游客意见征询计划，设计符合A级景区标准要求的游客满意度调查问卷，一年不少于3次定期征询，征询样本总量达到全年接待量的1/1000，对征询意见有分析、有通报、有改进措施，并进行总结归纳，深入落实，执行提升改造计划	青岛旅游集团	4	2023年1月	
7.6	旅游景区宣传	通过国际互联网宣传，独立域名且有中文网址，依托知名综合网站或权威旅游专业网站，内容丰富，全面说明景区情况，建成数字虚拟景区	宣传方式：多渠道、多样化、充分利用多媒体途径，包括互联网、电视、移动传媒、户外媒体、微信公众号、报刊等多种方式	青岛旅游集团	市文化和旅游局	2023年1月	
		其他语种每种1分，最多2分	宣传范围：宣传范围包括省内、全国及海外	青岛旅游集团			
		有介绍本景区的电视专题片	宣传场所：机场、车站、地铁站、大型商场等门户地区及主要客源地人流集中区	青岛旅游集团			

（续表）

序号	评定项目	评定标准	任务目标	牵头单位	责任单位	完成时间	备注
7.7	电子商务	动态查询未来特定时间段预计游客接待量	能动态查询未来特定时间段预计游客接待量	青岛旅游集团	市大数据发展管理局、市统计局	2023 年 1 月	
		娱乐、餐饮或其他个性化服务的定制	提供预订门票、住宿、商品的便捷服务，提供娱乐、餐饮或其他个性化服务的定制	青岛旅游集团			
		能网上支付	能提供网上支付功能	青岛旅游集团		2022 年 12 月	
7.8	社会效益	带动当地社会就业，80% 为本地员工	带动当地社会就业：整理制作员工花名册，并建立奥帆海洋文化旅游区岗位数据库，根据需求以定期及急招两种形式直接面向当地居民及社会人才进行招聘	青岛旅游集团	市人力资源与保障局	2023 年 1 月	
		对当地经济带动作用显著	对当地经济带动作用：促进税收（收集整理产值、税收等财务档案），扩大就业、推动周围产业发展	青岛旅游集团	市财政局		

（续表）

序号	评定项目	评定标准	任务目标	牵头单位	责任单位	完成时间	备注
8	资源和环境的保护						
8.1	空气质量	达到国标一级标准，参照有关国家标准	整理、收集空气质量监测、鉴定材料，以当地旅游旺季的情况为准，结合鉴定材料现场检查空气质量需要达到国标一级标准	市生态环境局	市水务管理局、市城市管理局、市文化和旅游局、青岛旅游集团	2023年2月	
8.2	噪声指标	以当地旅游旺季的情况为准；使用高音喇叭，或用电子设备进行商品叫卖的（用于安全公告等特殊情况除外），此项不得分	整理、收集噪声指标监测、鉴定材料，以当地旅游旺季的情况为准，结合鉴定材料现场检查噪声指标需要达到国标一级标准				
			梳理、排查5A范围内噪声源，治理周边流动商贩，加强对景区及周边高音喇叭、电子设备等叫卖、播放音乐的高分贝声源的控制				

（续表）

序号	评定项目	评定标准	任务目标	牵头单位	责任单位	完成时间	备注
8.3	地表水质量达国标规定	参照有关国家标准，不达标的酌情扣分	整理、收集地表水质量监测、鉴定材料，以当地旅游旺季的情况为准，结合鉴定材料现场检查地表水质量需要达到国标一级标准				
			对景区内所有水体进行净化处理，同时对景观用水进行定期的水循环处理，使其符合景观用水要求，禁止所有的集体及个人污水直排				
			梳理、排查 5A 创建区域内的污水排放设施，不足则建议招标采购相关设施设备，完成污水管网建设，完善污水排放设施				

（续表）

序号	评定项目	评定标准	任务目标	牵头单位	责任单位	完成时间	备注
8.4	景观、生态、文物、古建筑保护	保护效果：全面保持文物古迹和景观的真实性及完整性，现场检查为主；对文物古迹和景观有重大破坏的，此项不得分	梳理、制作出相应的文物保护资源分布图，对应编号，标识齐全，定期进行维护，在不破坏资源的基础上进行合理、有序开发	市文化和旅游局	青岛旅游集团	2023 年 2 月	
		保护措施（采取适合的保护措施，如防火、防盗、防捕杀、古建筑修缮、古树名木保护）：制度具体、设施设备完善、人员职责明确	制定具体健全完备的保护制度，确保保护设施设备齐全，保护人员职责明确并进行公示，明确责任人以及奖惩措施	青岛旅游集团	市生态环境局、市文化和旅游局、市自然资源和规划局、市海洋发展局		
		保护费用投入：要求提供相应财务支出证明；全年用于景观、文物、古建筑、生态系统、珍稀名贵动植物的保护费用相当于旅游区（点）全年门票收入的比例达到10%	整理相关保护费用财务支出证明；保护措施和保护效果达到 5A 级旅游景区创建标准（保护费用投入应达到 10% 用于生态环境保育、动植物保护、文化及文物保护等，保护费投入数据应做好记录并存档）				

（续表）

序号	评定项目	评定标准	任务目标	牵头单位	责任单位	完成时间	备注
8.5	环境氛围	出入口主体建筑格调：格调指体量、材质、造型、色彩的综合效果，对区内主体景观有烘托效果，采用本地特色建筑风格和材料，能很好地反映和突出主体景观；出入口环境整洁美观，秩序良好，与景区整体氛围相协调；出入口有相应的游客集散场地，面积适中，管理良好	提升奥帆中心区域6个出入口、海底世界区域4个出入口。施工期间，对景区内及周边未完工建筑进行遮挡	青岛旅游集团	市文化和旅游局、市城市管理局	2023年2月	

（续表）

序号	评定项目	评定标准	任务目标	牵头单位	责任单位	完成时间	备注
8.5	环境氛围	区内建筑选址不破坏景观，主体建筑选址对景观有破坏的，每个扣3分；非主体建筑选址对景观有破坏的，每个扣1分；主体建筑风格有特色，效果突出；区内各单体建筑风格一致，相互协调；区内建筑外观（造型、色调、材料等）与景观相协调，发现一处建筑外观与整体景观有不协调的，扣2分	梳理、拆除景区内及入口周边的简易铁皮棚屋	青岛旅游集团	市文化和旅游局、市城市管理局	2023年2月	
			梳理景区内电箱、空调机、消防栓、灭火器等功能性建筑或设施，进行外观仿生美化处理，或者移至游客视线范围之外				

（续表）

序号	评定项目	评定标准	任务目标	牵头单位	责任单位	完成时间	备注
8.5	环境氛围	区内建筑体量适度；建筑物周边形成相应缓冲区，观景效果良好；功能性建筑选址隐蔽或外观美化，包括锅炉房、配电室、水塔、烟囱、电力电信设施及其用房等；管线设施，区内输电、通信线路等全部采用地下隐蔽方式；区内标语口号及布置方式注重文化性、艺术性及与景观的协调性；商品广告、商业服务设施招牌不乱贴、乱放、乱摆小广告，商业服务设施招牌不过分突出	对景区内外露管线进行隐蔽处理	山东广电网络公司青岛分公司、市供电公司	市文化和旅游局、青岛旅游集团	2023 年 2 月	
			全面清理购物场所影响观景效果的广告标识，包括乱摆乱放的广告展架、乱钉乱贴的广告喷绘、乱拉乱挂的广告条幅以及灯箱广告等	青岛旅游集团	市文化和旅游局、市城市管理局		

（续表）

序号	评定项目	评定标准	任务目标	牵头单位	责任单位	完成时间	备注
8.5	环境氛围	各种游乐设施及项目设置、布局和外观，发现一处不得当，扣1分；建筑及设施选用材料，有以下材料发现一处扣1分：玻璃幕墙、马赛克贴面、卷帘门窗、简易铁皮棚屋等					
8.6	采用清洁能源的设施、设备	发现区内使用造成严重破坏环境的设施、设备（包括产生高噪声或有害气体、漏油漏气的车辆、船舶等）的，酌情扣分	确保景区采用使用清洁能源的设施设备；严禁使用造成严重破坏环境的设施设备（包括产生高噪声或有害气体、漏油或漏气的车辆、船舶等）	市生态环境局	市文化和旅游局、市海洋发展局、青岛旅游集团	2023年2月	
8.7	采用环保型材料	发现区内使用不可降解的一次性餐具等非环保型材料的，此项不得分	确保采用环保型材料；严禁使用不可降解的一次性餐具等非环保型材料	青岛旅游集团	市文化和旅游局	2023年2月	

（续表）

序号	评定项目	评定标准	任务目标	牵头单位	责任单位	完成时间	备注
9	特色文化						
9.1	游客容量管理	容量核定内容：根据《景区最大承载量核定导则》，由景区主管部门科学核定景区最大承载量。 景区须公布含日最大承载量在内的至少一种承载量；定时或实时更新发布可接待游客量、容量预警信息、应急措施以及容量更新的周期、时点与结果，必要时解释原因	奥帆海洋文化旅游区游客容量要进行统一核定，及时公布、实时更新，并通过合理的景区限流引流措施保障景区旺季旅游生态环境，避免因为客流量过大对环境造成破坏性影响。 拓展公布渠道、及时更新公布信息：通过手机短信、彩信推送服务信息。建立奥帆海洋文化旅游区网站、报纸杂志、微信、微博等智慧旅游渠道并随时公布信息；分别在两个游客中心、各大出入口及时公布景区最大承载量、游客接待量、应急措施、容量预警信息、信息更新等相关信息	市文化和旅游局	青岛旅游集团	2022 年 12 月	

（续表）

序号	评定项目	评定标准	任务目标	牵头单位	责任单位	完成时间	备注
9.1	游客容量管理	容量公布渠道：传统渠道即在出入口、游客中心、游客集聚场地和主要活动区域等醒目位置用广播、信息屏（板）等发布。新媒体渠道，利用官方网站、微博、微信、短信等信息平台发布；公共媒体渠道，通过电视、广播、报纸、政府门户网站或主流旅游资讯网站等公共媒体发布。容量管控，超载应急预案，制订和实施包括门票预约等方式在内的流量控制方案，职责明确、程序清晰；处置措施，包括门票销售管控、疏导分流、分时限流等多种形式	加强容量管控，提高应急处理效率。建立游客数据库，加强游客数据采集，实现数据共享。启用出入口游客数据采集系统；制定游客预警系统，当旅客达到最大承载量时，进行提前公告，及时向当地政府报告并采取疏导、分流等措施；配备充足的应急疏导人员，以保障容量预警时能够安全有序维护景区秩序；制订和实施流量控制方案，职责明确，程序清晰，并保证工作人员到岗到位分流得力，安全措施有效				

（续表）

序号	评定项目	评定标准	任务目标	牵头单位	责任单位	完成时间	备注
9.1	游客容量管理	处置效果，反应及时，工作人员到岗到位，分流得力，处置效果好					
9.2	文化主题性	主题辨识度非常鲜明；主题融合度，主题文化贯穿于旅游活动全过程	梳理景区文化脉络，提炼景区主题文化，以奥帆中心、海底世界等资源为载体，增设文化主题鲜明的旅游项目产品，增加主题辨识度	市文化和旅游局	青岛旅游集团	2022 年 12 月	
			在景区举办论坛活动、夏季嘉年华、肆玩街等活动	市文化和旅游局	市委宣传部、青岛旅游集团	2022 年 12 月	
			在青岛国际会议中心广场设置常态化的小型互动表演，如街头表演、行为艺术	市文化和旅游局	青岛旅游集团	2022 年 12 月	
9.3	文化挖掘内涵	包括历史文化、生态文化、民族民俗文化、红色文化、宗教文化等多个方面	梳理景区文化类型，加大文化挖掘力度，创新文化体验方式，打造一系列文化科普、海洋研学、海上运动、时尚购物等旅游产品	市文化和旅游局	青岛旅游集团	2023 年 1 月	

（续表）

序号	评定项目	评定标准	任务目标	牵头单位	责任单位	完成时间	备注
9.4	文化展示	展示场所：有专门的展示场所和空间。 展示内容的丰度与品质：具有地方和景区特色。 展示方式：图片、实物展示、科技化展示、活动展示	梦幻水母宫增加水母种类、氛围升级，设计仿生水母表演区	市文化和旅游局	市委宣传部、青岛旅游集团	2022 年 12 月	
			国际会议中心增设 VR 体验、打卡标志及上合参会国文化体验项目	市文化和旅游局	市委宣传部、青岛旅游集团	2022 年 12 月	
			奥帆博物馆提升文创空间、礼品店，开展科普课堂、VR 体验	市文化和旅游局	市委宣传部、青岛旅游集团	2022 年 12 月	
			海豹馆等展馆科技化、体验化升级	市文化和旅游局	市委宣传部、青岛旅游集团	2023 年 1 月	
9.5	文化体验	数量与效果	情人坝风情街、奥运坝提升；海上游船增加讲解及游客互动体验项目；整理燕儿岛山拆除后地块，按照景区规划布局相关业态	市文化和旅游局	市自然资源和规划局、青岛旅游集团	2023 年 1 月	

（续表）

序号	评定项目	评定标准	任务目标	牵头单位	责任单位	完成时间	备注
10	信息化						
10.1	信息化基础	移动通信信号覆盖：手机信号全覆盖：数字通信网络信号覆盖	移动通信信号覆盖：移动通讯线路顺畅、网络稳定。游客可达区域手机信号全覆盖	青岛旅游集团	市大数据发展管理局、市工业和信息化局	2023年1月	
		无线局域网覆盖：免费无线局域网覆盖景区所有游客可达区域	无线局域网覆盖：免费无线局域网覆盖景区所有游客可达区域，信号稳定、反应迅速	青岛旅游集团			
		基础数据采集：景区游步道、旅游景点、停车场、餐饮点、住宿点、治安点、厕所等旅游服务设施的基础数据采集齐全，基础数据应用在景区网站或景区APP上可查询，常用导航在地图上有标注	基础数据库：景区游步道、旅游景点、停车场、餐饮点、住宿点、治安点、厕所等旅游服务设施的基础数据采集齐全，在景区网站或景区微信小程序上可查询；在常用导航地图上有标注	青岛旅游集团		2022年12月	

（续表）

序号	评定项目	评定标准	任务目标	牵头单位	责任单位	完成时间	备注
10.1	信息化基础	景区官网：建有自有官方网站，多功能官网建有面向游客的景区游览攻略、景区可达公共交通说明、虚拟旅游、视频展示、少儿（或特殊人群）专区等多功能官方网站（至少具备3种功能），内容丰富；设有外文版	网站建设：建有面向游客的景区游览攻略、景区可达公共交通说明、虚拟旅游、视频展示、少儿（或特殊人群）专区等多功能官方网站（至少具备3种功能），内容丰富，并设有外文版	青岛旅游集团			重点任务
		设立运营正常的微信公众号、官方微博等景区信息服务平台	新媒体平台建设：设立正常运营的微信公众号、官方微博等景区信息服务平台	青岛旅游集团		2022年12月	重点任务
10.2	信息化管理	监控范围：游客可达区域视频监控全覆盖；监控数据保留15天以上；监控质量清晰可辨	景区视频监控：游客可达区域视频监控全覆盖，监控数据保留时间30天以上，监控质量清晰可辨	青岛旅游集团		2022年12月	重点任务

（续表）

序号	评定项目	评定标准	任务目标	牵头单位	责任单位	完成时间	备注
10.2	信息化管理	游客流量监测：实现入口、出口人流计数管理，在园游客总量实时统计，游客滞留热点地区人口密度监控，游客超限自动报警	游客流量监测：通过门禁系统、红外成像或手机信令分析等技术，实现对景区游客流量的实时监控；实现对景区出入口、游客滞留热点地区等的游客密度监测	青岛旅游集团			重点任务
		灾害监测：建立火险、地质灾害等灾害自动探测报警系统。 禁入监测：建立游客禁入区域的红外线监控系统，设有接收救援求助信息的设施	警报设施：建立火险、地质灾害等灾害自动探测报警系统，建立游客禁入区域的红外线监控系统，设置救援求助信号接收设施	青岛旅游集团	市气象局		
		建立车船定位、人员定位、车牌识别、停车场管理统计分析系统	运行监控：建立内部交通车辆、船舶GPS定位系统，建立现场工作人员的GPS定位系统，建立游客车辆车牌识别统计分析系统，建立景区停车场的泊车量统计系统	青岛旅游集团			
		电商、监控、门禁、游客流量等信息系统数据与各级旅游行业管理部门对接	数据共享：电商、监控、门禁、游客流量等信息系统数据与各级旅游行业管理部门对接，并保存相关记录	青岛旅游集团	市大数据发展管理局	2022年12月	

（续表）

序号	评定项目	评定标准	任务目标	牵头单位	责任单位	完成时间	备注
10.3	信息服务	景区广播：设立景区内部广播系统，并覆盖全景区，声音清晰	信息发布渠道：设立景区内部广播系统，并覆盖全景区，声音清晰	青岛旅游集团		2022年12月	重点任务
		信息发布提示屏：在景区入口、游客集聚场地和主要活动区域设立旅游信息发布提示设施设备，如信息大屏、触摸屏	在景区入口、游客集聚场地和主要活动区域设立旅游信息发布提示设施设备，如信息大屏、触摸屏	青岛旅游集团			重点任务
		媒体平台信息发布：可通过景区官方网站、微信、微博查询景区旅游资讯和实时提示信息	可通过景区官方网站、微信、微博查询景区旅游资讯和实时提示信息	青岛旅游集团		2022年12月	重点任务
		短信推送：设立景区消息短信，通过手机短信、彩信为游客提供信息服务	设立景区小区域短信，通过手机短信、彩信为游客提供信息服务	青岛旅游集团			
		诚信信息：向游客公布景区内服务企业经营人员基本信息、游客评价等诚信信息	向游客公布景区内服务企业经营人员基本信息、游客评价等诚信信息	青岛旅游集团			

（续表）

序号	评定项目	评定标准	任务目标	牵头单位	责任单位	完成时间	备注
10.3	信息服务	导游导览系统：可通过微信等APP或其他形式手机端，获取景点讲解、导游导购等信息服务	导游导览系统：可通过微信、小程序或其他形式手机端，获取景点讲解、导游导购等信息服务；可通过扫描二维码、蓝牙、定位等方式现场触发景点讲解、导游导购等信息服务	青岛旅游集团			重点任务
10.4	电子商务	在线预订	可通过景区官网、手机微信或小程序、在线旅游交易平台、电话、短信等途径实现预订	青岛旅游集团		2022年12月	重点任务
		预订渠道：可通过景区官网、手机APP、在线旅游交易平台、电话、短信等途径实现预订；免票景区须建立门票预约系统，预订内容包括门票预订及景区特色项目与服务	预订内容包括门票预订和景区特色项目与服务（包括景区内住宿、餐饮、购物、娱乐等）预订；在线预订量超过交易量（人次或交易额）50%；预订便捷、安全	青岛旅游集团	市统计局		

（续表）

序号	评定项目	评定标准	任务目标	牵头单位	责任单位	完成时间	备注
10.4	电子商务	电子票验证：建立支持二代身份证、二维码等信息凭证的门禁系统或验证设施。 景区内消费可通过刷卡支付、网络支付或移动端支付	线下支撑：建立支持二代身份证、二维码等信息凭证的门禁系统或验证设施。景区内消费可通过刷卡支付、网络支付或移动端支付	青岛旅游集团			重点任务
		营销方式：开设专卖店、旗舰店或在全国主流旅游网站、主流旅游在线交易平台上设立专题页面等	网络营销：开设专卖店、旗舰店或在全国主流旅游网站、主流旅游在线交易平台上设立专题页面等	青岛旅游集团		2023年1月	
		营销内容：开展在线互动营销活动、投放景区网络广告等	开展在线互动营销活动、投放景区网络广告等	青岛旅游集团			

创建工作方案及计划任务书（内部小组）

任务目标

以工程硬件提升为先、软件服务提升为后，进行整体规划建设。万变不离其宗，各项目及标准均体现“以人为本”，服务于客，充分考虑游客六要素的便捷性、体验性、舒适度。

建设要点

硬件部分会出现多工程交叉现象，尤其是信息化会从始至终贯穿整个项目，避免重复施工提前与各部门协商工程建设，应注意无障碍及文化特色体现。

建设时序

5A 创建工作整体建设时序分为五个时期，启动期、建设期、布展期、运营优化期、运营维护期。不同时期对照不同要求予以完善各工作事项，硬件建设与软件运营之间加强沟通协调，保证完美过渡（表 3-2）。

奥帆中心景区全景

表 3–2 青岛奥帆海洋文化旅游区 5A 创建工作方案及计划任务书

<table>
<tr><td colspan="3"></td><td colspan="2">2021 年</td><td colspan="12">2022 年</td></tr>
<tr><td>序号</td><td>任务</td><td>部门</td><td>11 月</td><td>12 月</td><td>1 月</td><td>2 月</td><td>3 月</td><td>4 月</td><td>5 月</td><td>6 月</td><td>7 月</td><td>8 月</td><td>9 月</td><td>10 月</td><td>11 月</td><td>12 月</td></tr>
<tr><td>1</td><td>信息化基础</td><td>智慧旅游组</td><td colspan="3">基础阶段性完成</td><td colspan="3">基础全面完成</td><td colspan="2">调试增补</td><td colspan="6">运营维护</td></tr>
<tr><td>2</td><td>实现信息化管理</td><td>智慧旅游组</td><td colspan="6"></td><td colspan="3">运行优化</td><td colspan="5">运营维护</td></tr>
<tr><td>3</td><td>完善信息服务</td><td>智慧旅游组</td><td colspan="6"></td><td colspan="3">运行优化</td><td colspan="5">运营维护</td></tr>
<tr><td>4</td><td>电子商务规范化</td><td>智慧旅游组</td><td colspan="3"></td><td colspan="3">网站建设</td><td colspan="2">运行优化</td><td colspan="6">运营维护</td></tr>
<tr><td>5</td><td>文化内涵挖掘</td><td>导览宣传组</td><td colspan="2">梳理提炼文化</td><td colspan="4">系统开发旅游产品及工程</td><td colspan="2">布展旅游产品</td><td colspan="2">优化旅游产品</td><td colspan="4">运营维护</td></tr>
<tr><td>6</td><td>游客中心</td><td>项目建设组</td><td>规划</td><td colspan="4">投资建设</td><td colspan="3">内部布展交付</td><td colspan="2">运营优化</td><td colspan="4">运营维护</td></tr>
<tr><td>7</td><td>游客咨询点</td><td>项目建设组</td><td>规划</td><td colspan="4">投资建设</td><td colspan="3">内部布展交付</td><td colspan="2">运营优化</td><td colspan="4">运营维护</td></tr>
<tr><td>8</td><td>特殊人群服务</td><td>项目建设组</td><td colspan="8">在启动、建设、运营期间，均应考虑特殊人群无障碍</td><td colspan="3">运营优化</td><td colspan="3">运营维护</td></tr>
<tr><td>9</td><td>外部交通标识</td><td>市交通运输局、市文化和旅游局</td><td colspan="2">详细规划</td><td colspan="3">投资建设</td><td colspan="3">优化增补标识</td><td colspan="6">运营维护</td></tr>
<tr><td>10</td><td>海底世界码头</td><td>市文化和旅游局</td><td colspan="2">详细规划</td><td colspan="4">投资建设</td><td colspan="3">开通水上线路</td><td colspan="5">运营维护</td></tr>
<tr><td>11</td><td>景区内部交通完善</td><td>项目建设组</td><td colspan="3">规划修改游步道</td><td colspan="3">投资建设</td><td colspan="3">正常维护</td><td colspan="5">运营维护</td></tr>
</table>

（续表）

			2021 年		2022 年											
序号	任务	部门	11 月	12 月	1 月	2 月	3 月	4 月	5 月	6 月	7 月	8 月	9 月	10 月	11 月	12 月
12	停车场改造	项目建设组	规划	投资建设				运营优化			运营维护					
13	内部标识系统	导览宣传组	规划点位风格		投资建设				增补点位			运营维护				
14	公共信息图形符号	导览宣传组	规划点位风格		投资建设				增补点位			运营维护				
15	垃圾箱（桶）	安全卫生组	规划点位风格		投资建设				增补点位			运营维护				
16	旅游厕所	项目建设组、安全卫生组	规划	投资建设				内部设施交付			正常维护		运营维护			
17	购物场所	项目建设组、服务提升组	规划		投资建设			内部布展交付			运营优化		运营维护			
18	餐饮场所	项目建设组、服务提升组	规划		投资建设			内部布展交付			运营优化		运营维护			
19	游客容量管理规范健全	安全卫生组	计算游客容量与指定规范							各渠道公示			运营维护			
20	景观与环境氛围达标	智慧旅游组	询价		进行检测		出报告		运营维护							

（续表）

			2021 年		2022 年											
序号	任务	部门	11 月	12 月	1 月	2 月	3 月	4 月	5 月	6 月	7 月	8 月	9 月	10 月	11 月	12 月
21	景区出入口	项目管理组、安全卫生组	详细规划		投资建设				运营维护							
22	景区内建筑、设施与环境协调	项目建设组	详细规划		投资建设				运营维护							
23	规划材料完整	综合协调督导组	收集材料，归档，出具台账										运营维护			
24	直达旅游专线	市交通运输局、青岛市城运集团	规划			实施			运营维护							
25	休息设施	项目建设组	询价、设计				生产、运输、摆放				运营优化					
26	医疗服务	安全卫生组	签订协议				内部布展				运营优化		运营维护			
27	邮电设施设备完备	导览宣传组	纪念封、明信片、纪念邮票，设公用电话						布展		运营维护					
28	采取生态化举措	项目建设组	随项目建设优化								健全生态教育与引导制度					
29	机构明确与制度健全	综合协调督导组	编制机构制度						制度上墙				运营维护			
30	培训体系健全	综合协调督导组	规划培训方案		常态化培训											

（续表）

			2021 年		2022 年											
序号	任务	部门	11 月	12 月	1 月	2 月	3 月	4 月	5 月	6 月	7 月	8 月	9 月	10 月	11 月	12 月
31	企业形象统一	综合协调督导组	注册商标		统一设计套系员工服饰、工牌								运营维护			
32	游客投诉及意见处理完备	综合协调督导组	制定投诉意见表、意见箱，完善投诉处理制度							试运行		运营优化			运营维护	
33	门票	导览宣传组	制订统一门票方案			试运行			运营优化			运营维护				
34	游览车管理规范	服务提升组	制定规范，购置及改装电瓶车					试运行		运营优化		运营维护				
35	提供饮用冷热水	服务提升组							购置	运营优化		运营维护				
36	增设志愿者服务	服务提升组	设置志愿者系统，建立合作关系						运营优化			运营维护				
37	导游服务管理规范	服务提升组	统一管理、增设导游，为语音导游编制导游词							运营优化			运营维护			
38	环境卫生与场地秩序规范	安全卫生组	卫生、秩序排查，制订管理方案					招聘		运营优化			运营维护			
39	垃圾清扫及处置	安全卫生组	建立垃圾管理机制，加强管理					试运行		运营优化			运营维护			
40	旅游购物布局	项目建设组、服务提升组	丰富购物类型，加快建设				试运行		运营优化			运营维护				

（续表）

			2021 年		2022 年												
序号	任务	部门	11 月	12 月	1 月	2 月	3 月	4 月	5 月	6 月	7 月	8 月	9 月	10 月	11 月	12 月
41	旅游购物管理	服务提升组	制定管理制度						运营优化		运营维护					
42	餐饮容量与布局	服务提升组	餐饮服务布局						运营优化		运营维护					
43	餐饮管理与服务	服务提升组	建立管理，制度管理标准						运营优化		运营维护					
44	健全安全管理	安全卫生组	建立人员管理机制和培训机制					试运行	运营优化		运营维护					
45	救援（护）服务保障完善	安全卫生组	签订协议，公布救援电话				运营优化			运营维护						
46	危险地带安全防护设施完备	安全卫生组	建立制度，警告标志，招聘安全人员						试运行		运营优化		运营维护			
47	安全宣传教育全面	安全卫生组	制定安全说明须知，制作安全宣教材						开展安全宣教活动			运营维护				
48	景区宣传全面	综合协调督导组	制订全面宣传方案						拍摄及常态化宣传				优化宣传方式		运营维护	
图例			启动期		建设期			布展期			运营优化期			运营维护		

奥帆中心五环码头

对标要点

一、信息化（贯穿始终）

信息化基础：三线入地工程——智慧旅游控制中心——移动通信信号覆盖——无线局域网覆盖——宽带网络——网站建设——新媒体平台建设。

信息化管理：景区视频监控——游客流量监测——警报设施——运行监控——数据共享。

信息服务：信息发布渠道——信息发布内容——导游导览系统。

电子商务：在线预订——线下支持——网络营销。

二、特色文化（挖掘体现贯穿始终）

文化主题性：主题辨识度——主题融合度——文化内涵挖掘。

文化展示：展示场所——展示内容——展示方式。

文化体验：数量与效果。

三、旅游交通（与信息化、游客中心同步进行规划多条游览线路，进行氛围营造）

抵达景区的公共交通：直达旅游专线——市内集散系统。

通景交通的发达程度：道路设施沿线——环境路面（平整无破损、护坡良好、桥涵完整）——沿线环境（路面及两侧干净整洁，无垃圾、物品等堆积物）。

外部交通标识（重点考察）：主要站（节）点通往景区的标识——所在城镇通往景区的标识——通景道路交通标识。

景区停车场（重点考察）：停车位（1 000 个以上，大小车分区停车，车辆上下客分区，非机动车辆停放区，特殊人群服务）——地面（生态化地面）管理（分设出入口，专人值管）——引导标志标线清晰位置与景观配套服务（加水、充电）——备用停车场。

四、游览服务

游览设施——游览线路——游步道——游览工具——休息设施——饮用冷热水——特殊人群服务——志愿者服务。

游客中心（重点考察）：位置与风貌——场地规模（专用，规模适宜游客需要）——功能设置（商品销售区超过服务区总面积 50%，服务区建筑面积不应少于游客中心建筑面积的 60%，有导游服务、宣教和咨询服务、纪念品及旅游用品售卖、寄存、投诉、医疗、通信、休息等功能，ATM 机、托管、代订及其他多种服务）—— 咨询服务功能（设有咨询服务点）——多媒体宣教系统（电脑触摸屏、影视解说）——电话服务（公用电话、信函、传真）——邮政纪念服务（提供纪念戳、本地纪念封、明信片、纪念邮票等）——宣传资料（免费宣传资料）——其他宣传资料（画册、音像制品和专著）。

导游服务（重点考察）：导游员和讲解员（设语音导游或耳麦讲解导游）——讲解语种（英语 +2 种主要客源地语种）——导游词（科学、有文采、有互动）——讲解水平（根据游客特点进行有针对性的讲解）——导游管理（导游行为管理，导游秩序管理应纳入景区统一管理体系）。

标识系统（重点考察）：设计制作（图案体现主题文化特色、外形具有艺术感、材质有档次、生态性，制作效果精美，中外文对照、公共信息图形符号的图形规范性）——位置与数量（在道路、停车场、出入口、售票处、购物点、医疗点、厕所、餐饮点等位置）——种类（全景图与导览图、标识牌与景物介绍牌、提示与警示标牌）——维护保养（无脱落、无毛刺、无腐蚀)。

环境卫生：总体印象——污水排放——垃圾清扫与处置（达到日产日清，流动跟踪清扫；处理场地垃圾集中场地远离景区；处理方式，鼓励游客自行带走垃圾的制度或措施）——垃圾箱（桶）（重点考察）（外观整洁，数量充足，布局合理造型美观，与景观环境相协调分类设置）——划分吸烟区与禁烟区且管理到位。

厕所（重点考察）：A 级厕所比例（A 级厕所比例达 100%，AA 级厕所占比 50% 以上，AAA 级厕所占比 20% 以上）——风貌与氛围（建筑风貌有特色，内外部文化氛围，厕所根据景区特点进行装饰与布置）——厕所数量与布局（步行 30 分钟内须有设置）——厕位数量与比例（厕位总量占景区承载量 0.5% 以上，无障碍厕位建设符合《无障碍设计规范》GB 50763—2012）——高峰期流动厕所（水冲或生态厕所）——设施（洁具质量、隔板和门、其他设施）——厕所管理与服务（厕所管理规范，游客集中场所有专人管理）。

五、资源和环境保护

环境质量（出具报告）：污染源控制——空气质量——地表水质量——噪声指标。

资源保护：保护费用投入达到 10%——保护措施（制度具体，设备设施完善，人员职责明确）——保护效果（全面保持文物古迹和景观的真实性及完整性）。

六、景观与环境氛围

景区出入口：体量、材质、造型、色彩的综合效果，整洁美观，与景区整体氛围相协调，有相应的游客集散场地，面积适宜，设施设置适当，无拉客宰客、黑车欺客现象。

景区内建筑与设施：建筑选址不破坏景观，主体建筑风格有特色，单体建筑风格一致，相互协调，建筑外观（造型、色调、材料等）与景观相协调，建筑体量适度，建筑物周边形成相应缓冲区，观景效果良好，配套附属建筑选址隐蔽或外观美化，包括锅炉房、配电室、水塔、烟囱、空调外机、电力电信设施及其用房等。

管线设施，输电、通讯线路等全部采用地下隐蔽方式。

标语口号及布置方式：商品广告和商业服务设施招牌不乱贴、乱放、乱摆，外部广告标识不过分影响观景效果。

周边环境与景观的协调性：景区与周边地带设有隔离带或缓冲区，旅游景区周边形成优美的天际轮廓线。

生态化举措：采用清洁能源的设施设备——采用环保型材料——生态教育与引导（将生态教育列为导览必备环节）——宣教内容与形式（活动丰富、形式创新）。

七、综合服务

购物容量与布局：购物品类型（纪念品、土特产品、工艺美术品、旅游用品等）——购物品特色——管理与服务。

餐饮容量与布局：餐饮类型（主食、菜肴、小吃、饮品等类型）——餐饮特色——管理与服务。

餐饮容量与布局：餐饮类型（面向不同消费档次和不同消费偏好，包括商务、民宿、露营地等的住宿类型）——餐饮特色——管理与服务。

娱乐休闲：项目类型（如一般性休闲娱乐项目、特种旅游项目、参与体验型项目、演艺类项目）——项目布局——项目特色——管理与服务。

八、旅游安全

游客容量管理—安全管理：设有安全保护机构——有健全的安全保护制度——配备充足的安全保护人员——安全巡查。

安全救援与应急处置特殊情况的安全处置：医疗服务（在景区内必要位置设立医务室，配有急救箱、急救担架、氧气瓶等，在游客滞留热点地区和主要游览节点、主要交通工具上配备急救设施）——救援（护）服务（设有SOS呼救设备，特殊旅游项目景区的救援（护）设备，配备专兼职救援人员）。

安全设施：危险地带安全防护设施——消防、防火等设备——游览、游乐服务设施安全——特殊旅游项目的安全确认——食品卫生。

安全宣传与教育：安全教育——安全宣传。

对标分解

具体项目任务分解如下（表 3–3）。

表 3–3 项目任务分解表

项目序号及名称	标准及要求		分组	单位
1. 旅游交通	1.1 抵达景区的外部交通便捷高效	（1）在青岛机场、青岛站、青岛北站、青岛客运站等重要交通节点设置通往青岛奥帆海洋文化旅游区（奥帆中心 + 海底世界）的旅游交通专线，实现交通便捷。	项目建设组	
		（2）完善市内公共交通体系，在景区周边站点设置公交候车标识和时刻表		
	1.2 交通标识统一规范	（1）增设青岛机场、火车站、客运站、高速公路出入口至景区的专用交通标识牌，定期进行缺失补遗与维护工作。 （2）规范标识系统设置，设置咖啡底白字并统一名称及风格的一级标识牌，名称统一为“青岛奥帆海洋文化旅游区”。 （3）外部交通标识系统标注中英文、景区 LOGO、箭头、抵达距离。 （4）根据人机工程学的有效视觉举例来合理规定信息的大小和设置形态，使其内容易识别	项目建设组	
	1.3 景区内部交通完善	在汇泉湾畔新建海底世界码头，开通奥帆中心区域与海底世界区域的水上旅游航线	项目建设组	海旅板块
		奥帆中心区域提升具有文化特色的游步道，情人坝地面维修改造，奥帆中心景区地面大理石更换，木栈道维修，景区车辆标示线路，提升观光车站；海底世界区域游步道增设无障碍通道，提升具有文化特色的游步道	项目建设组	景区公司、海底世界

（续表）

项目序号及名称	标准及要求		分组	单位
1. 旅游交通	1.4 景区停车场管理高效有序	（1）对奥帆中心、海底世界等室外停车场进行生态化提升建设，对会议中心、博物馆等地下停车场进行功能优化提升。 （2）结合智慧景区的要求，加强停车场智能化管理，实现即时车辆调度及精确统计。对停车场进行环境改造，美化停车场的景观环境，增加绿植隔离带，突出景区的文化主题和生态性。建设停车场的配套服务，包括非机动车停放区和洗车、加水、充电等服务。 （3）完善现有交通组织方案，人、车流向要顺畅，无交会；完善交通组和功能分区，对停车位进行重新规划，设置旅游巴士、自驾车、出租车的游客上、落客点，考虑游客的集散规律和道路安全，实现人车分流。 加强对停车场的管理，大小车辆按照停车线规范停车	项目建设组	工程管理中心、景区公司、海底世界、信息公司
2. 游览	2.1 门票	设计统一的景区门票，实行一票制或设有联票，提升门票系统方案，对价格、版面进行重新设计制作，背面设置导览简图以及咨询、投诉、紧急救援电话	导览宣传组	旅行社、信息公司、景区公司、海底世界、海旅板块（海洋公司，游艇俱乐部，体育公司）
	2.2 游览车管理规范	加强观光车队管理，对驾驶员进行培训和规范管理，统一配发工装，佩戴工牌，明确观光线路	服务提升组	安全生产部、景区公司

（续表）

项目序号及名称	标准及要求		分组	单位
2. 游览	2.3 休息设施布局合理，质量较好	（1）在奥帆中心、海底世界重要景观节点增加游客公共休息设施和景观设施，完善景区公共服务体系构建；加强燕儿岛山建设，增设游客休憩设施。 （2）全面排查景区内休憩设施，替换或修复破损的设施；配备专职人员定期维护保养，保证设施完整、干净、整洁	项目建设组	工程管理中心、景区公司、海底世界、青旅物业
	2.4 提供饮用冷热水	在景区主要景观节点，设置饮用冷热水服务设施，满足游客用水需求	服务提升组	工程管理中心、景区公司、会议中心、海底世界
	2.5 特殊人群服务规范达标	增加奥帆中心、海底世界无障碍设施，对景区内部现有无障碍设施定期检查、维护，保证设施正常使用，为特殊人群提供服务	项目建设组	工程管理中心、会议中心、景区公司、海底世界、青旅物业
	2.6 增设志愿者服务	设置健全的志愿者系统；与红十字会、高校等建立合作关系，邀请志愿者进入景区开展服务活动	服务提升组	团委、景区公司、海底世界

（续表）

项目序号及名称	标准及要求		分组	单位
2. 游览	2.7 游客中心功能布局完善	（1）位置与规模。主游客中心方面，一是改造提升奥帆海洋文化旅游区主游客中心（奥帆中心清远路入口处），规模、功能布局满足 5A 景区标准要求。二是申请把水族馆的一栋楼房移交给海底世界，改建为旅游区次游客中心，规模、功能布局满足 5A 景区标准要求。游客咨询点方面，除主游客中心外，在燕儿岛山及景区游线、出入口附近设置游客咨询服务点。可以以岗亭的形式设置，设明显的游客咨询点标识，为游客提供咨询服务及宣传资料。 （2）游客中心功能及服务。内部功能布局合理，满足咨询、投诉服务、票务、信息查询、导游、医疗、寄存、售卖、宣教、ATM 机、托管、代订等综合服务	项目建设组	工程管理中心、项目发展部、景区公司、海底世界
		增加宣教资料，设计导游图、明信片、画册、研究论著、科普读物等，放置在游客中心及旅游咨询点	导览宣传组	办公室、企宣办、景区公司、海底世界
	2.8 导游服务管理规范	构建导游管理体系，对导游进行统一管理；增设导游人员、讲解员，持证上岗；购买便携式可选择播放语音导游、二维码语音导览等；编制导游词	服务提升组	安全生产部、人力资源部、海旅板块、旅行社、会议中心、景区公司、海底世界

（续表）

项目序号及名称	标准及要求		分组	单位
2. 游览	2.9 标识系统完善	（1）统一设计并制作导游全景图、导览图、标识导引牌、景物介绍牌，设计并制作安全警示牌、关怀警示牌；制作标识牌布局图；做好定期维护和保养。 （2）增加青岛奥帆海洋文化旅游区字样，并增加景区 LOGO。 （3）拆除临时标牌，统一设计并制作与景区风格统一的标识系统，体现主体性和设计感	导览宣传组	企宣办、安全生产部、工程管理中心、海旅板块、会议中心、景区公司、海底世界、青旅物业
	2.10 公共信息图形符号	全面检查并提升景区内各停车场、出入口、售票处、购物场所等设施位置的公共信息图形符号	导览宣传组	企宣办、安全生产部、海旅板块、会议中心、景区公司、海底世界
	2.11 环境卫生与场地秩序规范	（1）景区内部：配备专职人员定期清理垃圾，规范废弃物、建筑材料的摆放，集中妥善放置，避免占用游览休憩空间。 （2）景区外围：对奥帆中心至海底世界景区沿途环境卫生和公共卫生场所及秩序管理情况进行排查、整改	安全卫生组	海旅板块、会议中心、景区公司、海底世界、青旅物业

（续表）

项目序号及名称	标准及要求		分组	单位
2. 游览	2.12 垃圾清扫及处置	（1）建立完善的垃圾管理机制，配备数量充足的清洁人员，对景区进行流动清扫，景区开放时间内禁止垃圾清运车使用。 （2）加强对清洁人员的管理，全面清理景区内垃圾，保证做到分类处理、日产日清	安全卫生组	景区公司、海底世界、青旅物业
	2.13 垃圾箱（桶）	（1）设计并购买垃圾箱（桶），改造外观设计，体现景区主题文化特色，具有艺术感、美感，与周边环境相协调且数量充足，有 LOGO、分类标识。 （2）实现垃圾分类；垃圾桶内套塑料袋。 （3）科学布设垃圾桶	安全卫生组	景区公司、海底世界、青旅物业
	2.14 旅游厕所提升改造	按照旅游厕所的专项标准建设、提升和改造。 （1）提升现有旅游厕所卫生水平，保证整洁方便；游客中心和停车场卫生间达 AAA 级标准。 （2）提升海底世界区域厕所厕位数量，增加厕所面积，增加残疾人无障碍厕位。 （3）景区更新老式水冲小便池，加强厕所内部文化氛围，增加文化元素，与景观相协调。 （4）智慧化厕所建设	项目建设组	工程管理中心、信息公司、景区公司、海底世界、青旅物业
3. 综合服务	3.1 旅游购物容量丰富与布局合理	（1）在奥帆中心、海底世界合理规划购物服务布局，丰富景区商铺购物类型，增加商品品类，满足大众化需求。 （2）加快奥帆 life 集装箱商业体二期建设，奥帆中心游客中心负一、负二层业态增加，丰富游客体验	项目建设组、服务提升组	工程管理中心、海旅板块、会议中心、景区公司、海底世界

（续表）

项目序号及名称	标准及要求		分组	单位
3. 综合服务	3.2 旅游购物管理规范与服务规范	健全旅游购物场所管理制度，商品明码标价，制度、证照上墙	服务提升组	安全生产部、海旅板块、会议中心、景区公司、海底世界
	3.3 餐饮容量丰富与布局合理	奥帆中心，海底世界合理规划餐饮服务布局，多形式、多菜系、多价位、多地点结合，满足游客餐饮需求	服务提升组	安全生产部、海旅板块、会议中心、景区公司、海底世界
	3.4 管理与服务	加强景区内餐饮管理，制度管理标准，以提升餐饮品质	服务提升组	安全生产部、海旅板块、会议中心、景区公司、海底世界

（续表）

项目序号及名称	标准及要求		分组	单位
4. 特色文化	深挖文化内涵与做足文化体验	（1）整合梳理景区文化脉络，提炼景区主题文化，深入挖掘文化内涵，系统开发旅游产品，以奥帆中心、海底世界等资源为载体，增设文化主题鲜明的旅游项目产品，多样化展示方式，结合地理信息系统、虚拟现实、互联网多媒体技术等增强产品体验性，举办论坛活动。 （2）举办夏季嘉年华、肆玩街等活动；在会议中心广场设置常态化的小型互动表演，如街头表演、行为艺术。 （3）开发帆船教学、研学类旅游等产品。 （4）场馆展示类产品，加强产品展示设计，深入挖掘文化内涵，通过声光电、VR 等形式深入体验，优化展厅设计，通过故事线将各展厅连接，形成展示系统。梦幻水母宫提升水母种类，氛围升级，设计仿生水母表演区。国际会议中心增设 VR 体验、打卡标志及上合参会国文化体验项目；奥帆博物馆提升文创空间、礼品店，开展科普课堂、VR 体验；海豹馆等展馆科技化体验化升级	导览宣传组	企宣办信息公司、海旅板块、旅行社体育公司、会议中心、景区公司、海底世界
5. 信息化（智慧旅游）	5.1 健全信息化基础	景区整体无线覆盖，加强景区基础数据库建设；设立统一的运营正常的微信公众号、官方微博等景区信息服务平台，注册建立景区官方网站；积极与旅游行业管理部门对接实现数据共享	智慧旅游组	企宣办、信息办、安全生产部、信息公司、海旅板块、会议中心、景区公司、海底世界、旅行社

（续表）

项目序号及名称	标准及要求		分组	单位
5. 信息化（智慧旅游）	5.2 实现信息化管理	（1）建设完善景区的视频监控系统，加强对监控工作人员的管理。 （2）通过门禁系统、红外成像、移动信令等技术手段，实现对各景区景点出入口人流统计管理。 （3）完善海险、地质灾害等灾害自动探测报警系统；建立游客禁入区的红外线监控系统，在景点内部和主干路上设置救援求助信息公告牌。 （4）建立内部交通车辆、现场工作人员的 GPS 定位系统和景区停车场的车量分析统计系统		企宣办、信息办、安全生产部、信息公司、海旅板块、会议中心、景区公司、海底世界、旅行社
	5.3 完善信息服务	新建景区内部广播系统，广播范围覆盖全景区，声音清晰；在游客聚集场所和主要活动各区域设立旅游信息屏、触摸屏等设备；通过官方平台或手机短信、彩信，向游客推送景区旅游信息		
	5.4 电子商务规范化	（1）建立电子商务系统，实现网上动态查询和预订门票等服务及其他个性化服务的定制，实现网上支付功能。 （2）加强奥帆 life 在线预订系统建设，实现门票、景区特色项目产品与服务在线预订功能。 （3）建立线下支撑系统。 （4）加强网络营销。 （5）添加网站流量统计分析，建设移动端，使网站能够在移动端和计算机端展现	智慧旅游组	企宣办、信息办、安全生产部、信息公司、海旅板块、会议中心、景区公司、海底世界、旅行社

（续表）

<table>
<tr><th>项目序号及名称</th><th colspan="2">标准及要求</th><th>分组</th><th>单位</th></tr>
<tr><td rowspan="4">6. 旅游安全</td><td>6.1 游客容量管理规范健全</td><td>设立最大承载量公告牌，在景区出入口、游客中心、停车场等游客较为密集地，选择醒目位置进行实时数据公布，通过网络平台系统公布数据，并制订最大承载量控制方案</td><td>安全卫生组</td><td rowspan="2">信息办、安全生产部、信息公司、海旅板块、会议中心、景区公司、海底世界、青旅物业</td></tr>
<tr><td>6.2 健全安全管理</td><td>加强景区安保人员团队建设，组建专职巡视员、救护员队伍；建立健全的人员管理机制和培训机制，提高安保人员业务能力</td><td>安全卫生组</td></tr>
<tr><td>6.3 医疗服务</td><td>成立正规医务室，有专职医务人员，持证上岗，备有常用药品以及急救箱、急救担架、AED 等急救设施</td><td>安全卫生组</td><td>安全生产部、会议中心、景区公司、海底世界</td></tr>
<tr><td>6.4 救援（护）服务保障完善</td><td>在景区门票、全景图、导览图上公布救援电话；在景区临海区域危险地段配备必要的救援设备；与周边医疗单位签订协议，建立救援救护联动机制，以防发生重大伤害事故</td><td>安全卫生组</td><td>信息办、安全生产部、信息公司、海旅板块、会议中心、景区公司、海底世界、青旅物业</td></tr>
</table>

（续表）

项目序号及名称	标准及要求		分组	单位
6. 旅游安全	6.5 危险地带安全防护设施完备	建立安全设施巡查制度；对景区所有的安全警告标志、标识进行检查，确保齐全、醒目、规范；安全巡查人员配备齐全，在景区内流动巡查		
	6.6 安全宣传教育全面	景区应提高安全宣教力度；对景区内水上项目及其他具有危险性的项目，应完善相关的安全说明须知、游客须知；景区应制作安全宣教材；定期开展安全宣传教育活动，员工积极参加，建立互动机制，提高游客参与度		
7. 邮电服务	设施设备完备	在游客中心设立邮政服务点，新建邮筒，提供纪念封、明信片、纪念邮票等邮政业务；在游客中心设置公用电话	导览宣传组	企宣办、信息公司、会议中心、景区公司、海底世界
8. 资源和环境保护	8.1 景观与环境氛围达标	对空气、噪声、地表水进行检测，对文物的保护情况进行检查，保持文物古迹的真实性和完整性	项目管理组、服务提升组、安全卫生组、智慧旅游组	工程管理中心、安全生产部、信息公司、海旅板块、会议中心、景区公司、海底世界、青旅物业

（续表）

项目序号及名称	标准及要求		分组	单位
8. 资源和环境保护	8.2 景区出入口管理规范	拆除景区出入口处简易公告牌；加强景区出入口秩序管理，严禁乱设摊点，随意拉客宰客		
	8.3 景区内建筑、设施与环境协调	（1）全面修缮景区的建筑物外立面，施工期间进行施工围挡并增设温馨提示，提醒游客注意安全。 （2）排查、修缮景区内的功能性设施设备。统一设计，摆放规范。 （3）规范景区内码头、港口管理，管线隐蔽处理，禁止杂物随意堆放。 （4）排查景区内的简易设施设备，包括临时警示牌、安全护栏、隔离警戒线等。 （5）商业服务设施招牌不过分突出影响景观效果		
	8.4 采取生态化举措	（1）采用清洁能源的设备设施，更新新能源电瓶车，完善污水泵站设施设备管理，与市政管网衔接通畅，厕所采用智能化节水设备； （2）健全生态教育与引导制度，丰富资料内容并向游客发放，积极开展多样化生态教育活动	项目建设组、导览宣传组	工程管理中心、安全生产部、景区公司、海底世界、青旅物业
9. 综合管理	9.1 机构明确与制度健全	集团成立 5A 级创建工作小组；建立青岛奥帆海洋文化旅游区公司管理系统，明确目标、组织、工作流程及管理制度；完善景区规章制度	综合协调督导组	
	9.2 规划材料完整	编制景区总规、专项提升规划、修建性详细规划，设计方案、施工图、审批材料等完备	综合协调督导组	

（续表）

项目序号及名称	标准及要求		分组	单位
9. 综合管理	9.3 游客投诉及意见处理完备	（1）健全投诉制度，完善投诉服务设施。 （2）设立专门投诉接待办公室。 （3）设置投诉电话、投诉信箱和意见本。 （4）完善网络投诉系统，丰富游客投诉渠道。 （5）制作投诉处理表，将电话投诉、网络投诉、现场投诉等各渠道的游客投诉信息整理在册	综合协调督导组	
	9.4 培训体系健全	制订年度培训计划，完善健全培训制度、机构，确保人员培训经费明确落实	综合协调督导组	办公室、企宣办、信息办、安全生产部、信息公司、海旅板块、会议中心、景区公司、海底世界、青旅物业
	9.5 企业形象统一	对企业品牌标志进行商标注册，加强企业标志运用；设计景区 VI 系统，统一设计套系员工服饰、工牌，并监督正确穿戴	综合协调督导组	
	9.6 景区宣传全面	（1）丰富营销方式，与互联网、移动传媒、户外媒体等现代化大众平台的合作，建立完善的智慧旅游体系。加强电视、电影的专题宣传，策划不同主题的营销活动；做好对旅游区的舆情监督，协助景区做好对突发舆论事件的处理。 （2）扩大宣传范围，不断扩展国内的宣传范围，增加景区的知名度，拓展日韩等海外市场。 （3）提供在中央级媒体播放景区专题片、刊登景区专题介绍的材料。 （4）拓展景区宣传渠道，同时开展线上宣传（电视、报刊、网络、自媒体、官方网站、微信、微博等）和线下宣传（硬广投放、与旅行社等建立合作关系、会议推介会等）	综合协调督导组	

组织保障

为加强组织领导和指挥协调，确保顺利完成5A级景区创建工作任务，现将“青岛旅游集团有限公司5A级旅游景区创建工作领导小组”下设机构相关人员调整情况通知如下。

一、领导小组及主要职责

组长：旅游集团董事长。

执行组长：景区分管领导。

副组长：旅游集团领导班子成员。

主要职责：按照青岛奥帆海洋文化旅游区5A级景区创建工作专班及相关方案要求，统筹、协调推进集团各项创建工作，协调推进解决阶段性重点问题，推动工作落实。

二、下设机构及主要职责

（一）领导小组办公室

主任：景区分管领导。

常务副主任：景区公司负责人。

副主任：海底世界负责人，景区集团副总经理。

组员：5A创建专职人员、5A领导办公室工作人员、档案管理人员等。

工作职责：一是负责组织协调相关单位评估景区对当地经济的带动作用；二是负责把控创建工作总体进展，梳理倒排工作计划。协调督导、考核各创建小组任务推进情况；三是负责定期组织召开工作会议，撰写会议纪要、工作简报；四是负责对外协调联络，文件上报；五是负责与京师文旅团队对接沟通，为各小组创建任务提供咨询指导，组织解读明确创建标准；六是负责评审各创建小组的专项设计方案，对现场创建工作提出建议；七是负责协助指导各小组做好制度汇编及创建资料、记录台账管理；八是负责领导小组交办的其他工作。

（二）专门创建小组

1. 项目建设组

组长：旅游集团工程项目部部长。

副组长：海底世界负责人、风险控制部负责人、码头集团负责人、建设公司负责人。

成员：工程项目工作人员、风险控制部工作人员，码头集团工作人员、建设公司工作人员，联络员兼档案员。

工作职责：一是负责按照创建细则最高评分标准，做好景区停车场、游览线路、游步道、休息设施、饮用冷热水、特殊人群服务、志愿者服务、游客中心（两处）、标识系统、资源保护效果、景区出入口主体建筑格调、环境、场地、景区内建筑与设施、周边环境与景观协调性、规划等评定项目创建工作；二是负责根据 5A 创建总体计划安排，按照奥帆海洋文化旅游区规划和国家 5A 级旅游景区的创建标准，做好景区改扩建项目的建设和景区维修整改提升项目；三是负责海底世界趸船码头建设安装，开通奥帆中心至海底世界互通海上航线，完成两个景区串联；四是负责本组创建资料收集、台账编制汇总；五是负责领导小组交办的其他工作。

2. 服务提升组

组长：景区集团副总经理。

副组长：海底世界副总经理、会议中心副总经理、海洋集团副总经理、人力资源部副部长。

成员：海底世界工作人员、会议中心工作人员、海洋集团工作人员、人力资源部工作人员、联络员兼档案员、景区具体工作人员。

工作职责：一是负责按照创建细则最高评分标准，完成导游服务、综合服务、特色文化、环境质量、景区出入口秩序、商品广告和商业服务设施招牌、游览工具、生态化举措、机构与制度、门票及价格、培训、游客投诉及意见处理、旅游扶贫等评定项目创建工作；二是负责开展景区从业人员招聘和培训，建立并完善服务培训体系及计划；三是负责完善导游服务及游客投诉处理机制，完成游客满意度调查，编制景区手册及服务相关职责制度；四是负责规范餐饮、购物、住宿、娱乐、车船等经营场所秩序与基础设施，对接旅游文创商品的开发和销售；五是负责加强餐饮和购物场所管理、加强食品卫生和物价水平监管、丰富旅游产品种类；六是负责出具环境检查、空气、水、噪声鉴定材料；七是负责本组创建资料收集、台账编制汇总；八是负责领导小组交办的其他工作。

3. 安全保障组

组长：集团安全生产部部长。

副组长：景区集团副总经理、海底世界副总经理、海洋集团副总经理、安全生产部副部长。

成员：景区集团工作人员、海底世界工作人员、海洋集团工作人员、安全生产部工作人员、联络员兼档案员。

工作职责：一是负责按照创建细则最高评分标准，完成旅游安全、资源保护措施、旅游警察等评定项目创建工作；二是负责制定人员安全管理、安全培训、景区旅游秩序等相关管理制度，并开展制度宣贯培训，提高安全宣教力度；三是负责景区安保人员团队建设，组建专职巡视员、救护员队伍；四是负责制订游客高峰期和特殊情况安全处置预案，建立完善安全应急体系，配备完善安全设施设备；五是负责本组创建资料收集、台账编制汇总；六是负责领导小组交办的其他工作。

4. 宣传文化组

组长：综合管理部部长。

副组长：海底世界副总经理、人力资源部副部长、宣传工作专班负责人、数字信息部副部长。

成员：海底世界副工作人员、人力资源部工作人员、宣传工作专班工作人员、数字信息部工作人员、联络员兼档案员。

工作职责：一是负责按照创建细则最高评分标准，完成景区宣传、导游词、标语口号及布置方式、企业文化、带动当地社会就业、旅游扶贫等评定项目创建工作；二是负责景区宣传营销计划的制订实施，统一景区 VI 形象；三是负责景区对外宣传及舆情管控，重点利用电视台、报纸、自媒体等形式在国家、省、区（县）开展创建宣传工作；四是负责制作宣教材料，协助做好公共信息图形符号设置，商标 LOGO 注册；五是负责本组创建资料收集、台账编制汇总；六是负责领导小组交办的其他工作。

5. 智慧旅游组

组长：数字信息部部长。

副组长：安全生产部副部长、宣传工作专班负责人、海底世界设备部副部长、景区集团设备部副部长。

成员：数字信息部工作人员、安全生产部工作人员、宣传工作专班工作人员、海底世界设备部工作人员、景区集团设备部工作人员、联络员兼档案员。

工作职责：一是负责按照创建细则最高评分标准，完成信息化基础、信息化管理、信息服务、电子商务等评定项目创建工作；二是负责统一奥帆中心及海底世界的5A级旅游景区智慧旅游系统，建设完善景区的视频监控系统、信息发布系统、电子商务系统、景区官方网站与新媒体平台；三是负责加强景区基础数据库建设、信息中心建设，完成与旅游行业管理部门对接实现数据共享；四是负责对接火灾自动探测报警软件系统，设置景区报警救助设施；五是负责本组创建资料收集、台账编制汇总；六是负责领导小组交办的其他工作。

6. 环境提升组

组长：景区集团副总经理。

副组长：海底世界副总经理、海洋集团副总经理。

成员：物业公司工作人员、海底世界工作人员、海洋集团工作人员、联络员兼档案员。

工作职责：一是负责按照创建细则最高评分标准，完成创建区域内的环境卫生、厕所等评定项目创建工作；二是负责本组创建资料收集、台账编制汇总；三是负责领导小组交办的其他工作。

7. 财务审计组

组长：财务部部长。

副组长：财务部副部长。

成员：财务部工作人员、联络员兼档案员。

工作职责：一是负责按照创建细则最高评分标准，完成资源保护费用投入等评定项目创建工作；二是负责创建相关资金的筹划、支付，项目审计；三是负责本组创建资料收集、台账编制汇总；四是负责领导小组交办的其他工作。

从五四广场远眺奥帆中心

景区服务设施提升

游客中心

奥帆游客中心坐落于青岛奥帆中心清远路 1 号门，地理位置优越，环境优美，视野开阔，使用面积 305 平方米，以国家 5A 级景区的建设标准作为施工指向而建设完成。游客中心由原水上运动管理中心改建，配有影音室、母婴室、医务室、安保室、投诉室、VIP 室、导游办公室、寄存室、租赁仓库、设备间 10 个独立功能室，并配备自助服务区、休息区和文创商品区等开放区域，是一个集综合咨询、导游服务、票务管理、来访投诉、宣传推介、文创展销、医疗服务等功能于一体的综合型服务机构。

室内整体设计延续青岛代表性元素“海洋 · 帆船”的特色，将生动、富有动感的线条植入室内空间，营造“开放、现代、活力、时尚”的奥帆景区氛围。

奥帆游客中心不仅拥有功能齐全、设施完备的硬支撑，更具备高质量、可持续的软实力。伴随着景区的发展及对服务水平要求的不断提高，奥帆游客中心精心组建了一支由 17 人构成，素质高、业务精、思想活、行动稳的年轻服务团队。其中，更是配备了中文初、中、高三级和英、日、韩语讲解人员等，以满足不同游客的需求。团队成员们“志于道，据于德，依于仁，游于艺”，用年轻的思想和昂扬的朝气为景区的发展注入了新活力。

奥帆游客中心作为景区的对外窗口，在景区与游客之间架起了一座沟通交流的桥梁。奥帆游客中心在为游客提供“吃、住、行、游、购、娱”全方位、多层次的“一站式”游客之家的同时，着重打造“立足奥帆，畅游青岛”的系统化、综合性服务体验，致力于让游客来到奥帆游客中心，便能开启一段无后顾之忧的愉快帆都之旅。

如今，奥帆游客中心以习近平新时代中国特色社会主义思想为指导，以“社交”“参与”“宾至如归”的理念作为发展目标，围绕青岛“城市客厅”的概念，坚持以文塑旅、以旅彰文，让来自各方的游客在奥帆中心体验“山海城缘，合在奥帆”的景区文化特色。

青岛国际会议中心泰山厅

景区设施

根据集团 5A 级旅游景区创建工作的统一部署，项目建设组负责硬件提升工作，以“零”失分为目标，积极作为，尽职履责，全力投入创建工作。

项目内容繁多琐碎、涉及工作点多，以改造提升为主，组织管理成为重要难点。创建工作过程中，青岛出现持续强降雨、大风、大雾天气，室内装修受影响极为严重，湿作业基层不干、面层泛黄、泛碱，外墙、窗、幕墙频繁漏水，导致已施工完成内容反复返工。区域外标牌审批涉及市、区 20 余个职能部门，3 个道路管养单位，遍布 6 个区。

为完成各项任务，项目建设组组织制定了保障措施并细化各项指标，配套专项考核办法，召开动员会议，约谈相关责任人，强调项目的重要性和使命性。工程完成情况如下。

完成 4 处停车场提升（清远路停车场、干船坞停车场、海底世界停车场、奥帆博物馆地下停车场改造），涉及改造面积约 42 800 平方米，优化车位 561 个，游客上下站 2 处，新增绿化面积 481 平方米。

完成 2 处游客中心提升（奥帆游客中心、海底世界服务处），涉及改造面积约 800 平方米。

完成 11 处卫生间提升（清远路卫生间，干船坞卫生间，情人坝 2 处卫生间，奥帆博物馆卫生间，海底世界负一、负二、负四卫生间，鲸馆卫生间，扩建卫生间，生态卫生间），涉及改造面积约 900 平方米。

完成 2 处售卖场区、地下连廊提升，包括地板、展柜、吊顶、墙面。

完成奥帆博物馆提升，包括空调机房管道、吊顶更换；展区吊顶、墙面翻新维修；接待台更换；电子显示屏更换；照明系统更换；入口电动门电机更换；藏品仓库维修等。

完成2处污水泵站提升，包括5台大功率提升泵、2套除臭设备及管道、室内墙面刷新。

完成燕岛山提升任务，包括园区道路 1 234 平方米，木栈道 207 平方米，绿化 5 500 平方米，灯具 243 套。

完成 4 227 米沿海栏杆的打磨、修复、涂装。

完成室外 278 个空调外机 468 平方米美化。

完成室外 110 个箱体美化。

内部标识系统，包括全区导览、区域导览、景点介绍、导向、温馨提示、卫生间指引、电瓶车站点、警示柱、入口标识共计 1 197 个，原范围内 705 个，后期新增更换 492 个。

情人坝提升，完成 1 200 平方米路面铣刨、沥青新铺及天桥亮化提升、花箱亮化、入口景墙施工；正在进行地面涂装施工，雕塑及地面亮化灯带正在场外加工。

垃圾桶更换，室内及室外共计 213 个。

石材铺装、防腐木维修，已完成防腐木维修 2 050 平方米，完成石材铺装维修 826 平方米。

外部标识系统，完成 9 条线路、58 个点位标识牌设立。

岛城十景之一——燕岛秋潮

环境卫生

一、成立环境提升工作小组

明确职责分工，建立工作汇报制度。根据 5A 级旅游景区创建整体进度制作《环境提升组推进计划表》，明确工作内容、完成时限、责任人。

建立工作汇报制度，定期召开工作会议。每周召开线上工作汇报会，对当周工作完成进度、下周工作计划及需要协调事项进行沟通、布置，定期召开现场会议及专项会议，对重点、关键点问题现场查验、整改，确保按照计划完成每项工作。

二、完成制度、标准的制定和修订以及各类记录台账的收集及编制

结合《旅游区（点）质量等级的划分与评定》标准，参考《奥帆海洋文化旅游区 5A 级景区创建资料清单》，重新整合区域人员岗位划分、工作职责，制定和修订《卫生间管理制度》《垃圾分类管理制度》《污水排放管理规定》等 6 个制度以及卫生间保洁标准、室内保洁标准、公共区域保洁标准等 8 项标准，结合 5A 级旅游景区环境服务要求重新修订环境类作业指导书，规范一线作业人员服务流程。

因需要统一使用青岛奥帆海洋文化旅游区 LOGO，2021 年 10 月至 2022 年 2 月的环境类记录资料均需重新填写。为不影响 5A 级旅游景区环境创建工作的整体进度，在完成日常保洁服务的基础上，补充、完善奥帆中心景区、海底世界的保洁作业记录单、消毒记录、消杀记录、培训记录、会议记录、多级走动巡查记录、排污设施巡查记录、排污设施保养记录等近 200 项作业记录、巡查记录，并对环境类记录的填写情况持续监督检查。

各类记录资料按照档案管理要求分类收集、每月存档，现各项资料、台账持续收集、更新中。

三、协助项目建设组完成以下工作

（1）完成改建卫生间的验收工作。

（2）完成制度、标识上墙，卫生间、母婴室服务设施安装、使用，打造标准化管理间，保障已交付卫生间的正常使用。

（3）完成干船坞卫生间、清远路卫生间、情人坝卫生间、海底世界等 8 个卫生间的验收工作，以提高游客服务体验、满足 5A 级旅游景区厕所清洁要求为标准，对卫生间的改造验收提出多项建议和意见，并持续跟进至卫生间交付。配备固定保洁人员对投入使用的卫生间开荒、大清，每日定时、不定时清洁相结合，按时填写作业记录单及消毒记录等台账，确保卫生间干净、整洁、无异味。

（4）统计卫生间标识、上墙制度尺寸，与设计院确定设计排版及样式，根据咨询专家意见，协助项目建设组完成安装标识牌 1 250 块，上墙制度 80 块，每日检查标识牌、上墙制度外观的整洁度、完好度，发现问题及时报项目建设组维修。

（5）完成卫生间服务设施、母婴室服务设施的选品、采购、安装，同时联系绿植供应商沟通设计卫生间、母婴室绿植摆放方案，为游客提供干净、整洁、温馨、舒心的服务体验。

（6）打造标准化管理间，划定清洁工具存放区、清洁试剂存放区、作业记录存放区等区域，并划线定位。对管理间内物品及工具定位、定物、定量、标识，通过精细化的管理创造整齐、整洁的管理间环境。

（7）营造卫生间文化氛围，联系设计单位设计卫生间文化墙。

持续开展环境服务品质提升工作

对奥帆中心景区花箱进行清洁、美化，花箱外壁彩绘海洋主题画，既符合奥帆海洋文化景观主题，又提高了游客感官体验。

使用智能化巡查工具，每日巡查巡检，提高现场品质监督检查工作的精准度、效率以及服务质量。引入巡航管家巡查工具，发现问题即时通过手机 APP 指派责任人整改，整改后反馈整改结果，管理人员随时随地可查看整改效果，形成闭环式管理。

小组成员定期对现场环境、服务质量进行现场检查，建立问题销项表，逐项整改、验证、复检，确保现场环境、服务质量的持续提升。

定期对一线人员开展作业标准、专业技能培训，通过每日晨会检查员工仪容仪表、培训礼貌礼仪，不断强化员工的服务规范，制作景区应知应会“掌中宝”，随时随地学习景区基本常识，持续做好每日清洁维护、每日巡查巡检工作，确保标准、制度执行到位。

有序开展垃圾分类工作。梳理海底世界垃圾分类设施，完成垃圾分类联合执法检查；完成奥帆中心景区、海底世界智能垃圾分类站、果皮箱的样式筛选、定制、安装。

外部交通

根据《旅游景区质量等级的划分与评定》的细则要求，“外部交通标识”项目是“旅游交通”打分项任务的一项重要内容，占分值为10分。为确保奥帆海洋文化旅游区通过文旅部组织的5A级景区评定和验收，在市政府的大力推动和市文旅局专业指导下，青岛旅游集团全力组织外部交通导览标识工程建设，安排建设组负责工程实施，于2022年7月完成立项和招采，8月完成设计，9月工程完工。工程包括71个点位的景区交通导览标识牌（41个新建、30个更新），范围遍及市南、市北、李沧、城阳、黄岛、胶州等5区1市的主要路口、高速公路出口、机场和火车站出站口等车流、人流量集中区域。因标识牌涉及区域广、范围大，建设组安排专人主动对接市交通局、市公安局、市城管局、市园林局、市行政审批局、机场集团、各相关区（市）政府等单位及交发集团、山东高速等产权单位，并获取各相关方支持，工程顺利完工。

外部交通导览标识工程是青岛奥帆海洋文化旅游区创建5A级旅游景区项目的重要组成部分，其完工标志着项目完成了最后一张拼图，为5A级景区的创建和顺利验收增加了重要砝码。

服务质量提升

北京京师天成旅游规划设计咨询有限公司（以下简称“京师天成”）于 2022 年 9 月 20 日至 10 月 30 日为奥帆海洋文化旅游区开展 5A 创建能力提升培训。本次培训分为三个阶段，第一阶段为综合知识培训，第二阶段为服务能力提升培训，第三阶段为讲解员专项培训。

第一阶段　综合知识培训

综合知识培训课程内容如下（表 3–4）。

表 3–4　5A 综合知识培训课程表

序号	模块	课程名称	培训时间	参加人员	培训课时
1	启动	开班仪式	9 月 20 日	全员 A 班 全员 B 班	1
2	景区知识	景区规划及创建知识、知识竞答		全员 A 班 全员 B 班	2.5

（续表）

序号	模块	课程名称	培训时间	参加人员	培训课时
3	安全培训	景区安全接待、景区安全标准、安全保卫岗培训、医疗急救	9月21日	全员A班	3
4	环境卫生	景区环境卫生、景区环境卫生工作标准、保洁环卫岗位培训	9月21日	全员A班	3
5	安全培训	景区安全接待、景区安全标准、安全急救与应急措施、旅游秩序与交通安全管理	9月22日	全员B班	3
6	管理培训	全员职业素养提升		全员A班	3
7	法律法规	《中华人民共和国旅游法》等相关法律法规学习	9月23日	全员A班	3
				全员B班	3
8	营销培训	景区营销技巧、景区特色推广、统计知识及实操	9月24日	营销部门全体员工	3
				营销部门全体员工	3
9	景区知识	旅游区基本概况、青岛奥帆海洋文化旅游区背景知识	9月26日	全员A班	3
10	管理培训	全员职业素养提升		全员B班	3
11	环境卫生	景区环境卫生、环境保护培训、绿化养护岗位培训	9月27日	全员B班	3
12	景区知识	旅游区基本概况、景区规划及创建知识、文物保护部门岗位特训、工程维护岗位培训		全员B班	3

（续表）

序号	模块	课程名称	培训时间	参加人员	培训课时
13	管理培训	赋能管理能力提升	9 月 28 日	公司主管及以上管理层 A 班	3
				公司主管及以上管理层 B 班	3
14	智慧旅游	创建 5A 背景下景区智慧旅游搭建及新型产品介绍	9 月 29 日	公司主管及以上管理层 A 班	3
				公司主管及以上管理层 B 班	3
15	全员理论考核	景区创建 5A 知识理论分批次考核；根据培训师时间，部分课程顺序会进行微调	9 月 30 日	全员 A 班	1.5
				全员 B 班	1.5
总课时		54.5			

第二阶段 服务能力提升

服务能力提升培训课程内容如下（表 3-5）。

表 3-5 服务能力提升培训课程表

<table>
<tr><th>序号</th><th>模块</th><th>课程名称</th><th>培训时间</th><th>参加人员</th><th>培训课时</th></tr>
<tr><td>1</td><td>现场调研与服务流程视频拍摄</td><td>走访各岗位，进行岗位流程调研、游客问答调研并撰写调研报告</td><td>10 月 8 日</td><td>老师、2 位员工</td><td>12</td></tr>
<tr><td rowspan="21">2</td><td rowspan="21">关注宾客体验的景区岗位服务流程</td><td rowspan="7">青岛国际会议中心各岗位流程实操培训</td><td rowspan="7">10 月 9 日</td><td>安保岗</td><td rowspan="7">6</td></tr>
<tr><td>保洁岗</td></tr>
<tr><td>收银岗</td></tr>
<tr><td>检票岗</td></tr>
<tr><td>导购员</td></tr>
<tr><td>餐饮服务岗</td></tr>
<tr><td>综合面客岗</td></tr>
<tr><td rowspan="7">海洋集团各岗位流程实操培训</td><td rowspan="7">10 月 10 日</td><td>安保岗</td><td rowspan="7">6</td></tr>
<tr><td>保洁岗</td></tr>
<tr><td>收银岗</td></tr>
<tr><td>售票岗</td></tr>
<tr><td>检票岗</td></tr>
<tr><td>综合面客岗</td></tr>
<tr><td>志愿者服务中心</td></tr>
<tr><td rowspan="7">海底世界各岗位流程实操培训</td><td rowspan="7">10 月 11 日</td><td>安保岗</td><td rowspan="7">6</td></tr>
<tr><td>保洁岗</td></tr>
<tr><td>导购岗</td></tr>
<tr><td>收银岗</td></tr>
<tr><td>检票岗</td></tr>
<tr><td>综合面客岗</td></tr>
<tr><td>志愿者服务中心</td></tr>
</table>

（续表）

序号	模块	课程名称	培训时间	参加人员	培训课时
2	关注宾客体验的景区岗位服务流程	游客服务中心各岗位流程实操培训	10 月 12 日	安保岗	6
				保洁岗	
				导购岗	
				收银岗	
				检票岗	
				综合面客岗	
3	关注宾客体验的面客沟通与投诉技巧	沟通出效率，提升质量；沟通五大通道原则；投诉的 4 种客户类型；处理投诉的 7 大方法；处理投诉的 5 个步骤；处理投诉的 7 大原则	10 月 13 日	面客岗位 A 班	6
			10 月 14 日	面客岗位 B 班	6
4	服务之“心”——景区员工服务意识提升	优质服务体验为王	10 月 16 日	面客岗位 A 班	3
		服务之“心”提升意识		面客岗位 B 班	3
5	创造惊喜与感动的服务设计	根据岗位、不同客群，进行惊喜服务设计	10 月 17 日	面客岗位 A 班	3
				面客岗位 B 班	3
6	岗位实操辅导	青岛国际会议中心各岗位实操考前辅导	10 月 18 日	综合面客岗	1.5

（续表）

序号	模块	课程名称	培训时间	参加人员	培训课时
6	岗位实操辅导	海洋集团各岗位实操考前辅导	10月18日	综合面客岗	1.5
		海底世界各岗位实操考前辅导		综合面客岗	1.5
		游客服务中心各岗位实操考前辅导		综合面客岗	1.5
7	培训内容测试	服务动作、服务设计、服务流程、服务用语考核，人人过关	10月19日	面客岗位A班	6
			10月20日	面客岗位B班	6
8	总结成果汇报	培训成果总结			—
总课时		78			

青岛国际会议中心

第三阶段　讲解员专项培训

讲解员专项培训课程内容如下（表 3-6）。

表 3-6　讲解员培训课程表

序号	模块	课程名称	培训时间	参加人员	培训课时
1	意识提升	讲解员服务意识及角色认知	10 月 23 日—25 日	全体讲解员	18
2	方法学习	能说、会说、巧说——讲解员讲解技巧			
		讲解员普通话及发音技巧提升			
		景点讲解及服务沟通技巧			
		讲解员应急处理技巧			
3	形象塑造	讲解员接待礼仪与工作规范			
4	专题运用	研学旅行专题培训	10 月 26 日—27 日		12
5	讲解员实操考核	实地＋模拟讲解	10 月 28 日		6
6	理论考核	理论考核及评阅	10 月 30 日	全体面客成员	6
总课时		42			

培训物料

培训物料如下（表 3–7）。

表 3–7　培训物料一览表

序号	类别	课程	内容	单价
1	考核费用	考核出卷	人人考核（理论 + 实操）	线下考核
2	物料费用	培训教具	横幅	150 元 / 幅
			席卡	5 元 / 个
			荣誉证书、结业证书、优秀个人、优秀团队证书等，估算 600 张	8 元 / 个
			定制学员手册 1 本，笔 1 支	35 元 / 份
			红外线笔	500 元 / 支
			档案盒	20 元 / 个
			鲜花束	20 元 / 个
			培训用大白纸 A0	5 元 / 张
			培训用彩色笔	20 元 / 盒
			培训用 A4 纸	30 元 / 本
			线上考评系统（培训教具、学员手册等邮寄费用等）	—
			固体胶棒	2 元 / 支
			液体胶水	5 元 / 支
			牛皮纸档案袋	0.8 元 / 个
			透明文件袋	0.5 元 / 个
			标签贴纸	5 元 / 包
			回形针	—
3	交通费	讲师、助教及工作人员大、小交通费	往返机票	2000/ 人次
			市内交通	100/ 人 / 天
4	食宿费	讲师、助教及工作人员食宿费	导师	1000/ 人 / 天
			助教及工作人员	500/ 人 / 天

本次培训在奥帆海洋文化旅游区主会场及 4 个分会场进行，第一阶段为综合知识培训，时间为 2022 年 9 月 20 日至 9 月 30 日，包括景区环境卫生、景区营销技巧、旅游区基本概况、职业化素养提升、5A 级景区“数字化＋智慧化”建设总体设计等课程。第二阶段为服务能力提升培训，时间为 2022 年 10 月 9 日至 10 月 20 日，根据员工实际岗位情况，规范员工在岗的标准化语言及动作，涉及保洁岗、安保岗、售票岗、检票岗、咨询岗、餐饮岗、接待岗、船员岗、驾驶岗、志愿者岗、电话咨询岗、服务岗、导购收银岗等。第三阶段为讲解员专项培训，时间为 2022 年 10 月 23 日至 10 月 30 日，开展了关于讲解员的讲解技巧、普通话及发音技巧的提升、讲解员的服务意识提升、形体训练、讲解员接待礼仪与工作规范、讲解员研学专题培训等课程。本次培训课程内容由景区知识、景区安全、环境卫生、营销能力、智慧旅游、服务意识、沟通投诉、管理能力、研学板块等 15 大模块构成，共计 17 门课程，21 位培训师、10 位助教，培训总时长 174.5 小时；满意度达 98.08%；累计拍摄 1 347 张照片、470 段视频，梳理了 13 个岗位的流程规范，拍摄规范视频 51 段，梳理 43 篇岗位标准化语言。

本次培训，纸质备档共计 59 个档案袋，印刷 5 674 张材料，电子备档共计 52.04 G 电子材料；培训达成率 97.44%，培训总人次 1 005 人次，培训场次 58 场，培训总课时 174.5 小时，符合且超出合同约定。

奥帆海洋文化旅游区帆船运动

奥帆中心与海底世界改造亮点

海上航线

2020年，得益于资源整合政策的有效落实，青岛奥帆中心和青岛海底世界两大4A级景区合并为“青岛奥帆海洋文化旅游区”，开始了创建国家5A级景区的新征程。海底世界游船码头项目是青岛奥帆海洋文化旅游区创建国家5A级景区重要建设项目。海底世界游船码头竣工完成，不仅打通了奥帆中心至海底世界海上航线，为青岛奥帆海洋文化旅游区创建国家5A级景区创造了必要条件，更为青岛旅游集团目前推进的码头站点和客运企业“双整合”，以及即将开通的“一程多站、串珠成线、流水发船、多点上下、海陆直连”旅游交通大循环创造了良好基础条件，也为开通“海上巴士”交旅融合新产品，将其打造成“全国首创、独具青岛特色”的海上旅游品牌提供了码头保障。在此过程中，我们也形成了独具特色的游船码头建设及运营模式。

一、创新趸船码头建设审批模式，驱动码头建设高质量发展

海底世界游船码头采用的是趸船码头。趸船码头是一种常见的浮码头形式，是由锚碇在岸边的供船舶停靠的趸船组成的码头，由趸船、趸船的锚系和支撑设施、活动引桥以及护岸组成。由于其特殊性，本身作为码头使用，但主体是无动力趸船，而非永久构筑物。长久以来，单纯的趸船码头建设的审批一直是政府各部门行政审批工作的盲区和难点。

鉴于此种情况，为保证海底世界游船码头项目的合法合规、手续齐全，青岛旅游集团认真研究政策，主动与各主管部门沟通，大胆创新，提出了“参照港口工程建设程序建设海底世界趸船码头”的建议，该提议也得到了政府各主管部门的认可和支持。

项目于2022年10月2日顺利开工，2022年11月25日完成竣工验收，至此，海底世界游船码头建设手续形成闭环。海底世界游船码头也是青岛市首例参照港口工程建设程序建成的纯漂浮式趸船码头，做到了合法合规、手续齐全，开创了趸船码头建设审批新模式，以创新之举，推动码头建设高质量发展。

二、解放思想找方法，实干担当破难点

奋斗创造历史，实干成就未来。推动高质量发展取得新成效，离不开真抓实干。海底世界原突堤码头产权单位是青岛水族馆。由于历史遗留原因，原码头租用商户青岛海雁海上旅游公司租赁该码头进行海上经营，合同已到期两年多，但码头仍由该商户无偿占用。在我集团与科技馆签订码头使用协议后，其拒不搬离，提出300万元现金补偿和补偿12条营运快艇的无理诉求，严重阻碍海底世界旅游码头建设工作。

经过近一年的谈判，海雁公司降低索赔标准，但因缺乏补偿依据，谈判进入僵持期。我集团积极探索解决路径，倾听对方利益诉求，准确分析矛盾所在，真抓实干，边“打”边谈，终于在2022年9月17日与海雁公司签署了《码头物资回购与船舶租赁协议》，为游船码头建设创造了必要条件。

三、建设绿色码头，厚植生态底色

为深入学习贯彻习近平生态文明思想，践行“绿水青山就是金山银山”的发展理念，海底世界游船码头从方案设计到施工建设再到后期运营，均做了充分的研究和论证，确保了项目对周围环境影响最小，全部工程可逆。

根据青岛市海洋旅游高质量发展专班的工作部署，未来的海底世界趸船码头须满足200客位左右的游艇停靠接驳。按照这一要求，青岛旅游集团组织专业机构对项目所在海域的水深、气温、降水、风况、雾况、主要灾害天气、潮汐、波浪等自然条件做了详细的调查研究。同时，新

的问题和挑战也接踵而至。根据水深扫测结果显示，离岸边 100 米以内海域的水深条件无法满足 200 客位左右的游艇航行和靠泊。解决这个问题的常规做法有两种，一是从岸边修建 100 米长堤和趸船连接；二是对岸边 100 米内的区域进行清淤，达到相应的水深后布设趸船。但上述两种做法必然会对周围环境造成不可逆转的破坏。

面对新形势下的严峻挑战，我们砥砺奋进、攻坚克难，坚定不移地走高质量发展之路，迅速组织相关专家深入研究，最终确定了解决方案。根据方案，布设一座长 45 米、宽 9 米的趸船，可用于长 45 米、吃水 1.5 米游船靠泊；趸船通过 80 米长浮桥（2 座 40 米长条形趸船）和 30 米长活动引桥与岸边通道连接；趸船利用配套系泊设备进行锚碇。由于趸船本身没有动力，也未设置厨房、卫生间等配套设施，避免了对海水的污染。设计方案既满足了游船靠泊要求，又避免了对环境的破坏，实现了码头运营高质量发展。

海底世界游船码头自 2023 年春节开始正式运营以来，日最高接待游客量 5 000 余人次，截至 2023 年 7 月 1 日，总接待游客量 12 万余人次，实现了生态效益、经济效益和社会效益共赢。为促进青岛市旅游品质提升，落实《青岛市旅游品质提升三年攻坚行动方案》重大部署，实现海上旅游码头整合具有重要的借鉴意义，对助力青岛市旅游业高质量发展，满足人民日益增长的美好生活需要，奋力建设新时代社会主义现代化国际大都市意义深远。

奥运五环的召唤

大型实景演出《寻梦沧海》

随着文旅消费需求的迭代升级，具备融合、跨界、创新特点的旅游演艺项目日益受到游客们的欢迎，“跟着演艺去旅行”成为文旅消费的新风尚。青岛奥帆海洋文化旅游区在国家5A级景区创建过程中，打造了中国首部虚实结合的大型沉浸式航海史诗音乐剧《寻梦沧海》，自2024年2月24日（正月十五）起在青岛奥帆海洋文化旅游区奥帆中心“海上剧场”上演。

《寻梦沧海》由青岛旅游集团出品，央视著名导演金铁木担纲总导演，以青岛海洋文化和中国航海史为故事主线，依托奥帆中心“海上剧场”良好的硬件设施，融景观、文化、旅游为一体，为观众奉上一场独具青岛海洋特色的全息大型沉浸式艺术盛宴。该剧为常态化演出，每天19:30—20:45与观众见面。

每一个来青岛的人都想知道，青岛究竟是一座什么样的城。《寻梦沧海》带你体味，为了梦想，百折不挠；为了梦想，一往无前。青岛就是一座梦想之城。《寻梦沧海》以“航海”为主题，以史前少年贝、秦国冒险家徐福、职业竞技帆船赛手齐鲲鹏为线索，讲述了原始部落对大海的向往、千古一帝的海洋之心、时代青年的人生理想。以三个来自不同时代却同为海洋追梦者的故事，展现中国人探索、拥抱海洋的壮丽史诗。

在讲好故事的同时，剧目将音乐剧形式融入旅游演艺之中，国内鲜有。奥帆中心“海上剧场”为全息影像沉浸式剧场，以 270° 沉浸式包裹影像构建全视域海洋，全景声环绕营造多维、逼真、生动的声场空间，动感座椅模拟真实航海体验，给人身临其境、极致沉浸之感。剧场座席间的小舞台设计打破“观演分离”关系，走向交互。观众由局外旁观者转化为参与者，在增强观众文化感悟和情感共鸣的同时，打造难忘的体验。

一座剧场，尽享沉浸式动感视听体验；一部演艺，再现 5 000 年航海逐梦史诗。凭借数字科技和文化输出，《寻梦沧海》创造性地将“航海”融入视觉、氛围和观演方式中，以满足观众对文化审美、视觉震撼、场景艺术的追求，为旅游演艺插上创新的翅膀。

时下，“一场演出带火一座城”成为最热门的出圈密码之一，“观演 + 旅游”成为一种文旅消费新业态，演艺“流量”正逐渐转换成城市“留量”。青岛旅游集团打造代表青岛城市形象的常态化演出项目《寻梦沧海》，能够有效填补青岛市旅游业态的空缺，增强青岛旅游的新鲜感和吸引力，在带来门票收入效应、提升城市知名度的同时，本土的文旅融合进程也得到了显著提速，不断延伸产业链，优化产业结构，成为青岛市文化和旅游新旧动能转换的突破口。

海上新航线建设与崂山风景区连通

2023 年 8 月 31 日，青岛奥帆中心至崂山风景区双向航线开通。该航线沿途经小麦岛、青岛雕塑园、国家级石老人风景旅游区、栲栳岛、老公岛，一路直入崂山的太清湾，串联起青岛海陆旅游新体验。青岛旅游集团携手崂山旅游集团在青岛奥帆中心趸船码头举行了新航线开通仪式。

此条黄金航线以“山与海相拥，游船带你开启秋日新里程”为体验和传播主线，首次将青岛的海岸线风光与崂山风景相融合，汇集了青岛众多景点，具有极高的观赏价值。航线沿途经小麦岛、青岛雕塑园、国家级石老人风景旅游区、栲栳岛、老公岛，一路直入崂山的太清湾，串联起青岛海陆旅游新体验，为海内外游客了解青岛提供了崭新视角。

该航线单程 18 海里，单程单向航程大约 80 分钟。自 8 月 31 日起，在天气允许情况下，该航线将执行每日双向对发。每天上午 10 点，从奥帆中心发往崂山太清码头，每天下午 2 点，从崂山太清码头回程发往奥帆中心。后期，将根据客流情况逐步实现流水发船。为了方便游客游览，从奥帆中心至崂山航线，将船票、崂山风景区门票、崂山风景区摆渡车门票进行打包，门市价为 298 元；从崂山开往奥帆中心的回程航线，仅包括一张单程船票，门市价为 168 元。2022 年 12 月 31 日前，因有崂山风景区免门票政策红利，同时考虑到航线新推阶段，为回馈青岛市民和游客，奥帆至崂山、崂山至奥帆，单线惠民价均为 128 元，开启“海上视角＋实地体验”的海陆旅游模式。

青岛旅游集团此次牵手崂山旅游集团双向开通奥帆中心至崂山风景区海上新航线，扩大了青岛海上旅游的规模，同时也是青岛旅游集团航线开拓创新的开始，实现了“帆船之都”和“海上名山第一”的对接，更加凸显了青岛山、海、城相交相融的魅力。

验收迎检及提升

青岛奥帆海洋文化旅游区创 5A 全要素演练方案

为做好创建国家 5A 级景区工作，全力备战文旅部专家组检查验收，青岛奥帆海洋文化旅游区拟开展全要素演练，邀请咨询单位京师文旅公司指导老师作为专家开展暗访，根据工作需要，制订全要素演练方案。

组织领导

一、指挥

领导小组下设办公室，成立总指挥中心、32 个迎检点位、5 个行动小组。

二、迎检点位

将景区各部分进行细致划分，每个区域指派人员进行值守，根据场地大小、重点点位情况等，每个地点一般 2~5 人，留好联系方式。

青岛奥帆海洋文化旅游区共划分为 37 个区域，具体为：青岛北站接待服务点、青岛站、胶东国际机场接待服务点、清远路停车场、清远路停车场景交车、游客中心、游客中心入口广场及彩虹桥入口、观光车起点发车处及观光车、奥帆 life 商铺及沿线秩序、奥运大道、5 号门及八角广场、2 号门及旗阵广场、国际会议中心及前广场、海上宴会厅及广场区域、3 号门、燕岛山、奥帆博物馆、媒体中心、龙门吊区域、情人坝两侧商铺及沿线秩序、祈福灯塔、燕岛秋潮、4 号门、K1 游船登船处、海上专线、梦幻水母宫、海豹馆、鲁迅公园、海洋生物馆及周边、鲸馆及周边、海底世界及周边、淡水生物馆、海底世界服务处、海底世界（莱阳路）、海底世界停车场、海底世界停车场景交车、海底世界停车场入口鱼山路。

指导老师拍摄景区垃圾桶、标识牌、智慧大屏、乱停乱放、地面垃圾、旅游厕所等，对景区的服务项目、游船、电瓶车、地图、购票等信息进行咨询。

根据点位不同，指导老师会对点位的功能布局、卫生情况、管理情况、服务质量、人员秩序等情况进行检查，点位值班人员需要对上述内容进行不间断巡查，保证各项工作到位，对发现的违章行为及时进行纠正。要求工作人员严格按照规章制度进行工作，做到事前提示到位、事中规范到位、事后温馨提醒。

工作人员如遇咨询，正确解答游客提出的问题；了解景区基本情况，包括面积、范围、文化特色、各场馆位置、交通方式等。

三、行动小分队

每个分队安排 1~2 名工作人员，跟随指导老师及时记录相关整改内容。

一分队职责：在奥帆中心区域发现并负责陪同指导老师检查，及时记录相关整改内容。

二分队职责：在海底世界区域发现并负责陪同指导老师检查，及时记录相关整改内容。

三分队职责：负责规范沿线秩序并及时记录相关整改内容。

四分队职责：负责督导各点位的工作情况并及时记录相关整改内容。

四、景区总指挥中心（地点：智慧中心）

职责：合理调配车辆、人员等。完成演练后进行资料整理，形成相关上会材料。

推演流程

在青岛北站景区咨询服务点或青岛胶东国际机场咨询服务处迎接指导老师。提供咨询服务，引导指导老师坐车赴奥帆海洋文化旅游区。

在出站处设立咨询点，咨询点摆放旅游地图、免费宣传册等物品，并摆放景区宣传易拉宝一处。

（设置区域负责人员 2~3 人，下同）

指导老师自青岛北站出站口到车站乘坐通往景区的直通车（通常情况下为乘坐出租车）。

指导老师自清远路停车场下车后前往游客中心并开展游览工作。游客中心工作人员回答指导老师提出的相关问题。

由游客中心出门后查看景区导览图，导游引导指导老师至观光车发车处乘车，经火炬大道时，由导游员进行景区讲解服务并询问指导老师是否下车由火炬大道步行至奥运火炬处游览。

（用时 10 分钟）

经干船坞停车场至旗阵广场。导游引导时介绍景区拆除围栏、将海岸线还于市民的特色，讲述游客与市民共享景区空间的优势，并介绍干船坞等具有历史意义或背景的场所。

（用时 15 分钟）

由旗阵广场站下车后参观国际会议中心，介绍国际会议中心内部布局、展品及上合峰会、海军节等内容。

（用时 40 分钟）

国际会议中心游览完后至奥帆博物馆参观游览，沿途介绍海上宴会厅的内容。

（用时 30 分钟）

奥帆博物馆游览完后于情人坝“推介饭店”午餐。导游员引导就餐，等待指导老师就餐完毕后继续进行服务。

（用时 45 分钟）

导游引导指导老师时询问游览时间并根据其需求推荐其乘海上专线或在清远路乘景交车前往海底世界。专线游船上可设置互动项目，导游引导指导老师前往海底世界并介绍海底世界的场馆及特色演出。

（用时 30 分钟）

到达海底世界区域后引导指导老师前往梦幻水母宫，确定好游览线路后陪同指导老师根据所选择方向逐个介绍各类场馆的内容，包括海豹馆、海洋生物馆、鲸馆、海底世界、淡水生物馆。

（用时 30 分钟）

游览完毕后导游询问指导老师是否前往海底世界服务处，询问指导老师离开景区后的去向，由点位负责人协助安排出租车提前等候。

（用时 30 分钟）

若指导老师前往酒店，则行动小组负责做好相关服务。

奥帆中心港池

4

总结过去　展望未来

水上飞人

创建过程中的挑战与应对

市政府召开青岛奥帆海洋文化旅游区创建国家 5A 级旅游景区专题会议

2022 年 8 月 22 日，受主管相关工作的副市长委托，市政府副秘书长主持召开青岛奥帆海洋文化旅游区创建国家 5A 级旅游景区专题会议。市政府相关部门、单位分管负责同志参加了会议。会议分别听取了市文旅局关于青岛奥帆海洋文化旅游区 5A 级旅游景区创建工作有关进展情况和青岛旅游集团关于 5A 级旅游景区创建过程中遇到的问题和建议的汇报，与会单位进行了讨论。会议指出，市委、市政府高度重视青岛奥帆海洋文化旅游区 5A 级景区创建工作，该项工作已列入 2022 年市政府工作报告和政府督查事项，赵豪志市长亲自挂帅，成立了 5A 级旅游景区创建工作专班，明确了任务书、时间表、路线图。青岛奥帆海洋文化旅游区创建国家 5A 级旅游景区工作时间紧、任务重。各级各部门要牢固树立全市一盘棋思想，站在全市文旅高质量发展、促进经济运行大局的高度，相互支持、密切配合，齐心协力推动 5A 创建工作。市文化和旅游局要发挥专班办公室统筹作用，加强工作的协调督导，清单化管理、项目化推进，每周督导进度，及时协调解决有关问题，积极与国家文旅部对接，寻求工作支持。市南区政府要全力做好配合。青岛旅游集团作为创建主体，强化工作主动性，勇于担当，积极作为，不等不靠，着力提升景区软硬件水平和管理服务水平，迅速把工作节奏和精神状态由“平时”转入“决战”状态，创新工作思路，按照既定时间节点完成问题整改，确保创建工作圆满成功。

会议确定

一、加快推进景区外部标识牌设立、审批等程序，着力解决 41 处新设标识牌以及 15 处需要更换的标识牌

新设及更换标识牌涉及区域广、范围大，市交通运输局、市公安局、市城市管理局、市园林和林业局、市行政审批局、机场集团、各相关区（市）政府等单位及有关产权单位要给予全力支持，在 8 月 31 日前完成审批流程，进入施工阶段。

二、尽快开通奥帆中心—海底世界海上航线，赢取创建关键点

奥帆中心至海底世界的海上游览路线通勤是创建的关键内容之一，具有“一票否决”的决定性作用。目前海洋科技馆旅游码头还存在影响施工的外部干扰因素，需要各单位形成合力，一是由市海洋发展局负责加快海域审批；二是市公安局配合旅游集团做好施工准备，防止发生外部干扰破坏；三是海洋发展局与市南区联合执法，海洋发展局负责清除海域非法用海趸船，市南区负责清除陆域码头龙门架、引桥等违章设施。以上事项须在 8 月 31 日前完成。完成后，请市交通运输局和市行政审批服务局负责，指导码头验收及加快航线审批，依法合规确保航线尽快开通。

三、变通解决景区主游客中心顶部标识牌和信息发布大屏审批问题

为确保该项工作在专家暗访中不失分，按照“一事一议”“特事特办”原则，由青岛旅游集团抓紧向市政府提交请示，根据市政府意见开展下一步工作。市南区具体配合做好相关工作。

四、加快景区客运专线设置，优化景区周边公交线路

由市交通运输局和市城运集团负责，设置胶东机场—青岛北站—奥帆中心停车场和青岛火车站—奥帆中心停车场的景区客运专线、线路站牌（含时刻表），并完成相关审批工作，确保 9 月中旬前完成。

五、营造景区创建氛围

景区宣传由市委宣传部和市文旅局牵头，市交通局、市城管局、市南区政府、机场集团青岛站（包括青岛北站、青岛西站）、地铁集团等相关单位全力配合开展工作，协调主要交通接驳点提供免费广告位进行宣传投放，并在胶东机场、青岛火车站、青岛北站等客流集中区设置景区旅游咨询引导台与候车指引标识以供迎检使用，确保旅游集团9月中旬前完成布置。待迎检暗访期结束后，保持为常态化宣传工作。

六、做好景区环境卫生及旅游安全秩序相关工作

在迎检暗访期间（9月—12月），对于奥帆中心、海底世界两个景区黄牛拉客扰客、游商浮贩占路违法经营等问题，由市文化和旅游局牵头，会同市城市管理局、市交通运输局、市市场监管局、市海洋发展局、市公安局、市南区政府等相关单位，结合争创全国文明典范城市，进一步规范海上旅游市场秩序。对于奥帆中心及周边海域码头、船东违法经营行为，按照《关于建立规范全市旅游消费市场秩序协调联动工作机制的意见》中的重点领域整治部门分工，由市交通运输局牵头，会同市市场监管局、市文化和旅游局、市海洋发展局、市体育局、市公安局、市城市管理局、青岛海事局、市南区政府加大整治力度。以上工作中牵头单位要统筹部署，各相关单位要紧密配合，加强整治和综合治理，坚决取缔无证经营，杜绝黄牛揽客、宰客等现象的发生。

会议强调，对以上事项，各有关单位应当依法依规办理。

远眺奥帆中心

成功要素与经验分享

成功要素

一、资源整合与创新规划

景区依托青岛奥林匹克帆船中心和海底世界两大原有 4A 级景区，进行了深度资源整合并开通海上游览航线，形成了以海洋文化为核心，集帆船运动、海滨休闲、文化体验、海洋研学、会展旅游为一体的多元化旅游产品体系。

二、高效统筹，持续推进

构建由高层领导挂帅，多个部门协同配合的专项工作小组，确保决策迅速、执行高效，并采用项目管理工具，如甘特图、里程碑计划，对创建过程中的每一项任务进行细化分解，设定清晰的时间表和责任人，确保各项工作的有序进行和及时跟进。定期实施进度检查和效果评估，及时发现问题并调整策略。通过设立阶段性目标，保持项目推进的连续性和动力，确保整个创建过程既快速又稳健。

三、全程辅导，少走弯路

创建过程中重视专业辅导和经验借鉴，聘请拥有国家 5A 级景区创建经验的专家顾问团队（北京京师天成旅游规划设计咨询有限公司），从规划初期就开始介入，提供专业的指导和建议，确保创建方向正确，避免重复劳动和错误决策。对内部团队进行针对性培训，涵盖景区管理、服务提升、市场营销、环境保护等多个领域，提升整体业务能力和管理水平，确保团队成员能够快速适应5A级景区的高标准要求。在正式暗访前，多次进行模拟暗访和自我评估，对照5A级景区的评定标准查漏补缺，不断优化和完善，确保在正式暗访时能够顺利通过。

四、高品质服务与设施升级

按照国家5A级景区的标准，景区全面提升硬件设施，包括游客服务中心、导览系统、卫生设施等，同时注重软件服务的优化，确保游客体验的高品质与满意度。

五、深度挖掘展现奥帆文化

深入挖掘和展示青岛独特的海洋文化，推出青岛奥帆海洋文化旅游区首个IP形象——“奥帆帆”（图4-1），打造出特色鲜明的文化旅游品牌，增强景区的文化吸引力和辨识度。

图4-1 青岛奥帆海洋文化旅游区IP形象“奥帆帆”

六、标准化服务体系构建

按照5A级景区标准，建立健全游客服务标准体系，涵盖票务、咨询、导游、安全、卫生等多个方面，确保服务品质的稳定与提升。

七、人员培训与激励

创 5A 期间对员工进行专业技能培训和综合素质提升，同时，建立有效的激励机制，提高团队的积极性与创造力，确保每位员工都能成为优质服务的传递者。

八、智慧旅游建设

利用现代信息技术，推进智慧旅游平台的建设，实现景区管理智能化、服务个性化，包括官方网站、在线预订、电子导览、智能监控等，提高了管理效率和游客便利度。

九、市场营销与品牌传播

运用多渠道、多媒体的营销策略，结合节庆活动、网络推广、口碑营销等方式，提升景区知名度和吸引力。同时，注重品牌故事的讲述，增强品牌的情感价值。

十、政府引导与支持

积极争取政府政策、资金等方面的支持，并与政府相关部门紧密合作，确保项目顺利推进。

经验分享

一、高位推动，政府主导

（一）政策制定与倾斜

地方政府会针对性地出台一系列优惠政策，包括税收减免、土地使用优惠、资金补助等，为景区创建 5A 提供政策上的倾斜，减轻企业负担，激发市场活力。

（二）资金投入与引导

政府、企业直接投资于基础设施建设、环境整治、公共服务设施改善等关键领域，同时通过设立专项基金、吸引社会资本投资等方式，引导更多资金流向旅游项目，确保创建活动的资金充足。

（三）资源整合与协调

成立由政府、企业领导挂帅的创建工作领导小组，集合多个部门的力量，打破部门壁垒，形成工作合力，高效解决创建过程中遇到的等问题。

（四）监督与评估机制

政府、企业建立严格的监督和评估机制，对创建工作的进展、质量进行跟踪和评估，确保各项任务按计划推进，及时发现并纠正问题，保证创建活动的高效、透明和廉洁。

二、精准定位，文化引领

（一）深度挖掘文化内涵

青岛奥帆海洋文化旅游区从一开始就明确了以海洋文化为核心，将青岛的历史、帆船运动精神与现代旅游需求深度融合，塑造独一无二的品牌形象。通过对当地历史故事、海洋生物知识、帆船赛事文化的深度挖掘，丰富了旅游产品的文化层次，增强了游客的情感共鸣。

（二）差异化定位

在众多海洋旅游目的地中，青岛奥帆海洋文化旅游区通过差异化的项目设置，举办国际帆船赛事、海洋科普教育活动等，凸显其特色，避免同质化竞争。

三、长远规划，分步实施

（一）景观质量评价与提升

首先，基于国家5A级景区的严格标准，对景区的自然资源和人文景观进行全面、科学的评价。这不仅涉及对自然美景的保护与展示，还包括对文化遗迹的挖掘与诠释，确保景区的景观质量既能彰显地域特色，又能满足游客的审美需求。在此基础上，制订详细的景观提升方案，包括景观美化、设施完善、标识系统优化等，逐步提升景区的整体视觉效果和游览体验。

（二）服务质量与环境质量优化

从游客需求出发进行景区创建工作，对服务流程进行梳理，提升服务人员的专业素养，引入智能化服务系统，如电子票务、智能导览，大幅提高服务效率和游客满意度。同时，加大对环境卫生的投入，实施垃圾分类、生态厕所改造、绿化美化等项目，营造干净、整洁、舒适的游览环境。

（三）统筹规划与分步实施

创建5A级景区是一项复杂的系统工程，需要有清晰的总体规划设计作为指引。景区管理方从全局出发，制订了涵盖基础设施建设、旅游产品开发、市场营销、运营管理等多方面的综合性规划。在此基础上，将总规划细分为可操作的提升规划，设定目标，确保每一步都有明确的执行计划和责任分配，便于跟踪落实和效果评估。

（四）全程咨询与阶段性驻场服务

为确保规划与实施的专业性和有效性，景区聘请了专业的咨询团队（北京京师天成旅游规划设计咨询有限公司）进行全程指导。咨询团队不仅在规划阶段提供专业意见，还在实施过程中阶段性驻场，实时解决规划实施过程中遇到的问题，确保规划意图得到准确落实，同时，根据实施情况灵活调整策略，提高工作效率。

（五）组织保障与领导指导

为加强创建工作的组织协调，成立了由高层领导挂帅的工作领导小组，负责总体决策和资源配置。领导小组下设多个专项小组，分别负责服务提升、工程建设等具体任务，各小组之间既有分工，又有协作，形成合力。同时，领导小组成员定期深入一线，亲自指导工作，及时发现并解决问题，确保每一项工作都能高质量完成。

四、对标对表，精细管理提升

（一）环境美化

持续进行景区环境美化工作，包括绿化植被养护、卫生清洁、景观小品维护等，营造宜人的游览环境。

（二）对标对表设施升级

根据游客需求和行业发展动态，定期对景区设施进行评估与更新，如增设休息区、优化指示标识、提升餐饮服务质量，确保设施的现代化和舒适性。

（三）安全与卫生管理

强化景区的安全管理，定期进行安全检查和演练，加强公共卫生管理，严格执行防疫措施，保障游客健康安全。

（四）标准化与制度化

建立一套完善的管理体系，包括服务标准、操作流程、应急响应机制等，确保景区运营的每一个环节都有章可循，有据可依。

（五）信息化管理

利用先进的信息技术，包括景区管理系统（CRM）、大数据分析等工具，实现对游客流量、消费行为、服务反馈等数据的实时监控与分析，为管理和决策提供科学依据。

（六）绩效考核与激励机制

制定科学的绩效评估体系，将员工表现与奖励挂钩，激发团队的积极性和创造力，确保服务质量持续提升。

（七）人员培训

定期对员工进行专业培训，包括礼仪规范、专业知识、应急处理等，提升服务团队的专业技能和综合素质。

（八）个性化服务

通过大数据分析游客偏好，提供定制化服务方案，如个性化旅行路线推荐、特色体验活动安排，增强游客的满意度和忠诚度。

（九）无障碍服务

关注特殊群体需求，提供无障碍设施与服务，如无障碍通道、特殊需求游客接待指南，确保所有游客都能享受到平等、便捷的服务。

（十）投诉与反馈机制

建立高效、透明的游客投诉与反馈处理机制，确保游客意见得到及时响应和有效解决，不断优化服务体验。

总 结

奥帆海洋文化旅游区晋升 5A 级旅游景区的成功，关键在于集团高位推动与深度资源整合，通过创新规划将海洋文化与旅游资源有机结合。高效统筹管理，任务高效执行，全程专业辅导与内部团队培训以提升服务水平。高品质服务与设施升级，注重以人为本的理念进行智慧旅游建设，利用科技优化游客体验。文化深度挖掘与差异化定位策略，增强景区特色。标准化服务体系与严格监督评估机制，保障服务质量。成功要素还包括强有力市场营销、政府政策支持及细致入微的环境美化、安全卫生管理、高标准景区创建要素提升。综合运用这些策略，实现了景区全面质量提升，铸就了创建国家 5A 级旅游景区的典范。

远眺青岛奥帆中心

附　录

青岛奥帆中心情人坝

附录 1

相关政策文件与标准

《旅游景区质量等级评定与划分》国家标准评定细则

说明：根据《旅游景区质量等级评定管理办法》（国家旅游局局令第 23 号）和《旅游景区质量等级的划分与评定》国家标准（GB/T 17775—2003）的相关规定制定本细则。本细则共分为三个部分。

细则一：服务质量与环境质量评分细则

细则二：景观质量评分细则

细则三：游客意见评分细则

各等级景区须达到如下条件（附表 1-1）。

附表 1-1　A 级景区评分要求

	细则一	细则二	细则三
5A	950 分	90 分	90 分
4A	850 分	85 分	80 分
3A	750 分	75 分	70 分
2A	600 分	60 分	60 分
1A	500 分	50 分	50 分

细则一

服务质量与环境质量评分细则

说明

1. 本细则共计 1 000 分，分为 8 个大项，各大项分值为：旅游交通 140 分；游览 210 分；旅游安全 80 分；卫生 140 分；邮电服务 30 分；旅游购物 50 分；综合管理 195 分；资源和环境保护 155 分。

2. 5A 级旅游景区须达到 950 分，4A 级旅游景区须达到 850 分，3A 级旅游景区须达到 750 分，2A 级旅游景区须达到 600 分，1A 级旅游景区须达到 500 分（附表 1–2、附表 1–3）。

附表 1–2　计分总表

计分种类	分值情况	负责人签字	评定日期
自检计分	979		
推荐单位计分	978		
评定单位计分			

附表 1-3 服务质量与环境质量评分细则

序号	评定项目	检查评定方法与说明	大项分值栏	分项分值栏	次分项分值栏	小项分值栏	自检计分栏	推荐单位计分栏	评定单位计分栏
1	旅游交通		130				124	124	
1.1	可进入性			70					
1.1.1	外部交通工具抵达景区的便捷程度				20				
1.1.1.1	直达机场距景区距离	指直达依托城市（镇）的民用机场，包括军民两用机场，但不包括可提供包机服务的军用机场					10	10	
	30 千米以内					10			
	60 千米以内					6			
	100 千米以内					2			
1.1.1.2	高速公路进、出口距景区距离						4	4	
	10 千米以内					4			
	20 千米以内					2			
1.1.1.3	客运火车站距景区距离						3	3	
	10 千米以内					3			
	20 千米以内					1			

（续表）

序号	评定项目	检查评定方法与说明	大项分值栏	分项分值栏	次分项分值栏	小项分值栏	自检计分栏	推荐单位计分栏	评定单位计分栏
1.1.1.4	客用航运码头距景区距离						3	3	
	10 千米以内					3			
	20 千米以内					1			
1.1.2	依托城（镇）抵达旅游景区的便捷程度	指旅游景区直接的主要客源集散城市（镇）；依托城市（镇）可跨越行政区划			20				
1.1.2.1	依托城市（镇）距景区距离						15	15	
	在依托城市（镇）内	处于建成区内；建成区系指经过批准的城市（镇）规划确定的范围				15			
	在依托城市（镇）周边 20 千米内	指距最近的建成区外缘的距离				12			
	在依托城市（镇）周边 50 千米内					10			
	在依托城市（镇）周边 120 千米内					5			

（续表）

序 号	评定项目	检查评定方法与说明	大项分值栏	分项分值栏	次分项分值栏	小项分值栏	自检计分栏	推荐单位计分栏	评定单位计分栏
1.1.2.2	旅游交通	指依托城市（镇）至旅游景区之间的专项交通方式					5	5	
	有市（镇）内公共交通线抵达	包括从市（镇）内出发的一条或多条公交线				5			
	无市（镇）内公交汽车，但有长途汽车抵达	须设有汽车站点				3			
	有直达旅游专线	包括旅游专线汽车，或旅游船舶航线，或城市（镇）周边旅游专列，但均须定时定点				1			
1.1.3	抵达公路或客运航道（干线）等级	指直达机场、高速路口、客用火车站、客用航运码头、依托城市（镇）抵达景区公路或客运航道（干线）等级。两者均有者，取最高分项					10	10	

（续表）

序号	评定项目	检查评定方法与说明	大项分值栏	分项分值栏	次分项分值栏	小项分值栏	自检计分栏	推荐单位计分栏	评定单位计分栏
	一级公路或最高级客运航道	一级公路系黑化或白化路面、行车速度100~60千米/小时、双向四道、宽度2×7米。最高级客运航道指可通行大型游轮的航道			10				
	二级公路或高级客运航道	二级公路系黑化或白化路面、行车速度80~40千米/小时、双向两道、宽度9~7米。高级客运航道指可通行中型游轮的航道			6				
	三级公路或中级客运航道	三级公路系黑化或白化路面、行车速度60~30千米/小时、双向两道、宽度7~6米。中级客运航道指可通行小型游船的航道。三级以下公路或中级以下航道，不给分			2				
1.1.4	抵达公路或客运航道（支线）				10				
1.1.4.1	路面硬化或航道畅通						4	4	

（续表）

序号	评定项目	检查评定方法与说明	大项分值栏	分项分值栏	次分项分值栏	小项分值栏	自检计分栏	推荐单位计分栏	评定单位计分栏
1.1.4.2	桥涵完整或航道无障碍						3	3	
1.1.4.3	护坡良好						3	3	
1.1.5	外部交通标识	指引导到达景区的标识					10	10	
	专用外部交通标识	在颜色、外形上有别于一般交通标识			10				
	一般外部交通标识				5				
1.2	自配停车场地	指归属于景区管理的停车场		30					
1.2.1	面积	指景区各类自配停车场面积的总和					10	10	
	10 000 平方米以上				10				
	6 000 平方米以上				7				
	3 000 平方米以上				5				
	1 000 平方米以上				3				

（续表）

序 号	评定项目	检查评定方法与说明	大项分值栏	分项分值栏	次分项分值栏	小项分值栏	自检计分栏	推荐单位计分栏	评定单位计分栏
1.2.2	地面	考查主停车场的地面					5	5	
	生态停车场	生态停车场系指有绿化停车面或绿化隔离线的停车场，或者使用生态型或环保型建筑材料修建的停车场			8				
	硬化或黑化地面	包括水泥地面、沥青地面或平整石板地面			5				
	砂砾地面				3				
	泥土地面				1				
1.2.3	停车场管理				8				
	设停车线						2	2	
	停车分区						1	1	
	车场内有方向引导指示标识						1	1	
	分设出入口						2	2	
	专人值管						2	2	
1.2.4	停车场或码头美观，有特色或有文化性						2	2	

（续表）

序 号	评定项目	检查评定方法与说明	大项分值栏	分项分值栏	次分项分值栏	小项分值栏	自检计分栏	推荐单位计分栏	评定单位计分栏
1.2.5	停车场或码头与景观的协调性	位置不当，管理维护较差的，此项不得分					2	2	
1.3	内部交通			30					
1.3.1	游览线路	本项中各小项可酌情打分，但不超出给定的最高分			10				
	进出口设置合理	进出口分设，不过分邻近，有利于游客疏散					5	5	
	游道或线路设置合理	线路设置形成环线，观赏面大，有利于游客游览					5	5	
1.3.2	游步道				20				
1.3.2.1	特色游步道	游步道设计特色突出，有文化性效果				10	10	10	
1.3.2.2	生态或仿生态游步道					10	7	7	
	全部游步道采用					10			
	主要游步道采用					7			
	部分游步道采用					5			

（续表）

序 号	评定项目	检查评定方法与说明	大项分值栏	分项分值栏	次分项分值栏	小项分值栏	自检计分栏	推荐单位计分栏	评定单位计分栏
2	游览	各项游览服务设施要体现深厚的人文关怀精神，注重细节，突出特色，以形成独特、和谐、舒适的游览氛围	235				230	230	
2.1	门票	免费旅游景区此项不失分，设园中园、票中票的，发现一处扣 2 分		10					
2.1.1	设计制作精美						3	3	
	有突出特色	系指设计制作有特点或成套制作					3	3	
	背面有游览简图，咨询、投诉、紧急救援电话						4	4	
2.2	游客中心			70					
2.2.1	位置						5	5	
	位置优越	设在主入口附近，方便醒目的地点			10				
	位置合理	设在游客集中活动的区域			5				
2.2.2	标识醒目						5	5	

（续表）

序 号	评定项目	检查评定方法与说明	大项分值栏	分项分值栏	次分项分值栏	小项分值栏	自检计分栏	推荐单位计分栏	评定单位计分栏
2.2.3	造型、色彩、外观与景观的协调性						10	10	
	造型景观化，能够烘托景观环境				10				
	造型、色彩、外观与景观相适应				5				
2.2.4	规模	根据实际情况酌情打分					10	10	
	专用，且面积适应游客需要				10				
	兼用或面积偏小				5				
2.2.5	设施与服务	须在游客中心外明示免费服务项目			35				
2.2.5.1	设电脑触摸屏	须在游客中心内部设置，并能完好使用					6	6	
	内容丰富	包括各项景点、设施及服务的介绍				6			
	内容基本满足游客需要					3			

（续表）

序号	评定项目	检查评定方法与说明	大项分值栏	分项分值栏	次分项分值栏	小项分值栏	自检计分栏	推荐单位计分栏	评定单位计分栏
2.2.5.2	影视介绍	须在游客中心内设置				11			
2.2.5.2.1	设施						6	6	
	影视厅					6			
	影视播放系统					3			
2.2.5.2.2	内容						5	5	
	内容丰富、信息充分					5			
	概要介绍景区一般信息					3			
2.2.5.3	提供游客休息设施	数量与本旅游景区的接待规模相适应，档次与本旅游景区总体档次相适应，酌情给分					4	4	
2.2.5.4	提供本旅游景区导览宣传资料	游客能获取本旅游景区主要的导览和宣传资料，其中至少包括一种免费宣传品					4	4	
	品种多，展示精美					4			
	品种较多，展示一般					2			

（续表）

序 号	评定项目	检查评定方法与说明	大项分值栏	分项分值栏	次分项分值栏	小项分值栏	自检计分栏	推荐单位计分栏	评定单位计分栏
2.2.5.5	有工作人员提供咨询服务	佩带工牌，职责明确，服务良好					3	3	
2.2.5.6	提供游程线路图等						2	2	
2.2.5.7	明示景区活动节目预告	包括当日景区活动节目预告及阶段活动预告					1	1	
2.2.5.8	提供导游（讲解）服务	公布本旅游景区的所有导游人员（照片、姓名、编号及语种）					2	2	
2.2.5.9	提供饮料及纪念品服务						2	2	
2.3	标识系统			49					
2.3.1	设置				17				
	导游全景图	全景图要正确标识出主要景点及旅游服务设施的位置，包括各主要景点、游客中心、厕所、出入口、医务室、公用电话、停车场等，并明示咨询、投诉、救援电话，少一项扣 1 分					5	5	

（续表）

序 号	评定项目	检查评定方法与说明	大项分值栏	分项分值栏	次分项分值栏	小项分值栏	自检计分栏	推荐单位计分栏	评定单位计分栏
	导览图	指处于大型景区内交叉路口，标明现在位置及周边景点和服务设施的图示					4	4	
	标识牌	指景区内引导方向或方位的指引标志					4	4	
	景物介绍牌	指介绍主要景点、景观或相关展示内容的介绍说明牌					4	4	
2.3.2	布局	布局合理，根据数量合理设置，发现一处设置不合理扣 1 分					5	5	
2.3.3	设计制作				16				
2.3.3.1	设计					12			
	图案	图案直观明了，雅致大方。酌情打分					4	4	
	外形	外形别致，具有艺术感。酌情打分					4	4	
	材质	从档次、生态性、与景区协调性考查。酌情打分					4	4	
2.3.3.2	制作						4	4	
	精致					4			
	一般					2			

（续表）

序 号	评定项目	检查评定方法与说明	大项分值栏	分项分值栏	次分项分值栏	小项分值栏	自检计分栏	推荐单位计分栏	评定单位计分栏
2.3.4	维护						4	4	
	好	无脱落、无毛刺、无腐蚀等			4				
	一般	基本无脱落、无毛刺、无腐蚀等			2				
2.3.5	中英文对照	无中英文对照说明的，不得分；文不符图或中英文有错误的，发现一处扣1分					4	4	
2.3.6	中外文（非英文）对照	每增加一种外文对照，计1分，最多计3分；但如文不符图或有错误的，则扣除该种外文对照得分					3	3	
2.4	宣教资料	包括正式出版印刷的导游图、明信片、画册、音像制品、研究论著、科普读物等。其中，音像制品每种3分；精美画册或研究专著每种2分；其他每种1分					15	15	

（续表）

序号	评定项目	检查评定方法与说明	大项分值栏	分项分值栏	次分项分值栏	小项分值栏	自检计分栏	推荐单位计分栏	评定单位计分栏
2.5	导游服务	指景区提供的导游、导览等各种服务		37					
2.5.1	导游人员数量	数量与游客接待规模和旅游景区性质相适应，酌情打分					5	5	
2.5.2	导游语种	粤语导游、闽南话导游，每种 2 分；外语导游每个语种 3 分；最多为 9 分					9	9	
2.5.3	具有高级导游员或讲解员	含可为游客服务的高级馆员、研究员等，须作为正式讲解员公布					3	3	
2.5.4	设语音导游						5	5	
	便携式可选择播放				5				
	便携式循环播放				3				
	定点循环播放				1				
2.5.5	导游词科学、准确、有文采	检查有关资料，结合现场检查，酌情打分					5	5	
2.5.6	导游效果（清晰、生动、吸引人）	参考细则三中“讲解服务”项得分					5	5	

（续表）

序号	评定项目	检查评定方法与说明	大项分值栏	分项分值栏	次分项分值栏	小项分值栏	自检计分栏	推荐单位计分栏	评定单位计分栏
2.5.7	导游服务有针对性，强调个性化	根据游客特点进行有针对性的讲解，能满足特殊人群的特殊需求					5	5	
2.6	游客公共休息设施和观景设施			26					
2.6.1	布局合理	数量充足，能满足需要，不设置在危险地带、危险场所；酌情打分					8	8	
2.6.2	造型与景观环境的协调性						5	5	
	对景观有特别烘托效果				5				
	与景观环境基本协调				3				
2.6.3	制作	制作精美，有艺术感					5	5	
2.6.4	材质	从档次、生态性、与景区协调性考查					5	5	
2.6.5	维护						3	3	
	好				3				
	一般				1				

（续表）

序号	评定项目	检查评定方法与说明	大项分值栏	分项分值栏	次分项分值栏	小项分值栏	自检计分栏	推荐单位计分栏	评定单位计分栏
2.7	公共信息图形符号设置	标识的内容、位置与范围，参照 GB/T 10001 标准，如果现有的国家标准没有提供图形符号，可采用国际惯例或景区自行设计		18					
2.7.1	位置与数量	在停车场、出入口、售票处、购物场所、医疗点、厕所、餐饮设施等位置，合理设置公共信息图形符号。发现一处没按要求设置扣 1 分					6	6	
2.7.2	图形符号设计				6				
	图形规范						2	2	
	与景观相协调						2	2	
	有文化特色						2	2	
2.7.3	视觉效果				4				
	精美						2	2	
	清晰						2	2	
2.7.4	维护保养						2	2	

（续表）

序号	评定项目	检查评定方法与说明	大项分值栏	分项分值栏	次分项分值栏	小项分值栏	自检计分栏	推荐单位计分栏	评定单位计分栏
2.8	特殊人群服务项目	包括残疾人轮椅、盲道、无障碍设施，老年人使用的拐杖，儿童使用的童车等。查看服务指南与相关设施，每项计2分					10	10	
3	旅游安全	近两年内发生过游客死亡或重残的旅游安全事故且景区负有主要责任的，扣40分；负有管理责任的，扣20分（按事故责任书认定）	80				80	80	
3.1	安全保护机构、制度与人员			10					
	设有安全保护机构						2	2	
	有健全的安全保护制度						2	2	
	专职安全保护人员	在游客集中和有安全隐患的地方分布；以水上游乐为主的旅游景区的巡视员、救护员比例应较高					4	4	
	流动安全保护人员数量	景区流动安全保护人员应与旅游区规模及性质相适应					2	2	

（续表）

序号	评定项目	检查评定方法与说明	大项分值栏	分项分值栏	次分项分值栏	小项分值栏	自检计分栏	推荐单位计分栏	评定单位计分栏
3.2	安全处置			17					
3.2.1	高峰期游客安全处置				7				
	预案	职责明确，程序清晰					3	3	
	处置效果	工作人员到岗到位，分流得力，安全措施有效					4	4	
3.2.2	特殊情况的安全处置	包括恶劣气候、突发灾情、传染病疫情、食物中毒、缆车停电等特殊情况			7				
	预案						3	3	
	处置效果	反应迅速，组织得力，替代设施到位，处置效果好					4	4	
3.2.3	安全巡查	设施完备，定时巡查，能有效维护安全秩序					3	3	
3.3	安全设备设施			27					
3.3.1	危险地带安全防护设施	包括安全护栏、水上拉网等应齐全和有效；发现一处不足或无效扣 3~5 分					8	8	

（续表）

序 号	评定项目	检查评定方法与说明	大项分值栏	分项分值栏	次分项分值栏	小项分值栏	自检计分栏	推荐单位计分栏	评定单位计分栏
3.3.2	消防、防火等设备	重点是室内旅游点的消防设备，森林公园、风景区、自然保护区等旅游区的防火设备等应齐备、完好、有效。发现一处不合格扣2分					6	6	
3.3.3	监控设施						5	5	
	设闭路监控系统				5				
	设瞭望台				3				
3.3.4	游览游乐服务设施安全	包括交通工具、交通设施、游乐设施、水上游乐设备以及地面防滑处理、无障碍设施等，应符合安全规定。发现一处安全不合格的扣2分					5	5	
3.3.5	特殊旅游项目的安全确认	速降、蹦极、潜水、漂流、游乐等特殊旅游项目，未经验收的，此项不得分					3	3	
3.4	安全警告标志、标识	应齐全、醒目、规范。如设置不足或设置不规范，每处扣2分，没有设置不得分					8	8	

（续表）

序号	评定项目	检查评定方法与说明	大项分值栏	分项分值栏	次分项分值栏	小项分值栏	自检计分栏	推荐单位计分栏	评定单位计分栏
3.5	安全宣传	包括安全说明或须知等；有关重点景区（水上项目、滑雪场）需安装安全广播。安全说明或须知等要求图形显示和中外文对照，置于醒目位置。达不到以上要求的，每项扣 2 分，没有设置不得分					6	6	
3.6	医疗服务								
3.6.1	设立医务室						4	4	
	专用	专为游客设立的医务室			4				
	兼用	内部设立主要为员工服务，同时兼为游客服务的医务室			2				
3.6.2	有专职医护人员						1	1	
3.6.3	备日常药品						1	1	
3.6.4	备急救箱						1	1	
3.6.5	备急救担架						1	1	
3.7	救护服务			4					
3.7.1	救护设备	重点是水上旅游景区、山地旅游景区、滑雪场等的救护设备					2	2	

（续表）

序号	评定项目	检查评定方法与说明	大项分值栏	分项分值栏	次分项分值栏	小项分值栏	自检计分栏	推荐单位计分栏	评定单位计分栏
3.7.2	建立紧急救援体系				2				
	内部救援电话	向游客公布且畅通有效					1	1	
	运送	与相关单位有专门运送协议，及时发现，安全运送					1	1	
4	卫生		140				138	138	
4.1	环境卫生			20					
	场地秩序	无乱堆、乱放、乱建现象，施工场地维护完好、美观，发现一处不合格扣1分					5	5	
	游览场所地面	无污水、污物，发现一处污水或污物明显的，扣1分					5	5	
	建筑物及各种设施设备	无污垢、无剥落，发现一处污垢或剥痕明显的，扣1分（在规划建设中对建筑物和设施的剥落和破损有特殊要求除外）					5	5	
	气味	清新，无异味；不符合要求酌情扣分					5	5	

（续表）

序 号	评定项目	检查评定方法与说明	大项分值栏	分项分值栏	次分项分值栏	小项分值栏	自检计分栏	推荐单位计分栏	评定单位计分栏
4.2	废弃物管理			40					
4.2.1	污水排放				5				
	排放效果	不污染地面、河流、湖泊、海滨等。发现一处不得当的，视情节严重程度扣1~3分					3	3	
	排放设施	现场检查为主，设施须齐全和完好，酌情给分					2	2	
4.2.2	垃圾管理				35				
4.2.2.1	垃圾清扫					11			
4.2.2.1.1	日产日清	不留陈垃圾					4	4	
4.2.2.1.2	流动清扫	跟踪清扫					5	5	
4.2.2.1.3	垃圾清扫器具						2	2	
	美观、整洁，与景观环境相协调					2			
	整洁、实用					1			

（续表）

序号	评定项目	检查评定方法与说明	大项分值栏	分项分值栏	次分项分值栏	小项分值栏	自检计分栏	推荐单位计分栏	评定单位计分栏
4.2.2.2	垃圾箱（桶）					20			
	外观	整洁，发现一处不合格，扣 1 分					4	4	
	数量	数量充足，布局合理，发现一处有明显不足，扣 1 分					4	4	
	造型	美观，与景观环境相协调。根据景观环境专门设计造型的计 8 分，其他酌情打分					8	8	
	分类设置						4	4	
4.2.2.3	垃圾处置					4			
	处理场或集中的场地	垃圾处理场地或垃圾集中场地远离旅游景区					2	2	
	处理方式	不乱堆放，不就地焚烧或掩埋					2	2	
4.3	吸烟区管理						5	5	
	合理划分、管理到位	划分为吸烟区与非吸烟区，标志清楚且管理到位；或景区全部为非吸烟区，且管理到位。对非吸烟区吸烟行为，管理措施明确，管理行为到位		5					
		划分为吸烟区与非吸烟区		3					

（续表）

序 号	评定项目	检查评定方法与说明	大项分值栏	分项分值栏	次分项分值栏	小项分值栏	自检计分栏	推荐单位计分栏	评定单位计分栏
4.4	餐饮服务			10					
4.4.1	服务质量	就餐环境和服务态度良好，菜式有特色，规模符合需求，价格合理					5	5	
4.4.2	食品卫生，厨具质量	食品卫生符合国家规定；餐具、饮具、厨具分类存放，消毒处理，检查餐厅、酒吧、冷饮部、小卖部及其操作间等，发现一处不合格，扣 1 分					5	5	
4.5	厕所	现场检查结合资料审查（要求景区提供厕所布点图），有关要求可参照《旅游厕所质量等级的划分与评定》（GB/T 18973—2003）		65					
4.5.1	布局合理	步行 30 分钟范围内须有设置					2	2	
4.5.2	位置合理	位置相对隐蔽，但易于寻找，方便到达，并适于通风、排污					2	2	
4.5.3	数量充足				8				

（续表）

序 号	评定项目	检查评定方法与说明	大项分值栏	分项分值栏	次分项分值栏	小项分值栏	自检计分栏	推荐单位计分栏	评定单位计分栏
4.5.3.1	厕位总量达旺季日均游客接待量的比例	男小便厕位可按每位 0.8~1 米的宽度计量					6	6	
	0.5% 以上					6			
	0.3% 以上					4			
	0.1% 以上					2			
4.5.3.2	游客高峰期设流动厕所	固定厕位数量如满足高峰期需求，此项不失分					2	2	
4.5.4	厕所采用水冲或使用生态厕所的比例						8	8	
	100%				8				
	80%以上				5				
	50%以上				3				
	30%以上				1				
4.5.5	残疾人厕位	应方便实用。每个计 2 分，最多计 5 分					5	5	
4.5.6	厕所设备	考察主要游览场所厕所			15				
4.5.6.1	洁具质量						5	5	
	较好					5			
	一般					3			

（续表）

序 号	评定项目	检查评定方法与说明	大项分值栏	分项分值栏	次分项分值栏	小项分值栏	自检计分栏	推荐单位计分栏	评定单位计分栏
4.5.6.2	隔板和门	要求隔板与门均有，缺失其一不得分；设立不达标或维护情况不好的酌情扣分					5	5	
4.5.6.3	其他设备	主要游览场所厕所具备盥洗设施（水龙头）、挂衣钩、卫生纸、皂液、面镜、干手设备、烟缸等且实用有效的，每项计 1 分，最多 5 分					5	5	
4.5.7	厕所内部有文化氛围	指厕所根据景区特点进行的装饰与布置					3	3	
4.5.8	厕所外观、色彩、造型与景观环境的协调						8	8	
	按照景观特点专门设计，具有独创性的				8				
	有一定特色的				5				
	基本协调的				3				

（续表）

序号	评定项目	检查评定方法与说明	大项分值栏	分项分值栏	次分项分值栏	小项分值栏	自检计分栏	推荐单位计分栏	评定单位计分栏
4.5.9	厕所服务	游客集中场所的厕所有专人提供服务					5	5	
4.5.10	三星级以上厕所比例	参照《旅游厕所质量等级的划分与评定》（GB / T 18973—2003）					3	3	
	100%				5				
	60%以上				3				
	30%以上				1				
4.5.11	厕所卫生	有异味或地面（池面）有秽物的，发现一处扣 2 分					4	4	
5	邮电		20				20	20	
5.1	邮政纪念服务			8					
	邮政服务	提供信函等基本邮政业务，且服务便捷					2	2	
	纪念服务	提供纪念戳、本地纪念封、明信片、纪念邮票等，每种计 2 分，最多计 6 分					6	6	
5.2	电讯服务			12					

（续表）

序号	评定项目	检查评定方法与说明	大项分值栏	分项分值栏	次分项分值栏	小项分值栏	自检计分栏	推荐单位计分栏	评定单位计分栏
5.2.1	公用电话设置						4	4	
	数量充足，设置合理				4				
	数量基本满足需要，设置基本合理				2				
5.2.2	公用电话亭及标志						4	4	
	与环境相协调，标志美观、醒目				4				
	与环境基本协调，标志醒目				2				
5.2.3	能接收移动电话信号						4	4	
	全部地方能接受				4				
	部分地方能接受				2				
6	旅游购物	包括主出入口的购物管理	50				50	50	

（续表）

序号	评定项目	检查评定方法与说明	大项分值栏	分项分值栏	次分项分值栏	小项分值栏	自检计分栏	推荐单位计分栏	评定单位计分栏
	购物场所建设	购物场所不破坏主要景观，不妨碍游客游览，不与游客抢占道路和观景空间；购物场所建筑造型、色彩、材质与景观环境相协调；布局合理，外部广告标志不过分影响观景效果。发现一处不得当扣2分					15	15	
	购物场所管理	对购物场所进行集中管理，环境整洁，秩序良好，无围追兜售，强卖强买现象。发现一处管理不当的情况视情节扣2~5分					10	10	
	商品经营从业人员管理	有统一管理措施和手段，包括质量管理、价格管理（须明码标价）、计量管理、位置管理、售后服务管理等，每项计2分					10	10	
	旅游商品	具有本旅游景区的特色，每项2分；具有本地区特色的，每项得1分。本项最多计15分					15	15	

（续表）

序 号	评定项目	检查评定方法与说明	大项分值栏	分项分值栏	次分项分值栏	小项分值栏	自检计分栏	推荐单位计分栏	评定单位计分栏
7	综合管理		200				200	200	
7.1	机构与制度			20					
	管理机构健全，职责分明	要求景区提供相关资料，并现场抽查管理人员，职责掌握率不足 50% 的，不得分；掌握率 50% 以上的，酌情给 1~2 分；全部掌握的，计 3 分					3	3	
	规章制度健全	市场营销、质量、导游、卫生、环保、统计等规章制度健全，缺一项扣 2 分					12	12	
	规章制度贯彻得力	各项规章制度贯彻得力，有一年以上完整执行记录。记录不完整不得分					5	5	
7.2	企业形象	包括独特的产品形象、良好的质量形象、鲜明的视觉形象和文明的员工形象		32					
	产品形象	具有独特的产品形象并形成外在的企业标志					5	5	

（续表）

序号	评定项目	检查评定方法与说明	大项分值栏	分项分值栏	次分项分值栏	小项分值栏	自检计分栏	推荐单位计分栏	评定单位计分栏
	质量目标、质量方针或口号	有明确的质量目标，有鲜明的质量方针或口号，为全体员工所熟知。抽查员工，掌握率不足50%的，不得分；掌握率50%以上的，酌情计1~3分；全部掌握的，计5分					5	5	
	企业标志运用	要求在旅游景区入口、导览系统（如全景图、指示牌、景物介绍牌）、宣传品、门票、工牌等上均有企业标志					4	4	
	企业标志注册	企业品牌标志进行商标注册					3	3	
	员工服饰	员工着岗位服饰，佩带工牌。岗位服饰计3分，服饰美观有特色计1分，佩带工牌计1分					5	5	
	员工服务	服务规范，举止文明，热情大方，服务态度、效果及质量好。能够针对不同客源群，提供个性化订制服务					10	10	

（续表）

序 号	评定项目	检查评定方法与说明	大项分值栏	分项分值栏	次分项分值栏	小项分值栏	自检计分栏	推荐单位计分栏	评定单位计分栏
7.3	规划			25					
7.3.1	规划制订						10	10	
	有按照本标准及细则制订的相关规划				10				
	有其他相关规划				5				
7.3.2	规划审批						5	5	
	旅游部门或当地政府审批				5				
	旅游部门参与审批				2				
7.3.3	规划实施	包括土地利用、功能布局、游览项目与设施安排等；严重违规的此项不得分					10	10	
	全面实施	规划中的各项建设项目和市场开发方案得到全面实施			10				
	基本实施	规划中的主要建设项目和市场开发方案得到基本实施			5				

（续表）

序号	评定项目	检查评定方法与说明	大项分值栏	分项分值栏	次分项分值栏	小项分值栏	自检计分栏	推荐单位计分栏	评定单位计分栏
7.4	培训			20					
7.4.1	培训制度、机构、人员、经费明确，落实	每一项不落实，扣1分					4	4	
7.4.2	年度培训范围	查看年度计划及实施记录，要求为每一位正式员工建立培训档案					4	4	
	管理人员及服务人员全面培训				4				
	管理人员及服务人员部分培训				2				
7.4.3	质量、营销、安全、导游、卫生、环保、统计等业务培训全面	缺一项培训扣1分					7	7	
7.4.4	培训效果	抽查员工，考查其业务					5	5	
	很好	回答流利、正确、全面			5				
	一般	回答基本正确			3				
7.5	游客投诉及意见处理			20					

（续表）

序号	评定项目	检查评定方法与说明	大项分值栏	分项分值栏	次分项分值栏	小项分值栏	自检计分栏	推荐单位计分栏	评定单位计分栏
7.5.1	投诉数量及性质	查询有关行政管理部门和景区自身记录，酌情给分；近两年内发生重大质量投诉（涉及对旅游者人身侵犯和健康损害的旅游投诉，均视为重大质量投诉），此项不得分					4	4	
7.5.2	投诉处理				10				
7.5.2.1	投诉处理制度健全						2	2	
7.5.2.2	投诉服务设施					3			
	有明确的投诉电话						1	1	
	有明确的投诉办公室标志						1	1	
	有投诉信箱、意见本等						1	1	
7.5.2.3	投诉处理过程					4			
	受理投诉迅速						1	1	
	服务态度好						2	2	
	记录完整、细致						1	1	

（续表）

序号	评定项目	检查评定方法与说明	大项分值栏	分项分值栏	次分项分值栏	小项分值栏	自检计分栏	推荐单位计分栏	评定单位计分栏
7.5.2.4	处理效果好	检查投诉处理记录，对于重大投诉可向投诉人了解反馈意见					1	1	
7.5.3	征询游客意见				6				
7.5.3.1	定期征询	一年不少于3次					2	2	
7.5.3.2	征询数量	样本量符合接待规模（总量达到全年接待量的1/1000）					2	2	
7.5.3.3	意见处理	征询意见有分析、有通报、有改进措施					2	2	
7.6	旅游景区宣传	主要考查近期的宣传情况		36					
7.6.1	通过国际互联网宣传	查询与网络服务商的合同，并结合上网检查			21				
7.6.1.1	域名及中文网址						2	2	
	独立域名且有中文网址					2			
	只有独立域名					1			

（续表）

序 号	评定项目	检查评定方法与说明	大项分值栏	分项分值栏	次分项分值栏	小项分值栏	自检计分栏	推荐单位计分栏	评定单位计分栏
7.6.1.2	依托网站						4	4	
	依托知名综合网站或权威旅游专业网站					4			
	依托其他网站					2			
7.6.1.3	内容						4	4	
	内容丰富，全面说明景区情况					4			
	内容一般，基本说明景区情况					2			
7.6.1.4	建成数字虚拟景区	实现网上游览					7	7	
7.6.1.5	支持语种					4			
	英文						2	2	
	其他语种	其他语种每种1分，最多2分					2	2	
7.6.2	通过电视宣传				10				

（续表）

序 号	评定项目	检查评定方法与说明	大项分值栏	分项分值栏	次分项分值栏	小项分值栏	自检计分栏	推荐单位计分栏	评定单位计分栏
7.6.2.1	节目形式						5	5	
	有介绍本景区的电视专题片					5			
	在其他旅游电视宣传片中对本景区有重点介绍					3			
7.6.2.2	播放级别						5	5	
	在中央级电视台播放					5			
	在地方卫视播放					3			
	地方台播放					1			
7.6.3	通过报刊宣传				6				
7.6.3.1	文章介绍形式						3	3	
	专题介绍					3			
	综合报道中有重点介绍					1			

（续表）

序 号	评定项目	检查评定方法与说明	大项分值栏	分项分值栏	次分项分值栏	小项分值栏	自检计分栏	推荐单位计分栏	评定单位计分栏
7.6.3.2	报刊级别						3	3	
	中央级报刊					3			
	省级报刊					1			
7.7	电子商务			30					
7.7.1	查询	动态查询未来特定时间段预计游客接待量					5	5	
7.7.2	预订				20				
	预订门票						7	7	
	预订住宿						3	3	
	预订商品						2	2	
	其他	娱乐、餐饮或其他个性化服务的定制					8	8	
7.7.3	支付	能提供网上支付功能					5	5	
7.8	社会效益			16					
7.8.1	带动当地社会就业						8	8	
	80% 为本地员工				8				
	50% 为本地员工				5				
	30% 为本地员工				3				

（续表）

序号	评定项目	检查评定方法与说明	大项分值栏	分项分值栏	次分项分值栏	小项分值栏	自检计分栏	推荐单位计分栏	评定单位计分栏
7.8.2	对当地经济带动作用	查询产值、税收等财务档案					8	8	
	显著				8				
	一般				3				
8	资源和环境的保护		145				137	136	
8.1	空气质量	以当地旅游旺季的情况为准，现场并结合鉴定材料检查					10	10	
	达到国标一级标准	参照有关国家标准		10					
	达到国标二级标准	参照有关国家标准		5					
8.2	噪声指标	以当地旅游旺季的情况为准；使用高音喇叭或用电子设备进行商品叫卖的（用于安全公告等特殊情况除外），此项不得分					5	5	
	达到国标一类标准	参照有关国家标准		5					
	达到国标二类标准	参照有关国家标准		3					

（续表）

序号	评定项目	检查评定方法与说明	大项分值栏	分项分值栏	次分项分值栏	小项分值栏	自检计分栏	推荐单位计分栏	评定单位计分栏
8.3	地表水质量达国标规定	参照有关国家标准，不达标的酌情扣分					10	10	
8.4	景观、生态、文物、古建筑保护			45					
8.4.1	保护费用投入	要求提供相应财务支出证明					15	15	
	达到 10%	全年用于景观、文物、古建筑、生态系统、珍稀名贵动植物的保护费用相当于旅游区（点）全年门票收入的比例			15				
	达到 6%				10				
	达到 3%				5				
8.4.2	保护措施（采取适合的保护措施，如防火、防盗、防捕杀、古建筑修缮、古树名木保护）				15				
	制度具体						5	5	
	设施设备完善						5	5	
	人员职责明确						5	5	

（续表）

序号	评定项目	检查评定方法与说明	大项分值栏	分项分值栏	次分项分值栏	小项分值栏	自检计分栏	推荐单位计分栏	评定单位计分栏
8.4.3	保护效果	现场检查为主；对文物古迹和景观有重大破坏的，此项不得分					15	15	
	全面保持文物古迹和景观的真实性和完整性				15				
	基本保持文物古迹和景观的真实性和完整性				10				
	对文物古迹和景观的真实性和完整性无明显破坏				5				
8.5	环境氛围			69					
8.5.1	出入口				20				
8.5.1.1	出入口主体建筑格调	格调指体量、材质、造型、色彩的综合效果					10	10	
	对区内主体景观有烘托效果	运用能反映当地风情的本地特色建筑风格和材料，能很好地反映和突出主体景观				10			
	与区内主体景观相协调，无明显破坏之感					5			

（续表）

序 号	评定项目	检查评定方法与说明	大项分值栏	分项分值栏	次分项分值栏	小项分值栏	自检计分栏	推荐单位计分栏	评定单位计分栏
8.5.1.2	出入口环境	整洁美观，秩序良好，与景区整体氛围相协调					4	4	
8.5.1.3	出入口有相应的游客集散场地	面积适中，管理良好					3	3	
8.5.2	区内建筑及设施与景观的协调性				36				
8.5.2.1	区内建筑选址不破坏景观	主体建筑选址对景观有破坏的，每个扣 3 分；非主体建筑选址对景观有破坏的，每个扣 1 分					5	5	
8.5.2.2	主体建筑风格有特色，效果突出						3	3	
8.5.2.3	区内各单体建筑风格一致，相互协调						2	2	
8.5.2.4	区内建筑外观（造型、色调、材料等）与景观相协调	发现一处建筑外观与整体景观有不协调的，扣 2 分					6	6	
8.5.2.5	区内建筑体量适度						2	2	

（续表）

序号	评定项目	检查评定方法与说明	大项分值栏	分项分值栏	次分项分值栏	小项分值栏	自检计分栏	推荐单位计分栏	评定单位计分栏
8.5.2.6	建筑物周边形成相应缓冲区，观景效果良好						2	1	
8.5.2.7	功能性建筑选址隐蔽或外观美化	包括锅炉房、配电室、水塔、烟囱、电力电信设施及其用房等					3	3	
8.5.2.8	管线设施						5	5	
	区内输电、通讯线路等全部采用地下隐蔽方式					5			
	架空线路整齐，不破坏视觉效果					3			
8.5.2.9	区内标语口号及布置方式	注重文化性、艺术性及与景观的协调性					2	2	
8.5.2.10	商品广告、商业服务设施招牌	不乱贴、乱放、乱摆小广告，商业服务设施招牌不过分突出					2	2	
8.5.2.11	各种游乐设施及项目设置、布局和外观	发现一处不得当，扣1分					2	2	

（续表）

序 号	评定项目	检查评定方法与说明	大项分值栏	分项分值栏	次分项分值栏	小项分值栏	自检计分栏	推荐单位计分栏	评定单位计分栏
8.5.2.12	建筑及设施选用材料	有以下材料发现一处扣 1 分：玻璃幕墙、马赛克贴面、卷帘门窗、简易铁皮棚屋等					1	1	
8.5.3	周边环境与景观的协调性				13				
	旅游景区与周边环境设有隔离带或缓冲区	具有水体、山体等缓冲区的，计 8 分；具有绿化、围栏等隔离带的，计 4 分					4	4	
	旅游景区周边形成优美的天际轮廓线						5	5	
8.6	采用清洁能源的设施、设备	发现区内使用造成严重破坏环境的设施、设备（包括产生高噪声或有害气体、漏油漏气的车辆、船舶等）的，酌情扣分					3	3	
8.7	采用环保型材料	发现区内使用不可降解的一次性餐具等非环保型材料的，此项不得分					3	3	

细则二

景观质量评分细则

说明

1. 本细则分为资源要素价值与景观市场价值两大评价项目、九项评价因子，总分 100 分。其中资源吸引力为 65 分，市场影响力为 35 分。各评价因子分四个评价得分档次。

2. 等级评定时，对评价项目和评价因子由评定组成员分别计分，最后进行算术平均求得总分。

3. “规模与丰度”评价因子中的“基本类型”参照《旅游资源分类、调查与评价》（GB/T 18972—2017）附录 A。

4. 5A 级旅游景区须达到 90 分，4A 级旅游景区须达到 85 分，3A 级旅游景区须达到 75 分，2A 级旅游景区须达到 60 分，1A 级旅游景区须达到 50 分（附表 1–4、附表 1–5）。

附表 1–4　计分总表

	分值情况	负责人签字	评定日期
自检计分	98		
推荐单位计分	97		
评定单位计分			

附录 1-5 景观质量评分细则

评价项目及分值	评价因子及分值	评价依据和要求	等级赋分				本项得分
			Ⅰ	Ⅱ	Ⅲ	Ⅳ	
资源吸引力（65）	观赏游憩价值（25）	（1）观赏游憩价值很高。 （2）观赏游憩价值较高。 （3）观赏游憩价值一般。 （4）观赏游憩价值较小	25~20	19~13	12~6	5~0	25
	历史文化科学价值（15）	（1）同时具有极高历史价值、文化价值、科学价值，或其中一类价值具世界意义。 （2）同时具有很高历史价值、文化价值、科学价值，或其中一类价值具全国意义。 （3）同时具有较高历史价值、文化价值、科学价值，或其中一类价值具省级意义。 （4）同时具有一定历史价值，或文化价值，或科学价值，或其中一类价值具地区意义	15~13	12~9	8~4	3~0	14
	珍稀或奇特程度（10）	（1）有大量珍稀物种，或景观异常奇特，或有世界级资源实体。 （2）有较多珍稀物种，或景观奇特，或有国家级资源实体。 （3）有少量珍稀物种，或景观突出，或有省级资源实体。 （4）有个别珍稀物种，或景观比较突出，或有地区级资源实体	10~8	7~5	4~3	2~0	10

（续表）

评价项目及分值	评价因子及分值	评价依据和要求	等级赋值				本项得分
			Ⅰ	Ⅱ	Ⅲ	Ⅳ	
资源吸引力（65）	规模与丰度（10）	（1）资源实体体量巨大，或基本类型数量超过40种，或资源实体疏密度优良。 （2）资源实体体量很大，或基本类型数量超过30种，或资源实体疏密度良好。 （3）资源实体体量较大，或基本类型数量超过20种，或资源实体疏密度较好。 （4）资源实体体量中等，或基本类型数量超过10种，或资源实体疏密度一般	10~8	7~5	4~3	2~0	10
	完整性（5）	（1）资源实体完整无缺，保持原来形态与结构。 （2）资源实体完整，基本保持原来形态与结构。 （3）资源实体基本完整，基本保持原有结构，形态发生少量变化。 （4）原来形态与结构均发生少量变化	5~4	3	2	1~0	5
市场影响力（35）	知名度（10）	（1）世界知名。 （2）全国知名。 （3）省内知名。 （4）地市知名	10~8	7~5	4~3	2~0	10

（续表）

评价项目及分值	评价因子及分值	评价依据和要求	等级赋值				本项得分
			Ⅰ	Ⅱ	Ⅲ	Ⅳ	
市场影响力（35）	美誉度（10）（此项得分可参考细则三《旅游景区游客意见调查表》中的分值）	（1）有极好的声誉，受到95%以上游客和绝大多数专业人员的普遍赞美。 （2）有很好的声誉，受到85%以上游客和大多数专业人员的普遍赞美。 （3）有较好的声誉，受到75%以上游客和多数专业人员的赞美。 （4）有一定声誉，受到65%以上游客和多数专业人员的赞美	10~8	7~5	4~3	2~0	10
	市场辐射力（10）	（1）有洲际远程游客，且占一定比例。 （2）有洲内入境游客及洲际近程游客，且占一定比例。 （3）国内远程游客占一定比例。 （4）周边市场游客占一定比例	10~8	7~5	4~3	2~0	9
	主题强化度（5）	（1）主题鲜明，特色突出，独创性强。 （2）形成特色主题，具有一定独创性。 （3）有一定特色，并初步形成主题。 （4）有一定特色	5~4	3	2	1~0	5

细则三

游客意见评分细则

说明

（1）旅游景区质量等级对游客意见的评分，以游客对该旅游景区的综合满意度为依据。

（2）游客综合满意度的考察，主要参考《旅游景区游客意见调查表》（附表 1–6）的得分情况。

（3）《旅游景区游客意见调查表》由现场评定检查员在景区员工陪同下，直接向游客发放、回收并统计。

（4）在质量等级评定过程中，《旅游景区游客意见调查表》的发放应区分旅游景区的规模、范围和申报等级，一般为 30~50 份，采取即时发放、即时回收、最后汇总统计的方法。回收率不应低于 80%。

（5）《旅游景区游客意见调查表》的分发，应采取随机发放方式。原则上，发放对象不能少于三个旅游团体，并注意游客的性别、年龄、职业、消费水平等方面的均衡。

（6）游客综合满意度总分为 100 分，计分标准如下（附表 1–7）。

总体印象满分为 20 分。其中很满意为 20 分，满意为 15 分，一般为 10 分，不满意为 0 分。调查项目每项满分为 5 分，总计 80 分。各项中，很满意为 5 分，满意为 3 分，一般为 2 分，不满意为 0 分。

计分办法：先计算出所有《旅游景区游客意见调查表》各单项的算术平均值，再对这 17 个单项的算术平均值加总，作为本次游客意见评定的综合得分。如存在某一单项在所有调查表中均未填写的情况，则该项以其他各项（除总体印象项外）的平均值计入总分。

（7）旅游景区质量等级游客意见综合得分最低要求如下。

5A 级旅游景区：90 分；

4A 级旅游景区：80 分；

3A 级旅游景区：70 分；

2A 级旅游景区：60 分；

1A 级旅游景区：50 分。

旅游景区游客意见调查表
QUESTIONNAIRE

尊敬的游客：

非常感谢您在珍贵的旅游过程中填好这份意见调查表。您的宝贵意见将作为评定本旅游景区质量等级的重要参考依据。

谢谢您的配合支持，祝您旅游愉快。

中华人民共和国文化和旅游部

Dear guest,

We would be very grateful if you would take a few minutes to complete this questionnaire. Your comments will be taken as reference for the tourism attraction's quality rating.

Thank you for your efforts. We hope you enjoy the tourism attraction.

Ministry of Culture and Tourism of the People's Republic of China

附表 1-6　旅游景区游客意见调查表

调查项目 Items	很满意 Very satisfactory	满意 Satisfactory	一般 Fair	不满意 Unsatisfactory
外部交通 Accessibility				
内部游览线路 Inner itinerary				
观景设施 Facilities for sightseeing				
路标指示 Signs for directions				
景物介绍牌 Introduction board				
宣传资料 Information material				
导游讲解 Visiting guide				
服务质量 Service quality				
安全保障 Safety & security				
环境卫生 Environmental hygiene				
厕所 Toilet				
邮电服务 Phone & post service				
商品购物 Souvenir and shopping				
餐饮或食品 Food & beverage				
旅游秩序 Public order				
景物保护 Scenery & relic protection				
总体印象 Overall impression				

姓名　　　　　　　　国家（省、市）

Name　　　　　　　　Country

附表 1–7　计分总表

计分项目		自检计分	推荐单位计分	评定单位计分
总分		97	97	
项目名称	总体印象	19	19	
	外部交通	5	5	
	内部游览线路	5	5	
	观景设施	5	5	
	路标指示	5	5	
	景物介绍牌	5	5	
	宣传资料	5	5	
	导游讲解	4	4	
	服务质量	5	5	
	安全保障	5	5	
	环境卫生	5	5	
	厕所	5	5	
	邮电服务	4	4	
	商品购物	5	5	
	餐饮或食品	5	5	
	旅游秩序	5	5	
	景物保护	5	5	

奥帆中心情人坝及奥帆灯塔

通过对热门和信誉旅游网站的调查，可以发现景区的关注度和好评数不断增长。尤其是海军 70 周年海上阅兵等重大节庆活动的举办，大大提升了景区的人气和美誉度。

游客满意度方面，通过 200 份游客问卷调查，得到的游客满意度为 95 分，完全达到国家 5A 级旅游景区的创建要求。

总 结

以上分别从服务质量、景观质量和游客满意度三个方面行进自评或自查、问卷调查，得到了青岛奥帆海洋文化旅游区创建 5A 级旅游景区的评价结果，具体得分如下。

服务质量评价自检得分 979 分，达到并超过了国家 5A 级旅游景区评价 950 分的要求。

景观质量评价自检得分 98 分，达到并超过了国家 5A 级旅游景区评价 90 分的要求。

游客满意度调查自检得分 97 分，达到并超过了 5A 级旅游景区 90 分的要求。

由此可以认为，青岛奥帆海洋文化旅游区完全达到了创建国家 5A 级旅游景区的要求，我们正式提出创建申请，希望得到支持和指导。

附录 2

创建工作大事记

具体内容如下（附表 2-1）。

附表 2-1　创建工作大事记

编号	日期	主要内容	备注
1	2018.9	景区公司根据集团会议精神及奥帆中心现状，按照 5A 级景区评定标准进行自评，并于 9 月 13 日向集团主要领导进行专题汇报	自评得分 673
2	2018.12.12	北京京师文旅到奥帆中心考察并指导工作	
3	2019.2.25	北京蜗牛、京师文旅两家专业咨询公司赴青岛奥帆中心指导申报 5A 景区相关工作	
4	2019.5	集团分管领导带队，招标办、审计法律部、景区公司、市旅发委参加赴宁波、绍兴、杭州、青州考察	
5	2019.7	北京京师文旅到奥帆中心考察指导工作并座谈（第二次）	
6	2019.7.8	出具《青岛奥林匹克帆船中心旅游景区质量等级申请评定报告书》	
7	2019.7.8	出具《青岛奥林匹克帆船中心创建国家 AAAAA 级旅游景区景观质量评价报告》	已收到

（续表）

编号	日期	主要内容	备注
8	2019.10	董事长、集团副总经理、景区集团副总经理去省里汇报学习	
9	2019.11	省评专家会，董事长和集团副总经理出席（5A 工作小组随行）	京师文旅
10	2020.1	京师文旅员工来青岛奥帆中心全面采风	全程陪同
11	2020.2	京师文旅拍摄团队来青岛奥帆中心全面取景	全程陪同
12	2020.4	京师文旅来座谈（董事长、集团副总经理、战略发展部部长、景区集团领导班子参加）	全程陪同
13	2020.5	《总规》《专项提升规划》专家评审会（景区集团相关负责人列席）	
14	2020.6	制定 2020 年申报进度表	
15	2020.7	纳入海底世界，整体打包创建 5A 级景区（汇报材料报董事长）	
16	2020.7.24—25	京师团队及吴老师抵青，考察海底世界、燕儿岛山、海上航线、二浴及三浴，召开座谈会（集团董事长、5A 工作组与市文旅局列席）	全程陪同
17	2020.7.27	集团董事长、5A 工作组与市文旅局领导 5A 工作座谈会，讨论上达市领导及拜访省文旅厅事宜	
18	2020.9.5	新宣传片初稿提交，集团领导审片	
19	2020.11.07	参加省厅初评会（集团副总经理，5A 工作小组）	
20	2020.11.09	青岛奥帆中心通过山东省景观评审	

（续表）

编号	日期	主要内容	备注
21	2020.11.19	参加国家文旅部专家评审会（董事长、5A 工作小组）	
22	2020.12.9	文旅部通报：同意将奥帆海洋文化旅游区列入国家 5A 景区创建名单	
23	2021.1	京师专家团队来青考察并进行座谈，讨论 5A 创建事宜	
24	2020.12.25—2021.1.4	出具创建工作实施方案	
25	2021.1.4—1.8	京师团队赴奥帆及海底，实地考察，做总规及专项提升规划提升。8 号下午 5A 工作小组做 5A 创建工作方案汇报。京师出具规划及创建咨询补充工作内容报价	
26	2021.2.20	集团董事长、5A 工作组向市长汇报集团 5A 创建情况	
27	2021.2.26	市文旅局与集团座谈 5A 创建事宜，包括责任分工、项目任务（旅游集团董事长、5A 工作组）	
28	2021.3.5	根据创建方案、任务书成立集团 5A 创建工作小组	
29	2021.3.11	集团进行第一次 5A 创建动员大会，京师文旅做培训	
30	2021.4.27	市政府办公厅副主任陶兴成主持召开青岛奥帆海洋文化旅游区创建国家 5A 级旅游景区专题会议（市各职能部门、集团副总经理、5A 工作小组参加）	
31	2021.6.1—6.2	京师文旅一行带队进行创建咨询指导，现场查看景区，做培训	
32	2021.6.11	省文旅厅资源开发处处长同市文旅局领导实地查看奥帆 5A 创建情况（5A 工作小组）	

（续表）

编号	日期	主要内容	备注
33	2021.7.5	市政府督查室收到市政府办公厅文秘处转来的《市旅游工作领导小组关于印发〈青岛奥帆海洋文化旅游区创建国家5A级旅游景区工作实施方案〉的请示》，领导批示同意	
34	2021.11.12	集团党委会通过可研报告	
35	2022.3	景区公司、物业公司、游艇俱乐部西安推介会，5A景区考察	
36	2022.5	发展改革委可研专家评估会（集团副总经理，5A工作小组，信息公司，设计院，工程咨询院）	
37	2022.7	可研报告获立项批复	
38	2022.1.11	确定青岛奥帆海洋文化旅游区的LOGO，并推进宣传及使用等相关工作	
39	2022.3	通过关于情人坝酒吧街、奥帆博物馆的升级方案	
40	2022.5	通过购置景区移动售卖车的方案	
41	2022.6	省文旅厅领导到青岛奥帆中心进行5A工作调研	
42	2022.8	通过了山东省文旅厅组织的国家5A级旅游景区服务与环境质量初评，正式进入5A标准化运营。	
43	2022.8	青岛奥帆海洋文化旅游区推出首个IP形象——奥帆帆	
44	2022.9	会议中心前下水坡道进行整修	
45	2022.11	景区完成充电桩、卫生间、智慧旅游、员工培训等	
46	2023.1	新集团党委会5A工作汇报	

（续表）

编号	日期	主要内容	备注
47	2023.1	青岛奥帆海洋文化旅游区统一发放工装	
48	2023.2—2023.4	京师文旅团队到景区指导各小组创建工作并进行培训	
49	2023.2	在火车北站、机场等交通枢纽设置奥帆海洋文化旅游区广告牌	
50	2023.3	对标国内优秀旅游演艺项目，拟打造一部大型沉浸式航海史诗音乐剧	
51	2023.4	5A 创建各小组组织人员赴微山湖景区考察，提升创建水平	
52	2023.4	组建青岛奥帆海洋文化旅游区调度（智慧）中心专班	
53	2023.6	确定青岛奥帆海洋文化旅游区（以下简称“旅游区”）联票定价原则和统一营业时间	
54	2023.7	青岛奥帆海洋文化旅游区首次推出旅游联票	
55	2023.10	对 5A 所有项目进行整体梳理倒排工期，明确完成情况	
56	2023.10	完成 5A 创建“八大本”汇编	
57	2023.12	通过海底世界地下过街通道项目方案，将于 2024 年初开工建设	
58	2024.1.25—2024.2.1	文旅部拟确定 21 家 5A 级景区	
59	2024.2.6	文旅部关于确定 21 家旅游景区为国家 5A 级旅游景区的公告发布	

附录 3

所获荣誉及相关新闻报道集锦

所获荣誉

2022 年 4 月 2 日，获评山东省文旅产业创新研究院评选的“山东省文旅十佳夜游街区”。

2022 年 11 月，获得由青岛市发展和改革委员会颁发的“青岛市现代服务业精品旅游集聚区”称号。

2022 年 12 月，获青岛市文化和旅游局颁发的“青岛市城市旅游服务中心”称号。

2022 年 12 月，入选青岛市文化和旅游局评选的“山东省第二批不可移动革命文物”。

2022 年 1 月，获评为青岛市青年摄影家协会评选的“共建美育基地”。

2022 年 1 月，获评为九三学社青岛市委员会评选的“同心九三行科普教育基地”。

2022 年 5 月，获评为青岛市市南区教体局评选的“市南区师德涵养基地”。

2023 年 4 月，获评为山东省青岛市第六十六中学评选的“新疆高中班志愿者社会实验基地”。

2023 年 9 月 18 日，获中质协质量保证中心颁发的《环境管理体系认证证书》。

2023 年 7 月 10 日，获中质协质量保证中心颁发的《能源管理体系认证证书》。

2023 年 4 月 24 日，获评为中国国际电子商务中心颁发的“企业信用评价 AAA 级企业”。

2023 年 8 月，获评为青岛市物业管理协会会员单位。

2022 年 7 月 7 日，获山东标准化协会颁发的《SDAS 证书》。

2023 年 9 月 18 日，获中质协质量保证中心颁发的《职业健康安全管理体系认证证书》。

2023 年 9 月 18 日，获中质协质量保证中心颁发的《质量管理体系认证证书》。

2023 年 3 月，获评“青岛市道路运输协会 2021—2022 年度优秀会员单位”。

2019 年 11 月，获评为国家体育总局体育文化发展中心评选的“2019 中国体育旅游十佳精品景区”。

2020 年 12 月，获中共山东省委、山东省人民政府、山东省军区颁发的“山东省爱国拥军模范单位”称号。

2020 年 11 月 27 日，获评为国家体育总局体育文化发展中心评选的“2021 中国体育旅游十佳精品景区”。

2021 年，获评为中国田径协会、青岛市人民政府、2021 青岛马拉松组委会颁发的“海尔·2021 青岛马拉松突出贡献奖”。

2021 年，获中国航海学会评选的“航海科普教育基地 2021—2025”。

2023 年 5 月，获评为中国中亚峰会评选的“首届中国——中亚峰会突出贡献单位”。

2023 年 8 月，获评为山东省妇女儿童发展基金会评选的“2022 年 99 公益日‘齐鲁润春蕾’联合募捐一先进集体”。

2023 年，获山东沿海城市旅游联盟颁发的“山东沿海城市旅游联盟”。

2024 年 2 月 6 日，国家文化和旅游部发布《关于确定 21 家旅游景区为国家 5A 级旅游景区的公告》，青岛奥帆海洋文化旅游区被正式确定为国家 5A 级旅游景区。

新闻报道

体现唯一性 彰显奥帆价值

——景区公司创建5A座谈会

北京京师文旅规划公司吴殿廷教授一行于2019年6月26日抵达青岛奥帆中心，开启第二次全面实地调研，27日上午在集团大楼会议室召开专题座谈会，景区公司领导班子全程陪同。

京师文旅团队此次视察，严格比对5A级景区的服务质量与环境质量评分细则、景观质量评分细则和游客意见评分细则三个部分，对青岛奥帆中心的交通、安全、游览、卫生、邮电、购物、综合管理以及资源和环境保护等多个方面提出了总体指导意见。

景区公司前期与京师文旅团队密切联系，在筹备阶段期内完成了旅游区总体规划和旅游区5A提升规划及相关材料准备的编制工作。接下来将逐层递审申请评定报告书，环环相扣，加速申报阶段的工作。

座谈会上，京师文旅表示，一是将严格按照5A级景区评定标准，解决奥帆中心旅游基础设施与服务系统完善问题；二是结合奥帆中心实际，坚持“少投入、慎建设、成效大”的原则来创建；三是重点解决景区现有发展问题，提升景区品质和形象；四是切实做到和谐共赢的局面，确保青旅集团效益的最大化。

座谈会上气氛热烈，讨论有成效。下一步将继续深化合作，完善奥帆中心五大设施、提升三大功能，为成功创建5A级景区而共同努力。

整合资源求发展 齐心协力创 5A
——青岛市文旅局领导莅临奥帆中心指导 5A 申报工作

为进一步做好奥帆中心 5A 级景区的申报工作，7 月 27 日下午，旅游集团邀请青岛市文旅局隋副局长和资源规划处章处长来到奥帆中心，实地勘察此次 5A 申报的旅游资源，并针对下一步申报工作做出指示。

市文旅局领导首先乘船对奥帆中心到海底世界的海上游览路线进行了勘察，随后集团董事长王红在会议中心召开 5A 申报工作专题会议。会上王红董事长就现阶段申报工作情况进行了介绍：一是拟对奥帆中心、海底世界、二浴和三浴四个景区进行捆绑申报，增加了旅游资源的多样性；二是将把新增加的几个景点纳入 5A 总规中，目前正在加紧制作新宣传片；三是希望得到市领导对 5A 申报工作的重视和支持，并邀请省内相关专家来奥帆中心进行指导工作。

市文旅局领导首先肯定了旅游集团在 5A 申报工作上的成绩，并提出要求：首先要提升自身的基础性工作，以今年奥帆中心的整合变化和提升，提高在 5A 审查工作中的说服力；其次要提升奥帆中心影响力，通过加大宣传和运作，让奥帆中心成为青岛甚至山东必游之地；之后要争取市委、市政府的支持，统筹海洋、交通、规划等多部门，联合协作，为 5A 申报工作铺平道路。

5A 创建进行时：旅游行业专家调研指导 5A 级景区创建工作

国家 5A 级景区创建工作是一直是景区公司主要工作内容，随着青岛奥帆海洋文化旅游区顺利通过国家文旅部景观质量专家评审，创建工作取得了阶段性的成果。景区公司积极筹备下一步工作，12 月 19 日至 20 日，北京师范大学地理科学学部教授宋金平、中国科学院现代化研究中心博士赵西君、北京京师文旅总经理田霖一行来青，就 5A 级景区的后续创建提升事宜，赴景区考察了解情况。

专家组先后对奥帆中心与海底世界两大区域进行了实地考察，着重对景区游客中心、旅游厕所、停车场、标识导览系统、产品业态、旅游服务等主要得分点细致查看，针对景区目前实际情况，结合标准要求，提出存在的问题，给出创建建议。

青岛奥帆海洋文化旅游区也将按照创建国家5A级旅游景区的要求，完善创建方案和工作任务书，扎实稳步推进创建工作，力争早日跻身国家5A级旅游景区行列。

市文旅局领导最后指出，奥帆中心作为青岛市“办好一次会，搞活一座城”的地标，5A申报工作理由充分、资源充足。今后，文旅局将和旅游集团共同发力，加快5A申报工作步伐，争取尽快为我们美丽的岛城再添一座国家级5A景区。

青岛奥帆海洋文化旅游区
5A创建培训项目全面启动

9月6日，青岛奥帆海洋文化旅游区5A创建培训项目对接会在集团802会议室召开，集团副总经理任现辉主持会议，京师文旅专家以及5A创建各单位、各小组负责人参会。

会上，京师文旅5A培训专家就培训背景、培训内容、培训筹备、培训实施、培训考核和培训管理等项目做了汇报交流。根据5A景区评分细则，与培训相关的占140分，包括机构与制度（15分）、规划（13分）、门票及价格（23分）、培训（21分）、游客投诉及处理（23分）、景区宣传（10分）、企业文化（20分）、社会效益（15分）。本次培训内容包含景区对客服务品质提升培训、景区综合知识培训、讲解员提升专题培训三大模块。5A培训将采用班级管理制度，把员工分成班级，固定班委进行管理。培训考核采用理论考试、实操考试、项目培训的形式，并将考核成绩计入个人培训档案，实行日培训、周考核、个人计分及班级计分制度，并将计分与奖罚相结合。景区在注重对硬环境的打造的同时，也要注重对软环境的提升，做到“软硬兼施”，通过培训来提高景区从业人员文明素养，提升旅游服务质量和游客满意度。

集团副总经理任现辉强调集团上下要高度重视 5A 创建全员培训工作，并对 5A 创建培训项目进行了工作部署。一是培训要全覆盖。各小组、各单位要组织全员参加培训，管理人员也要带头参加培训和考核。二是培训要严格要求。培训过程要严格管理，各单位要严格服从培训要求，严格执行请假制度，严格按照培训专家的要求做好班务管理。三是培训要严格考核。5A 培训要遵循有奖有罚的原则，5A 领导小组办公室要跟上督办督查，对复考仍不合格的和各单位抽检合格率达不到要求的，要根据《5A 创建工作考核管理办法》实施相应处罚措施。四是做好培训保障工作。集团人力资源部做好培训人员的调度筹备，全程保障六个培训工作小组开展培训工作；集团综合部梳理集团机关人员，成立党员、团员先锋队参与培训，为后续 5A 迎检支援提前做好准备。五是固化培训成果。各单位要立足于实战，高标准严要求，通过晨会、周例会、月度会等形式巩固提高培训效果，通过 5A 创建与培训，提升景区整体管理水平。

亮绩赛绩　争先创优

——5A 级景区创建实操培训实录

党的二十大盛会牵动人心，青岛旅游景区运营管理集团有限公司（以下简称“景区集团”）深入组织学习党的二十大报告，在 5A 创建工作中不断提出新的工作举措，强队伍、练尖兵。在集团公司对奥帆海洋文化旅游区 5A 创建工作要求引领下，景区集团矢志不渝、笃行不怠，聚焦一线面客人员培训工作，积极展现良好的精神风貌，奋力实现 5A 创建成功目标。

景区集团全体一线保洁、安保、职能人员、管理人员在保障日常工作正常开展的同时，积极参加学习，并利用会议时间集中对掌握情况进行磨课，以晨训、午训、夕会问答、随机对练等多种形式快速吸收学习内容。从见到游客的问候、工作中对游客问询的礼貌回应、清洁作业流程、执勤工作等方面，细致地进行复训学习，将教学内容合理应用、躬身实践。

时间紧、任务重，要把培训内容融会贯通需要强化练习，大家克服一切困难，撸起袖子加油干。保洁人员的年龄普遍偏大，面对系统的提升练习反而有些紧张，伴有乡音的普通话让很多人捏把汗。勤学、勤练在保洁队伍中已经形成风气，专项发音纠正、扎堆练习、分散练习、同事对练等办法还是很接地气的。普通话夹带着乡音，练着练着大家自己都笑了，之后继续勤学苦练。一位学习非常认真的阿姨爽朗地笑着说："这么大年纪还在认真学习，我感觉自己都能上大学了。"

安保队伍在日常强化行为礼仪的同时，明确防疫要求、门岗和巡逻问询等学习内容，对方位指引、失物登记、船票问询、景区环境、周边交通等应知应会内容进行实操练习，对"黄牛"拉客、钓鱼、操作无人机、外卖、自行车骑行、车辆密集指挥等现象逐一进行语言引导、规劝练习，为游客排忧解难，维护景区安全秩序。

实操培训是以工作场景进行的教学实践，理论、实践两手抓、齐步走，现场训练比学赶超、强化技能，各业务单位争先创优练尖兵，高质量促进一线面客团队发展，"亮绩""赛绩"开创新局。管理人员每天轮流到各个岗位检查，根据培训内容结合视频教学，做到全线人员参加学习、内容熟识、服务动作与语言同步，每个岗位循环检查并及时纠正错误，确保大家形成惯性记忆。通过加强规范服务，不断提高人员专业程度及服务质量，将学习资源充分利用。

景区集团将用党的二十大思想武装全体干部职工，牢牢把握团结奋斗的时代要求，在党的旗帜下团结成"一块坚硬的钢铁"；以此次培训为契机，结合作风能力提升年工作要求，从实际行动出发，融会贯通学习内容、勤而行之；将学习内容学以致用、快速提升；以"登顶精神"努力在 5A 创建工作中创造卓越成绩。

积极营造宣传氛围
助力青岛奥帆海洋文化旅游区 5A 创建

为加快青岛奥帆海洋文化旅游区（以下简称"旅游区"）创建国家 5A 级景区的步伐，青岛旅游集团通过各种渠道全方位营造浓厚的宣传氛围，进一步提高旅游区的知名度和影响力。

自启动创建国家 5A 级旅游景区工作以来，旅游区改造硬件、提升软件、优化服务、强化宣传，目前已顺利通过国家 5A 级旅游景区景观质量评审，被正式列入创建预备名单。在市委、市政府的大力支持下，旅游区开展了包括海陆游览路线通勤、海陆运力配备、码头建设、外部道路交通标识设置、旅游秩序整治、周边环境风貌提升、环境质量检测等 10 余项工作，并对照考核标准组织多轮明察暗访，对发现的问题及时落实整改，顺利通过了省文旅厅的初步验收工作。

今年是旅游区创建国家 5A 级景区的关键年，旅游集团上下一心，群策群力，全力打好 5A 创建"攻坚战"。近期，旅游集团加大宣传力度，在青岛胶东机场 1 号航站楼等游客聚集区新设置了景区导游服务台和多处宣传栏，积极为游客提供暖心服务，营造浓厚氛围。

下一步，旅游集团将深入学习贯彻党的二十大精神，巩固拓展"作风能力提升年"活动成效，以"严、真、细、实、快"的工作作风，强思想、优服务、抓落实，全力以赴冲刺 5A 创建工作，争取旅游区 5A 创建工作的圆满成功。

内容丰富的奥帆海上旅游

积极创建国家5A级景区
奥帆海洋文化旅游区实现全面新提升

青岛奥帆海洋文化旅游区于2022年8月通过了山东省文旅厅组织的国家5A级旅游景区服务与环境质量初评，现已正式进入5A标准化运营。通过国家5A级景区创建，青岛奥帆海洋文化旅游区实现了全面新提升。

一、景区旅游品质实现新提升

通过提升景区硬件设施和软实力，全面提高景区旅游标准化、智慧化、精细化水平，景区旅游品质全面提升。

二、智慧旅游发展实现新提升

通过建设“一票通”产品服务平台、游船游艇综合预订平台，建立景区“一站式”网上订票平台，实现船艇预约、船票预订、泊位管理和会员服务等海上旅游智慧化，打造5A智慧游艇港，旅游智慧化水平全面提升。

三、海洋旅游拓展实现新提升

通过海上串联，奥帆中心至海底世界航线自2023年春节运营以来已成为青岛海上旅游“明星航线”，目前已累计通行700多航次，载客65 000余人次，累计核销近11万人，销售额720万元以上，提升了青岛海洋旅游品质，打造了海洋旅游服务品牌。

四、城市旅游形象实现新提升

通过5A创建，青岛奥帆海洋文化旅游区形象持续提升，游客的体验感和满意度不断提高，旅游区以开放姿态为市民营造了更为称心、舒心的休闲环境，更好地满足了人们美好生活的需要，为青岛赢得了美誉度，更好地提升了青岛城市形象。

五、社会经济效益实现新提升

青岛奥帆海洋文化旅游区的创建，激发了城市活力，提振了旅游消费，进一步彰显了青岛城市文化魅力，推动了文旅融合发展，取得了较好的社会效益和经济效益。

随着国家5A级景区创建工作进程的推进，青岛奥帆海洋文化旅游区“旅游+文化”的景区典范作用将进一步凸显，城市旅游重要窗口的形象将进一步树立，必将助力青岛加快打造宜居、宜业、宜游的高品质湾区城市和国际滨海旅游目的地。

青岛旅游集团奥帆海洋文化旅游区正式被确定为国家 5A 级旅游景区

根据中华人民共和国国家标准《旅游景区质量等级的划分与评定》和《旅游景区质量等级管理办法》，青岛旅游集团的奥帆海洋文化旅游区被正式确定为国家 5A 级旅游景区。

文化和旅游部关于确定 21 家旅游景区为国家 5A 级旅游景区的公告

根据中华人民共和国国家标准《旅游景区质量等级的划分与评定》和《旅游景区质量等级管理办法》，经有关省（区、市）文化和旅游行政部门推荐，文化和旅游部按程序组织综合评定，以下 21 家旅游景区达到国家 5A 级旅游景区标准要求，正式确定为国家 5A 级旅游景区。名单如下：

1. 北京市北京（通州）大运河文化旅游景区
2. 河北省唐山市南湖·开滦旅游景区
3. 内蒙古自治区呼伦贝尔市呼伦贝尔大草原·莫尔格勒河景区
4. 辽宁省本溪市五女山景区
5. 吉林省松原市前郭查干湖景区
6. 上海市崇明区西沙明珠湖景区
7. 江苏省连云港市连岛景区
8. 浙江省丽水市云和梯田景区
9. 安徽省滁州市琅琊山景区
10. 福建省厦门市厦门园林植物园景区
11. 山东省青岛市奥帆海洋文化旅游区
12. 河南省周口市太昊伏羲陵文化旅游区
13. 湖北省荆门市明显陵文化旅游景区

奥帆中心下水坡道

14. 湖南省湘西土家族苗族自治州凤凰古城旅游区
15. 广西壮族自治区柳州市程阳八寨景区
16. 海南省三亚市天涯海角游览区
17. 重庆市涪陵区武陵山大裂谷景区
18. 四川省阿坝藏族羌族自治州四姑娘山景区
19. 云南省腾冲市和顺古镇景区
20. 陕西省延安市延川黄河乾坤湾景区
21. 宁夏回族自治区吴忠市青铜峡黄河大峡谷旅游区

特此公告。

文化和旅游部

2024年2月6日

青岛旅游集团推动岛城第二家国家 5A 级景区成功创建

2 月 6 日，文化和旅游部公布新一批国家 5A 级旅游景区名单，正式确定 21 家景区为国家 5A 级旅游景区。由青岛旅游集团作为建设管理方的青岛奥帆海洋文化旅游区成功创建国家 5A 级旅游景区。这是时隔 13 年后，青岛旅游景区发展的又一里程碑。

旅游业是具有显著时代特征的幸福产业，迈入“双 5A 时代”，青岛旅游业发展站上新起点。近年来，青岛旅游集团着力推动以国家 5A 级旅游景区创建引领发展、促进消费、带动就业，成效显著。2023 年，青岛旅游集团时隔三年扭亏为盈，全年营业收入同比增长 38.2%，利润总额同比增长 102.6%，经营现金流净额同比增长 282.7%，创集团成立以来新高。奥帆中心荣膺第三批国家级夜间文化和旅游消费集聚区，奥帆海洋文化旅游区“海上观青岛　海底看世界”产品获评全国旅游新业态创新发展典型案例。

青岛旅游集团党委书记、董事长汪舵表示，为满足市民游客高品质和多样化旅游需求，深度匹配城市发展战略，2024 年，青岛旅游集团将以青岛奥帆海洋文化旅游区成功创建国家 5A 级旅游景区为契机，深化旅游品质提升攻坚，做强“海上游青岛”品牌，全力打造奥帆海洋文化“特色品牌”、全国海洋旅游“青岛样板”、青岛海上旅游“数字航母”、旅游资源整合“创新路径”，不断增强发展内生动力，服务青岛，加快提升城市能级和核心竞争力。

一、全面提升改造，高标准完成创建

景区是现代旅游业的基础支撑，青岛旅游业的高质量发展，离不开高品质的旅游景区度假区。

青岛奥帆海洋文化旅游区由青岛奥帆中心景区和青岛海底世界景区通过海陆双航线联动衔接，两个国家 4A 级旅游景区创新性整合创建国家 5A 级旅游景区。旅游区拥有丰富的人文与自然资源基底，在国家 5A 级旅游景区创建过程中，逐步形成集帆船运动、海滨休闲、文化体验、海洋研学、会展旅游于一体的国际海洋文化旅游目的地。

为争创国家 5A 级旅游景区，青岛旅游集团实施了包括旅游交通、

奥帆中心情人坝和海上宴会厅

游览服务、综合服务、特色服务、信息化建设、旅游安全、资源和环境保护以及综合管理等在内的 44 个大项、118 个小项、216 个评分点的全面提升改造工作；克服不可抗因素影响，高质量完成旅游区 5 个停车场、11 个卫生间、2 个游客中心、5 个室内场馆、4 个室外区域、燕岛山公园、景区标识系统以及智慧化景区建设等提升改造工作，组织开展水电、防水、修缮、拆旧等基础施工三大类 20 余项百余处。

创建工作中，青岛旅游集团在多家单位的支持下，完成了包括海陆游览路线通勤、海陆运力配备、码头建设、外部道路交通标识、旅游秩序整治、周边环境风貌提升、环境质量检测等在内的10余项关键任务。通过置换、合作等多种方式，建设游客中心、服务处，完善交通标识牌、氛围营造灯杆道旗牌、广告牌，设置交通枢纽咨询引导台、开通交通专线等。

整个创建过程中，青岛旅游集团将创新驱动摆在首要位置。

打造旅游资源整合“创新路径”。2020年，青岛海底世界景区并入青岛旅游集团，青岛旅游集团将其与青岛奥帆中心景区强强联合，以“青岛奥帆海洋文化旅游区”的名义正式创建。在这其中，打通青岛奥帆中心景区与青岛海底世界景区海上通航线路是国家5A级旅游景区创建的重要一步。青岛旅游集团成立专班及攻坚小组，抓住关键，突破痛点，推动海上航线打造任务，创新打造高品质海上交通、旅游观光航线，丰富青岛海洋旅游休闲体验产品。

以智慧旅游实现一体化管理。青岛旅游集团致力于以更完善的智慧旅游系统，打造集海洋文化休闲观光与体验于一体的国家5A级旅游景区。在“智慧旅游”信息平台建设中，智能化硬件部分建设主要包括燕岛山、青岛奥帆中心景区、客服中心、停车场、青岛海底世界景区等地的信息化建设；智能化软件部分建设主要包括综合管理平台、网站、公众号小程序、导游导览系统、广播系统、数据可视化分析系统、安防管理系统等。“智慧大脑”的运行，可对旅游区内各种应急情况第一时间响应。

大力拓展新型旅游服务。为给海内外游客提供高质量、高品质的海洋文化景观体验，青岛旅游集团尤其注重发展沉浸式互动体验、虚拟展示、智慧导览等新型旅游服务。持续推出多元空间文化节、潮玩集市等一批沉浸式消费新场景，打造火爆“奥帆LIFE移动购物车街区”，引入千机秀飞行表演。全面开放奥帆中心海上新体验，开展帆船、帆板、海岸赛艇、龙骨帆船、摩托艇、水上飞人、尾波冲浪等水上运动项目。

与此同时，青岛旅游集团统筹做好安全保障、服务提升、智慧化建设、环境提升、宣传文化等200余项工作任务。启动奥帆海洋文化旅游区全员培训工作，着重加强包括讲解员等在内的400余人的服务团队建设和培训，让游客走进旅游区就可享受人性化、精细化的管理服务。

二、深耕海洋旅游，打造全国样板

作为承担市旅游品质提升三年攻坚行动中海上旅游重点任务的唯一

市属国有企业，青岛旅游集团抢抓文旅行业全面复苏机遇，着力以国家5A级旅游景区创建推动海洋旅游高质量发展。2023年，青岛旅游集团海上旅游营业收入超过1亿元，全年接待乘客超百万人次，超过2020年至2022年营收总和，较2019年增长490%，较2022年增长714%，海上旅游份额列山东省第一位，各项指标均创历史最好水平。

2022年春节，青岛旅游集团创新打造的景区海上新航线一经推出，便成为市民游客喜爱的“明星航线”。在此基础上，青岛旅游集团特色化海洋旅游产品加速上新。青岛旅游集团全面落实市旅游品质提升三年攻坚行动，抢抓市场机遇，精心打造10余条“海上观青岛”系列航线。截至目前，已开通帆都海之旅、环游浮山湾、夜游浮山湾、魅力三湾、夜游三湾、奥帆中心往返海底世界、奥帆中心往返崂山、奥帆中心往返青岛轮渡8条常规航线，成功串联市南、市北、崂山等区多个沿海景点，以海上游青岛的独特视角展示城市风貌。

在常规航线的基础上，青岛旅游集团结合市场需求，深度挖掘产品价值点，打造一系列“游船＋”特色航线产品。2023年12月22日，来自北京的游客李女士成为“海上观青岛”游船2023年第100万名游客，这也标志着全市海洋旅游的新突破。当天，李女士选择了追鸥逐浪这条航线。“一直想来青岛看看海，第一次这么近距离看海鸥，还能在船上投喂海鸥，很开心也很惊喜！”李女士说。

此外，青岛旅游集团还推出了“环游浮山湾橘子海专线”，游客在乘船观世界最美海湾——浮山湾的同时，从海上观赏落日余晖下的橘子海；推出“奥帆往返青岛轮渡追忆专线”，打造承载青岛轮渡记忆的照片展览，老轮渡“蓝海明珠”游船变身记忆时光穿梭机，带游客开启一场怀旧追忆之旅。

作为码头整合主力军，青岛旅游集团直面旅游攻坚“卡脖子”难题，全力配合开展二中湾区域“三无”船舶专项整治，以海上旅游格局突破打开海洋旅游高质量发展新空间。

首个青岛海上联合运营体的成立是其中一大突破。按照“港、航、票”分离模式，经过100余轮艰苦谈判，青岛旅游集团牵头组织9家涉海民营企业成立首个青岛海上联合运营体，就实现“五统一”联合运营模式以及开通高品质“青岛海上巴士”航线达成一致，研究并制定了 19 项运营管理制度，并于 2023 年旺季启动“海上的士”小艇联合试运营。

与此同时，青岛旅游集团全力推进游船、码头、票务等生产要素数字化，搭建 5G 智慧游艇港、海上旅游票务、码头智慧管理等管理系统，创新推出海上智慧旅游新模式。创新推出船艇预订“海了”APP，通过智慧化预订平台，实现共享游艇等海上旅游项目智慧化运营，为营造良好的海上运营秩序找到新路径。

在即将到来的春节假期，“海上巴士”1 号线将扬帆起航，部分投入运营。下一步，青岛旅游集团将加速推进海上旅游联合运营，陆续开通并运营海上巴士 1 号、2 号、3 号线等线路，建设“一程多站、串珠成线、流水发船、海陆直连”海上旅游交通大循环体系，力争实现北方海上旅游第一，打造全国海洋旅游“青岛样板”。

三、文旅深度融合，引领跨越发展

行业权威机构迈点研究院的最新数据显示，青岛旅游集团在 2023 年中国文旅集团品牌传播力 100 强榜单中排名第 33 位，同比上升 18 位。2023 年，青岛旅游集团高标准完成 2023 山东省旅发大会、第四届跨国公司领导人青岛峰会、2023 全国帆船冠军赛等各类会议、赛事活动服务保障工作。面对新的文旅机遇，青岛旅游集团更是抢先布局。

围绕打造奥帆海洋文化“特色品牌”，青岛旅游集团将借力奥帆海洋文化旅游区标准化运营发挥品牌效能，于 2024 年春节期间推出全国首部大型沉浸式航海史诗音乐剧《寻梦沧海》，在演艺项目顺利完成首演的基础上，打造能够代表青岛城市形象的常态化演出项目，补足青岛文化旅游演出市场短板。

围绕打造青岛海上旅游“数字航母”，青岛旅游集团将加快打造以数字交易系统为支撑，以码头智慧管理系统、智慧游艇港系统为中枢，以游船游艇预订、泊位预订、海上旅游票务系统为纽带的青岛海洋旅游大数据平台，实现船艇预约、泊位管理、船票预订、综合调度等海上旅游智慧化管理，让国内外游客享受海上旅游便捷高效的精准服务。

围绕打造重点项目建设“标志工程”，青岛旅游集团将推进莱阳路地下通道改造项目和干船坞休闲体育运动项目，打造国内沿海网红体育场馆，完成海上休闲体育运动平台改造项目。

功以才成，业由才广。人才是引领产业发展的有力引擎。近期，青岛旅游集团还开展了2024年度公开招聘，面向社会公开选聘专业化人才，广聚人才之力，筑牢产业发展根基，充分释放“一业兴、百业旺”的乘数效应，邀请更多“合伙人”携手共创青岛旅游美好未来。

2023年年底，省文化和旅游厅等10部门印发了《推进海洋旅游高质量发展的实施方案（2024—2026年）》和《推进休闲度假旅游高质量发展的实施方案（2024—2026年）》，加快推动全省海洋旅游、休闲度假旅游高质量发展。随着奥帆海洋文化旅游区成功创建国家5A级旅游景区，作为竞争力强、产业链完整的大型国有综合性旅游集团，青岛旅游集团将秉持“传播蓝色海洋城市文化，传承重大活动中国精神”理念，紧密围绕“山、海、湾、城”等资源特色，以旅游资源整合和海洋旅游高质量发展为主线，以资本运营和数字科技为发展赋能，全力推进“旅游资源整合、旅游资产经营、旅游资本运作、旅游综合服务”四大平台建设，为建设新时代社会主义现代化国际大都市贡献青旅力量。

继“冬游青岛·你好，2024”奥帆时尚跨年活动点亮青岛夜间文旅新精彩后，即将到来的春节假期，让我们相约青岛奥帆海洋文化旅游区，共度龙腾盛世中国年，感受青岛旅游业高质量发展新成果。

青岛湾、栈桥、小青岛隔海相望

附录 4

《青岛奥帆海洋文化旅游区总体规划》及评审意见

青岛奥帆海洋文化旅游区总体规划

过去，青岛奥帆海洋文化旅游区建立了中国第一座水族馆（1932 年），成为中国水族馆事业的发源地。

现在，青岛奥帆海洋文化旅游区承办 2008 年奥运会帆船赛，召开 2018 年上海合作组织青岛峰会，举行 2019 年庆祝中国人民解放军海军成立 70 周年多国海军活动，成为时尚体育的引领地和青岛面向世界的窗口。

未来，青岛奥帆海洋文化旅游区该如何发展，才能做强海洋科普品牌，成为海洋文化输出窗口？才能延续奥运会的荣耀，持续获得世界性的瞩目？才能展现青岛城市的精彩，成为国际交流的平台？

思路框架

聚焦两大使命：世界帆船运动旅游典范、中国海洋文化旅游名片。

立足三大条件：战略机遇、开发优势、问题挑战。

围绕一大目标：国家 5A 级景区。

明确一个定位：以帆船运动和海洋科普为支撑的世界知名海洋文化旅游目的地。

谋划三大路径：创新旅游产品、丰富旅游业态、升级服务品质。

落实四大保障：旅游服务、市场营销、生态保护、运营管理。

判时局以看千里

一、国家层面

（一）地位

中国为第一大国内旅游国、第三大入境旅游接待国和出境旅游消费国。

（二）战略

中国海洋强国战略、“中国优质旅游”品牌战略、国家“一带一路”倡议、文旅体融合发展战略、健康中国战略。

（三）趋势

旅游业已成为国民经济战略性支柱产业。随着“加快建设旅游强国”目标的提出，以及“一带一路”倡议的提出，中国旅游业在国际舞台上的影响力和话语权不断增强，频频举办世界旅游领域的顶级盛会，旅游成为我国外交战略和参与全球经济治理的新型载体。

（四）需求

旅游业是中国对话世界海洋旅游的重要平台，展示中国强国形象的绝佳舞台，提振中国旅游经济的重要引擎之一。

二、山东省层面

山东省积极打造新时代海洋强省，深化文旅融合，发展海滨旅游，为奥帆海洋文化旅游区打造以“海洋文化”为主题的高品质旅游景区提供政策支持及导向。

（1）经略海洋，打造新时代海洋强省。

（2）深化文旅融合，推动文旅产业高质量发展。

（3）山东半岛蓝色经济区建设进入实施阶段。

（4）山东省致力于打造世界著名海滨旅游目的地。

三、青岛市层面

（1）国家中心城市——青岛的愿景，国家的期待。

（2）城市交通——国际级交通枢纽。

（3）城市发展——青岛国际大都市建设。

（4）城市旅游——国际化旅游目的地。

奥帆海洋文化旅游区之于青岛，承载以下四大功能。

（1）城市名片——彰显城市形象。

（2）文体休闲中心——构筑精神堡垒。

（3）城市会客厅——促进国际交流。

（4）旅游引擎——带动经济发展。

四、景区层面

青岛奥帆海洋文化旅游区肩负使命。

（1）世界帆船文化交流中心，承担中国外交的重要使命。

（2）中国海洋文化的传承者，海洋强国战略的重要载体。

（3）山东文旅融合重要抓手，海洋强省建设的重要载体。

（4）青岛国际海洋名城建设抓手，“帆船之都”引领者。

识景区以观前程

一、规划范围

青岛奥帆海洋文化旅游区共 5.25 平方千米。奥帆中心区域占地面积 5.21 平方千米，东至增城路、燕儿岛山东侧，北侧局部至澳门路，以百丽广场为界，西、南两侧环海；海底世界区域占地面积 0.04 平方千米，东至鱼山路、北至金口一路、西至鱼山支路、南侧临海。

二、区位认知

（一）地理区位

青岛：青岛奥帆海洋文化旅游区紧邻黄海，位于浮山湾与汇泉湾畔。

山东：在《山东省沿海城镇带规划（2018—2035 年）》构筑的“一主（青岛）两副，三湾三区”空间格局中处于主中心；在“山东胶东半岛蓝色经济区”中处于区域增长极的龙头城市。

国内：位于泛黄海经济圈内，北承京津冀经济圈，南接长三角经济区，西邻中原经济区。

国际：处于“一带一路”节点位置，位于中日韩自贸区内，与日、韩隔海相望。

（二）交通区位

青岛奥帆海洋文化旅游区位于青岛市市南区，拥有“水陆空”立体交通格局。面向国内市场有青岛站、青岛北站、青岛流亭国际机场，稍远有青岛西站、青岛胶东国际机场。面向国际市场则有两个国际机场、多个海港港口。旅游区交通区位优势明显，交通方式组合度高，可进入性强。

（三）旅游区位

“仙境海岸”的重要支撑节点，山东面向国际旅游市场的璀璨明珠。

三、资源梳理

（一）旅游资源调查

根据《旅游资源分类、调查与评价》（GB/T 18972—2017）标准，对青岛奥帆海洋文化旅游区内旅游资源单体进行分类统计。青岛奥帆海洋文化旅游区旅游资源单体共计 123 个，其中含 8 大主类、15 种亚类、41 个基本类型，旅游资源类型较为多样，门类比较齐全。

（二）核心资源梳理

世界级的品牌资源：国际体育赛事——奥运会，国际首脑会议——上合峰会，在青岛奥帆中心举行的两次海上阅兵。

丰富的海洋科普资源：海底世界是全国的科普教育基地，有多个主题展馆，普及海洋生态文化，有海底隧道、圆柱展缸、梦幻电梯等特色体验。

优越的海滨资源：滨海美景、云帆沧海、燕儿岛山。

（三）多元的文化底蕴

几千年海洋文明的历史积淀，成就了青岛深厚的海洋文化底蕴，青岛拥有全国首家专业性海洋生物展馆。

“帆船之都”青岛——中国帆船运动发源地和国际帆船赛事举办地，拥有世界领先的帆船比赛场馆，可举办世界知名的帆船赛事。

独特的历史文化底蕴——青岛市历史文化街区、中国水族馆事业的发源地。

旅游区是青岛现代活力、现代魅力、现代时尚的集中体现，有国际时尚文化、城市休闲文化。

四、市场态势

（一）偏爱湖光山色、海滨岛屿

游客多是家人、好友同行，偏爱湖光山色和海滨岛屿为主的自然景观。

（二）高频次是常态

游客游览景区频次有所增加，旅游成为生活的一部分，法定节假日仍是游客集中出游时间。

（三）主题景区热度上升

游客出行注重风景特色，主题类景区热度上升。

（四）在线旅游比例大

在线旅游网站是游客获取旅游景区信息的主要渠道，游客多选择火车、自驾出行。

（五）餐饮、购物比例高

95.1% 的游客有过额外消费，餐饮和购物类成为景区额外消费的主要项目。

（六）个性 IP 是亮点

IP 元素赋予景区新亮点，VR 投入将引领景区新时尚，智慧景区建设成为新风口，价格战将逐渐消失，旅游景区信息化趋势明显。

（七）研学旅游需求旺盛

国家教育投入增长有利于研学旅行市场发展，研学旅游产品发展重点为工业科技研学游、农业研学游、文化研学游、拓展研学游等。

（八）体育旅游成蓝海市场

我国体育旅游市场规模不断攀升，国民健康意识提升，体育旅游将迎风口，以帆船运动为核心，兼顾多元海上运动产品的奥帆海洋文化旅游区将成为国内外体育旅游的重要目的地。

析景区破题发展

一、场地现状

（一）内部交通

环线直通车与海上航线的开通，有效增强了两大区域的内部交通联动性。

（二）用地现状

（三）公共服务设施

二、发展现状（附图 4-1、附图 4-2）

（一）开发现状

（二）景点现状

（三）旅游要素

旅游服务要素已具备一定规模，但特色不明显，应在凸显海洋文化主题的基础上，提升旅游要素的供给品质和丰度。

（四）游客规模

青岛奥帆海洋文化旅游区 2017 年接待游客 423 万人次，其中奥帆中心区域 216 万人次，海底世界区域 207 万人次。2018 年接待游客 689.15 万人次，其中奥帆中心区域 495.15 万人次，海底世界区域 194 万人次。2019 年接待游客 781 万人次，其中奥帆中心区域 610 万人次，海底世界区域 171 万人次，入境游客数 12 万人次，营业收入 54 789.43 万元。

理思路以谋大局

一、总体定位

依托奥帆中心和海底世界资源优势，以创建国家 5A 级景区为契机，进一步提升景区的基础服务设施、培育多元旅游产品，以帆船运动为引领、以海洋研学为带动，将景区打造为集帆船运动、海洋旅游、滨海休闲、文化体验、会议会展、科普研学六大功能为一体，具有时尚气质和国际风范的海洋文化旅游目的地。

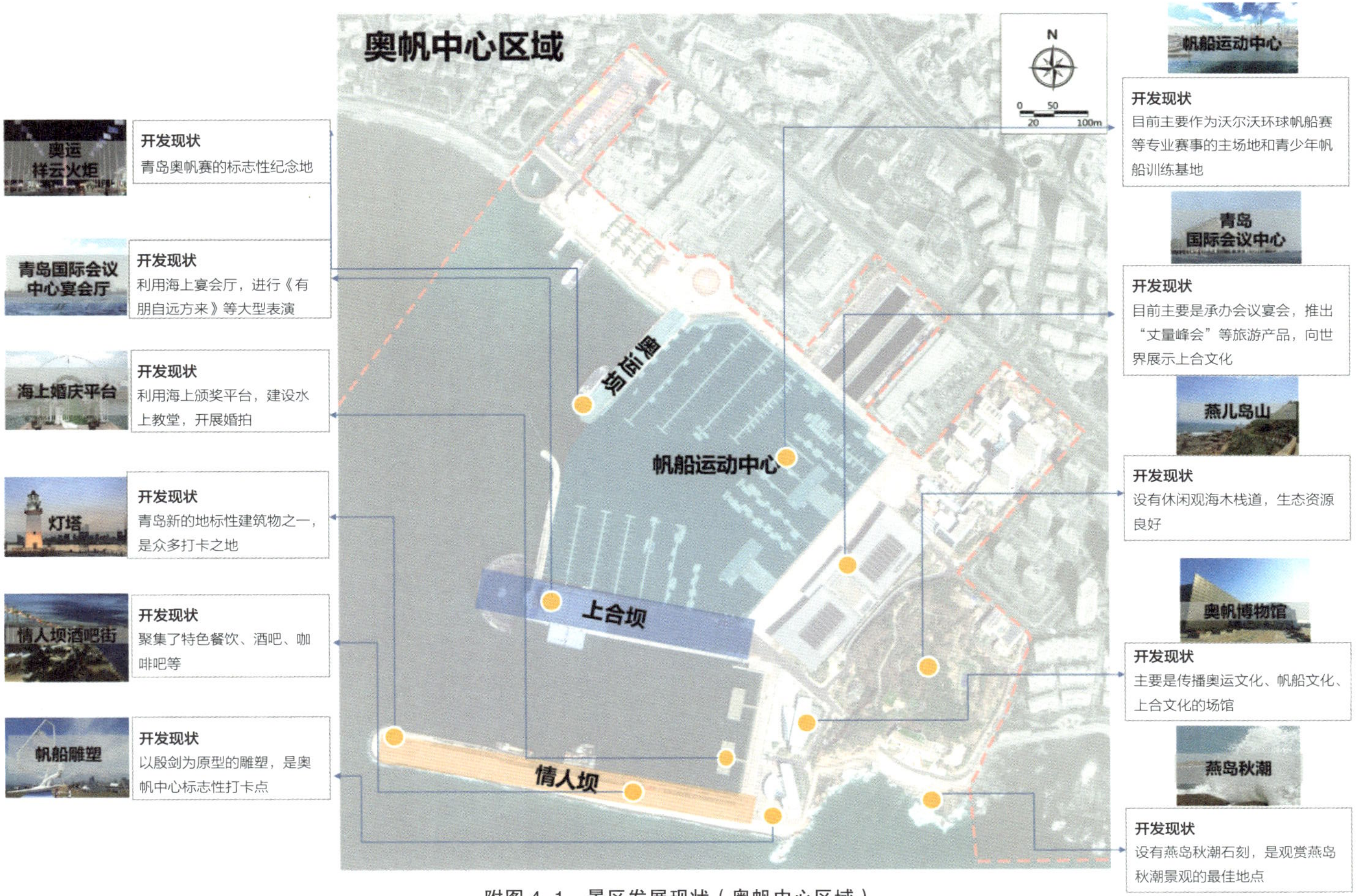

附图 4-1 景区发展现状（奥帆中心区域）

附图 4-2　景区发展现状（海底世界区域）

（一）目标定位

1. 青岛城市海滨精品旅游景区
2. 山东省休闲旅游新地标
3. 国家 5A 级旅游景区
4. 国家文旅体融合发展标杆
5. 国际帆船运动海洋文化旅游目的地

（二）形象定位

魅力青岛，时尚奥帆。

（三）备选形象口号

帆动中国，激情奥帆。来青岛，帆动海洋。

二、市场定位

（一）国内客源市场

核心市场——山东省、东北三省、京津冀为主。

重点市场——长三角、珠三角、华中地区等。

扩展市场——在现有市场基础上拓展至国内其他客源市场。

（二）国际客源市场

核心市场——以日韩市场为主。

重点市场——以我国港澳台地区以及东南亚、欧美市场为主。

潜力市场——其他入境潜力市场。

三、发展策略

贯彻开放、共享、创新、绿色、融合五大理念，立足国家 5A 级旅游景区创建，实施三大战略。

一是强引力，提升资源品质。

二是扩张力，联动海陆空。

三是增活力，共拓多元业态。

四、空间布局

空间布局原则：资源条件 + 道路交通 + 市场需求。

（一）奥帆中心区域：一心三轴四组团

一心：游客服务中心。

三轴：奥运坝、上合坝、情人坝。

四组团：入口综合服务组团、海上运动游乐组团、奥帆文化体验组团、燕儿岛休闲度假组团。

（二）海底世界区域：一带七节点

一带：滨海风情带。

七节点：

梦幻水母展示节点——梦幻水母宫。

活力海兽互动节点——海豹馆。

神秘海底游览节点——海底世界展区。

探秘海洋研学节点——海洋生物馆。

海洋巨子科普节点——鲸馆。

海洋科技体验节点——海洋科技馆。

淡水珍奇观赏节点——淡水生物馆。

定产品以绘蓝图

一、分区项目策划

奥帆中心区域、海底世界区域。

二、旅游产品规划

（一）一大体系构建

奥帆立体游憩体验。

（二）两张王牌引爆

海洋旅游产品，体育运动产品。

（三）三大特色培育

研学教育产品，文化体验产品，会议会展产品。

（四）两大基础支撑

休闲度假产品，婚庆文旅产品。

（五）两大维度拓展

全季产品，全时产品。

三、特色游线设计

1. 海陆畅爽游线——海陆畅游最好玩

2. 研学教育游线——主题研学是关键

3. 海上狂欢游线——海上活动是重点

4. 拍照打卡游线——美景打卡拍不停

5. 乐玩畅享游线——休闲体验全方位

6. 海洋生态游线——海洋生物大观园

抓建设以保实施

一、基础服务设施规划

1. 游客中心

2. 道路交通及服务中心

3. 停车场

4. 标识系统

5. 垃圾桶——奥帆中心区域

6. 厕所

7. 游客公共休息设施和观景设施

8. 智慧旅游

二、产业要素规划

1. 餐饮

2. 住宿

3. 购物

4. 娱乐

三、资源与环境保护规划

1. 规划思路

2. 保生态

3. 护人文

4. 控容量

四、市场营销规划

1. 营销口号

2. 营销措施

3. 营销渠道

4. 创新媒体推广

五、运营管理

1. 分期建设

2. 管理模式

3. 运营模式

六、投资估算

评审意见

2020 年 1 月 18 日，《青岛奥帆海洋文化旅游区旅游总体规划》（以下简称“《规划》”）评审会在青岛召开。本次会议由青岛旅游集团组织，邀请来自文化和旅游部、山东省文旅厅、青岛市文旅局、中国科学院地理科学与资源研究所、青岛旅游集团、青岛旅游集团景区运营公司的专家及相关部门参加了会议。各位专家认真听取了规划设计编制单位的规划汇报，审阅了规划设计资料，形成以下评审意见。

1.《规划》基础工作扎实、内容完善、结构合理，符合《旅游规划通则》吸相关规范性文件的要求。

2.《规划》定位准确、布局合理、项目策划重点突出，与青岛市城市旅游发展相吻合，体现了奥帆中心的文化特色，凸显了帆船运动、体育休闲、研学教育业态，对景区发展有较强的指导性。

3.《规划》具有较强的前瞻性、科学性和实际操作性，为创建国家 5A 级旅游景区奠定了基础、提供了技术支撑。

评审专家经过认真讨论，一致同意本《规划》通过评审。建议按照专家的意见和建议（详见评审会纪要）修改完善后组织实施。

附录 5

《青岛奥帆海洋文化旅游区创建 5A 级旅游景区专项提升规划》及评审意见

青岛奥帆海洋文化旅游区创建 5A 级旅游景区专项提升规划

一、概念解读

A 级旅游景区评定是当今国内衡量各景区软硬件发展水平的权威标准，是旅游景区综合实力的品牌性标志。5A 级为中国旅游景区最高等级，代表着中国世界级精品的旅游风景区等级。

5A 创建工作，目的就是促使各地方政府加大对核心景区的投资力度，以改善硬件设施，强化管理来提升软性水平。

以 5A 级旅游景区为代表的旅游景区品牌，逐渐成为行业的风向标、产业的引领器，广受政府、企业和市场的追捧。

二、评定依据

（一）主要规范一：《旅游景区质量等级的划分与评定》

中华人民共和国国家质量监督检验检疫总局于 2004 年 10 月 28 日发布，2005 年 1 月 1 日执行。《旅游景区质量等级的划分与评定》国家标准（GB / T 17775—2003）包括《旅游景区服务质量与环境质量评分细则》（2007 年 7 月修订）以及《旅游景区景观质量评分细则》《游客意见评分细则》三大细则；强化以人为本的服务宗旨，增加细节性、文化性和特色性要求；细化了关于资源吸引力和市场影响力方面的划分条件。

（二）主要规范二：《旅游景区质量等级管理办法》

该办法用于规范旅游景区质量等级评定程序，监督等级评定工作按照“创建、申请、评定、公告”的程序进行。

该办法是 2005 年《旅游景区质量等级评定管理办法》（国家旅游局第 23 号令）的修订版本。

最大的改动是 5A 景区的参评条件之一，从满 1 年的 4A 景区变更为满 3 年的 4A 景区，对 A 级景区评定的流程更加明确与严格。

三、评定条件

文博院馆等类景区不少于 1 平方千米，其他申报景区面积一般不少于 3 平方千米。

被公告为 4A 三年以上的旅游景区可申报 5A 级旅游景区。

常年开放运营并具有稳定的年游客接待量，5A 级景区不少于 100 万人次。

景区名称应简洁鲜明，体现行政区位、内容内涵，一般冠以“景区”或“旅游区”。

1A 卫生、2A 方便、3A 舒适、4A 完善、5A 文化。

奥帆中心水上运动

四、评定标准（附表 5-1）

附表 5-1 《旅游景区质量等级的划分与评定》标准

<table>
<tr><th colspan="2" rowspan="2">评分细则</th><th colspan="6">分值</th><th rowspan="2">评定项目</th></tr>
<tr><th>满分</th><th>5A级</th><th>4A级</th><th>3A级</th><th>2A级</th><th>1A级</th></tr>
<tr><td>细则一</td><td>景观质量</td><td>1000</td><td>950</td><td>850</td><td>750</td><td>600</td><td>500</td><td>旅游交通、游览服务、综合服务、特色文化、信息化、旅游安全、资源和环境保护、综合管理</td></tr>
<tr><td>细则二</td><td>旅游设施与服务质量评分细则</td><td>100</td><td>90</td><td>80</td><td>70</td><td>60</td><td>50</td><td>资源吸引力和市场影响力</td></tr>
<tr><td>细则三</td><td>游客意见</td><td>100</td><td>90</td><td>80</td><td>70</td><td>60</td><td>50</td><td>游客抽样满意度调查</td></tr>
<tr><td rowspan="2">游客量 / 万人次</td><td colspan="2">国内外旅游者</td><td>100</td><td>40</td><td>20</td><td>10</td><td>5</td><td></td></tr>
<tr><td colspan="2">境外旅游者</td><td>—</td><td>—</td><td>—</td><td>—</td><td>—</td><td></td></tr>
</table>

五、创建流程

（一）第一阶段：准备阶段

主要工作：成立创建 5A 级景区工作组织机构。针对景区实际情况，研究并制订创建工作方案，制定任务分解表，明确任务和责任单位、责任人以及完成时间。

（二）第二阶段：建设阶段

主要工作：根据任务分解表，结合景区实际，对照《A 级景区质量等级的划分与评定》，逐条认真落实，完成景区重点工程建设，完善景区各项综合管理。

（三）第三阶段：接受市局初评阶段

主要工作：接受青岛市旅游景区质量等级评定委员会对景区进行初检，由市文旅局根据评定细则，对景区进行评分，对存在的问题要求景区进行限期整改。

（四）第四阶段：接受省局检查阶段

主要工作：省局按照国家文旅部的政策和要求，对资源景观质量进行评价；若景观质量通过，则按照细则一，对环境服务质量进行打分，对存在的问题要求景区进行限期整改。

（五）第五阶段：省局上报国家文旅部阶段

主要工作：在拟申请 5A 的景区中排名要靠前，获取上报国家文旅部的资格；按要求填报《旅游景区质量等级申请评定报告书》、宣传片、细则一与细则二自评报告、景观质量汇报 PPT、景区总图等相关材料。

（六）第六阶段：迎国家文旅部阶段

主要工作：各相关单位齐心协力，精心准备，密切合作。积极准备资源景观质量评审会（细则二）；评审会通过后，针对国家文旅部派出的专家对景区环境服务质量的明察暗访进行准备（细则一）。

六、申报流程

（一）创建

发往：所属地文化和旅游局。

材料：工作方案及行动计划目标、创建措施、任务分解、完成时限、负责人等。

（二）申报

发往：所属地文化和旅游局。

材料：申报表《旅游景区质量等级申请评定报告书》及自检打分表；影像资料；申请汇报按细则一、细则二评分项分解，以实景图文反映景观与设施。

（三）评定

所属地文化和旅游局逐级上报创建与申报材料至相应级别旅游景区质量等级评定委员会，进行等级评定。

（四）公告

对外公告，颁发证书和标牌。

创建基础篇

一、区位概况

青岛奥帆海洋文化旅游区紧邻黄海，位于汇泉湾与浮山湾畔，包括奥帆中心区域和海底世界区域，拥有丰富的人文与自然资源基础，是集帆船运动、海滨休闲、文化体验、海洋研学、会展旅游为一体的国际海洋文化旅游目的地，以及游客来青必打卡景点。

面向国内市场，近有青岛站、青岛北站，稍远有青岛西站、青岛胶东国际机场。

面向国际市场则有两个国际机场、多个海港港口。

二、创建范围

景区面积 5.25 平方千米，属于青岛旅游集团，其中奥帆中心区域总面积 5.21 平方千米，东至增城路、燕儿岛山东侧，北侧局部至澳门路，以百丽广场为界，西、南两侧环海；海底世界区域，东至鱼山路，北至金口一路，西至鱼山支路，南侧临海，总面积 0.04 平方千米。两大区域陆上相距 6 千米，海上相距 7 千米，二者之间有车船等旅游交通工具联通。

三、现状评价

世界级的品牌资源：国际体育赛事——奥运会；国际首脑会议——上合峰会；在青岛奥帆中心举行了两次海上阅兵；世界领先的帆船比赛场馆。

海底世界：极具价值的海洋生态科研展示地，全国首家专业性海洋生物展馆。

依山望水的滨海美景：世界最美五大海湾之一——青岛湾。

四、创建思路

一是严格按照国家 5A 级景区评定标准（新标准），高标准解决奥帆海洋文化旅游区旅游基础设施与服务系统完善问题。

二是结合奥帆海洋文化旅游区实际，坚持“少投入、慎建设、成效大”的原则创建国家5A级旅游景区。

三是解决旅游区现有发展问题，提升景区品质和品牌形象。

四是切实做到青岛市与青岛旅游集团和谐共赢，确保青岛旅游集团的长远利益。

五、创建目标

国家5A级旅游景区。

创建方案篇

旅游设施与服务质量评分细则如下（附表5–2）。

附表5–2　旅游设施与服务质量评分细则（八大项）

序号	评定项目	标准分值	提升前	提升后	增分
1	旅游交通	110	86	109	23
2	游览服务	310	205	308	103
3	综合服务	70	52	70	18
4	特色文化	60	52	60	8
5	信息化	85	39	85	46
6	旅游安全	100	65	100	35
7	资源和环境保护	125	101	121	20
8	综合管理	140	101	140	39
总计			701	993	292

景区旅游交通部分总体模拟评分如下（附表 5-3）。

附表 5-3　旅游交通部分总体模拟评分

序号	评定项目	标准分值	现状得分	失分原因	增分	提升得分
1	旅游交通	110	86		23	109
1.1	外部交通与景区距离	10	9	景区距青岛胶东国际机场 60 千米以内		9
1.2	依托城镇与景区距离	10	10			10
1.3	抵达景区的公共交通	10	9	有待完善直达景区的旅游专线	1	10
1.4	通景交通的发达程度	25	25			25
1.5	外部交通标识	18	9	外部交通标识不完善，通往景区的标志标识较少，不规范	9	18
1.6	景区停车场	37	24	管理细节对照评分细则不完善，文化特色不足，与周边景观环境协调性需要加强	13	37

景区交通指示牌（附图 5-1）及停车场设计示意图（附图 5-2）如下。

① 外围指示

② 5 km、10 km 方向距离指示

③ 距景区 5 km 范围内方向指示

④ 1 km 范围内方向指示

附图 5-1　交通指示牌

附图 5-2　停车场设计示意图

景区游览服务部分总体模拟评分如下（附图 5-4）。

附表 5-4　游览服务部分总体模拟评分

序号	评定项目	标准分值	现状得分	失分原因	增分	提升得分
1	游览服务	310	205		103	308
1.1	游览设施	55	44	人性化游览设施设置不完善	11	55
1.2	游客中心	55	33	功能布局不完善	22	55
1.3	导游服务	35	17	导游服务尚未形成体系	18	35
1.4	标识系统	55	36	布局不完善，视觉效果不统一，维护不佳	19	55
1.5	环境卫生	50	40	有卫生死角需要清理维护	10	50
1.6	厕所	60	35	厕所尚未完成评级	23	58

景区游览服务部分图片如下（附图 5-3 至附图 5-9）。

附图 5-3　景区游览设施

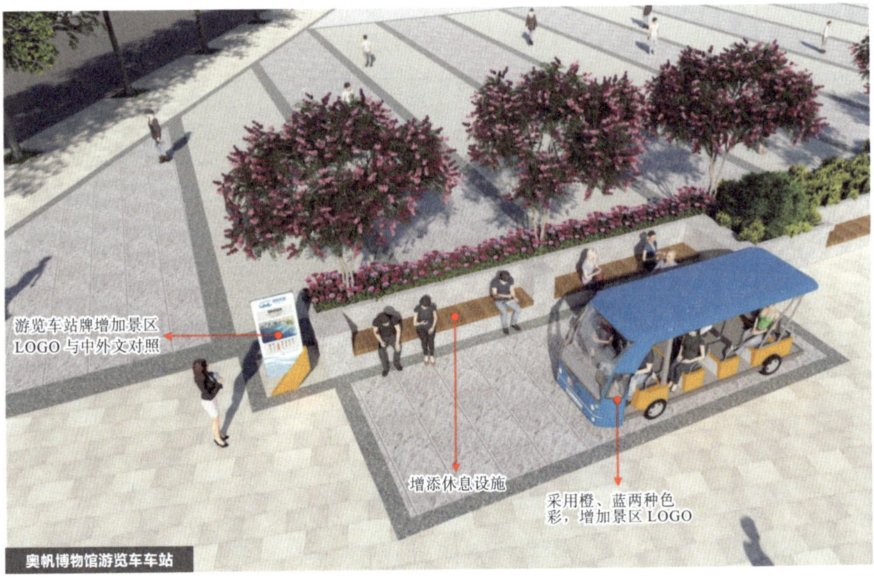

附图 5-4　景区电瓶车

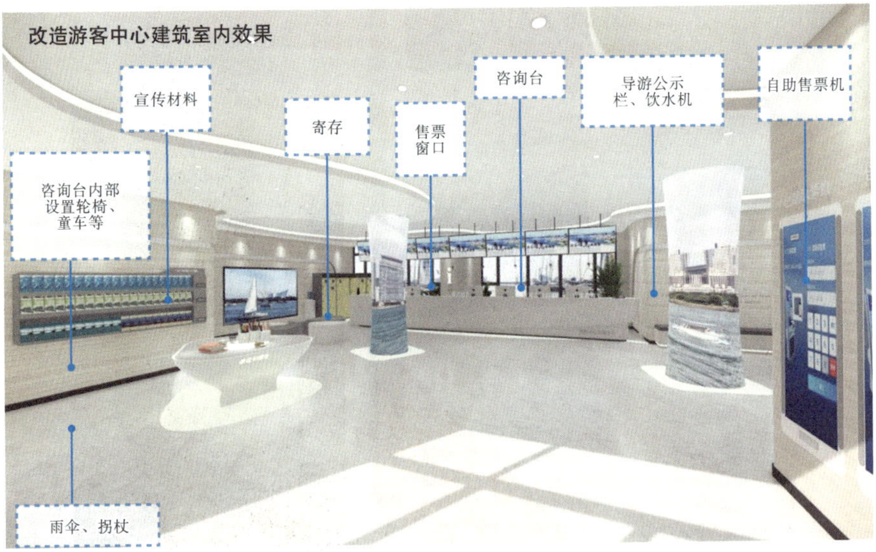

附图 5-5　游客服务中心示意图

提升效果

附图 5-6 导览示意图

现状

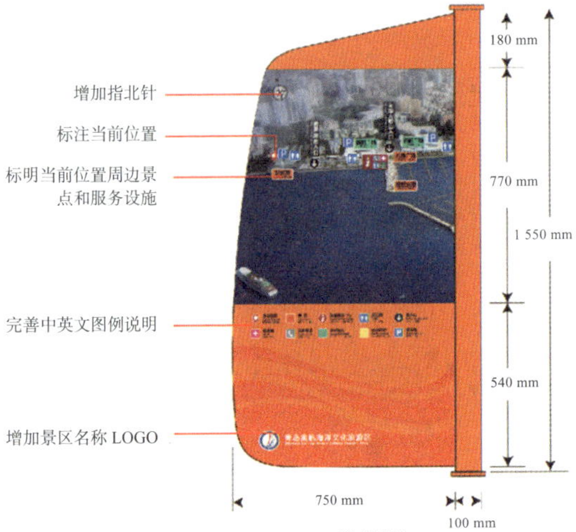
增加指北针
标注当前位置
标明当前位置周边景点和服务设施
完善中英文图例说明
增加景区名称 LOGO
180 mm
770 mm
1 550 mm
540 mm
750 mm
100 mm

提升效果

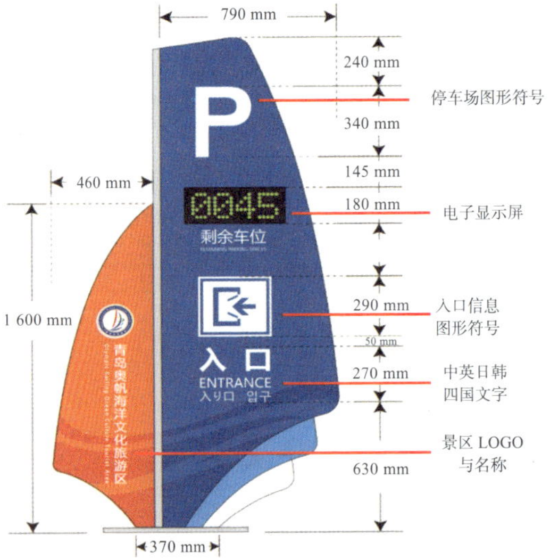
790 mm
460 mm
240 mm
340 mm
145 mm
180 mm
290 mm
50 mm
270 mm
630 mm
1 600 mm
370 mm
P
0045
剩余车位
入 口
ENTRANCE
入り口 입구
青岛奥帆海洋文化旅游区
停车场图形符号
电子显示屏
入口信息图形符号
中英日韩四国文字
景区 LOGO 与名称

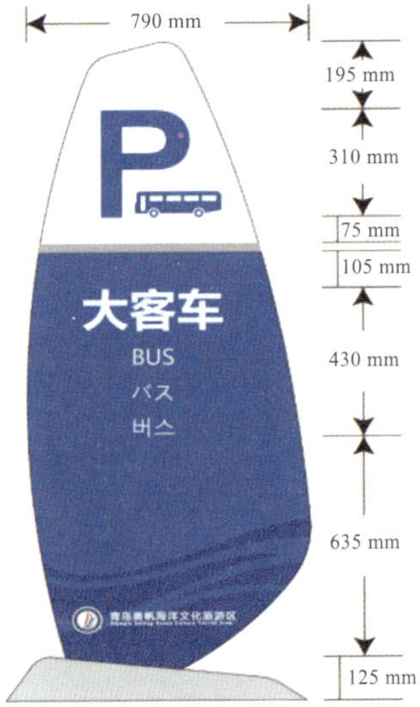
790 mm
195 mm
310 mm
75 mm
105 mm
430 mm
635 mm
125 mm
P
大客车
BUS
バス
버스

现状

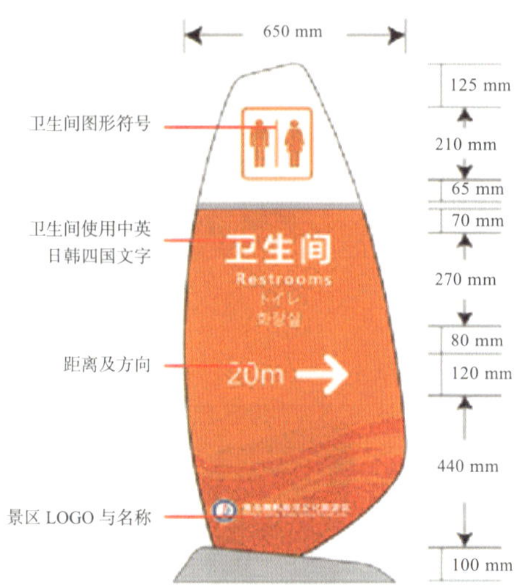

提升效果

附图 5-7 系统标识

附图 5-8　环境卫生

附图 5-9　厕所

综合服务总体模拟评分情况如下（附表 5-5）。

附表 5-5　综合服务总体模拟评分

序号	评定项目	标准分值	现状得分	失分原因	增分	提升得分
1	综合服务	70	52		18	70
1.1	购物	25	18	旅游旺季购物场所不足，购物场所未进行统一管理	7	25
1.2	餐饮	20	12	餐饮管理制度不完善，服务质量有待提高	8	20
1.3	住宿	10	9	燕岛宾馆缺少主题特色	1	10
1.4	娱乐休闲	15	13	夜间娱乐、冬季娱乐产品不足，海底世界需增加、创新演出项目	2	15

奥帆文创（附图5-10）和餐饮摊点（附图5-11）如下。

附图5-10　购物：奥帆文创

附图5-11　餐饮：集装箱或者移动式的速食产品售卖摊点

娱乐休闲项目提升建议如下（附表 5-6）。

附表 5-6 娱乐休闲项目提升建议表

项目	提升建议
文化旅游演艺	大力推广上合表演“有朋自远方来”“蓝色畅想”，结合帆船文化、上合文化，精心打造奥帆系列演艺品牌。 梦幻美人鱼、人鲨共舞、海底后花园等结合不同节假日特色推出主题演出
夜间休闲娱乐	布局观赏夜间灯光秀平台，打造街头演艺、夜间文创集市活动，丰富夜间娱乐活动
城市休闲娱乐	举办健康跑、健步行、马拉松、篮球、足球等多样化的全民健身活动
海上娱乐体验	完善海上娱乐体验，推出海上逐浪、海上滑板、趣味帆船等娱乐项目
专业赛事承办	继续承办克利伯环球帆船赛、沃尔沃环球帆船赛、国际极限帆船系列赛、帆船世界杯、CCOR 帆船赛等国际性帆船赛事，提升景区的知名度

奥帆文化旅游区的多元文化组成如下（附图 5-12）。

附图 5-12　共同组成奥帆文化旅游区的多元文化

信息化部分总体模拟评分情况如下（附表 5-7）。

附表 5-7　信息化部分总体模拟评分

序号	评定项目	标准分值	现状得分	失分原因	增分	提升得分
1	信息化	85	39		46	85
1.1	信息化基础	30	11	信息化基础建设工作不完善	19	30
1.2	信息化管理	25	18	信息化管理工作未落实	7	25
1.3	信息服务	15	2	信息服务尚未形成体系	13	15
1.4	电子商务	15	8	预订系统需要提升便捷性，网络营销需要进一步加强	7	15

景区实时监测图如下（附图 5-13）。

附图 5－13　景区实时监测

景区旅游安全部分总体模拟评分情况如下（附表 5–8）。

附表 5–8 旅游安全部分总体模拟评分

序号	评定项目	标准分值	现状得分	失分原因	增分	提升得分
1	旅游安全	100	65		35	100
1.1	游客容量管理	26	15	未核定整个旅游区的游客容量，容量公布渠道少，管控措施有限	11	26
1.2	安全管理	20	16	安保点布局不充足 、安保制度未上墙 、海上有安全隐患处专业救生员数量不足、安全巡查需要加强	4	20
1.3	安全救援与应急处置	24	10	未形成完整的救援系统	14	24
1.4	安全设备设施	20	17	食品安全卫生方面需加强监督检查	3	20
1.5	安全宣传与教育	10	7	旅游区现状安全须知与说明较少，缺少安全教育和宣传的设施设备；部分景区服务人员并未主动向游客进行安全教育	3	10

游客容量管理：室外场地最大日游客容量总计为 73 672 人次 / 日，瞬时容量为 13 099 人 / 次。

面积法指标以每个游客所占平均游览面积计算，入口游览区域、奥运坝、会议中心前广场、上合坝、博物馆前广场、情人坝按照广场游览区指标：5~10 平方米 / 人，燕儿岛山按照草地公园指标 100 平方米 / 人，情人坝、上合坝之间水域按照浴场水域指标 10~20 平方米 / 人。

景区游客容量测算情况如下（附表 5-9 至附表 5-11）。

附表 5-9　青岛奥帆海洋文化旅游区游客容量测算表 1

序号	场地名称	场地面积/平方米	可游览总面积占比/%	游客合理密度/平方米/人	最大瞬时容量/人	景点开放时间/小时	游完景点所需时间/小时	日游客容量/人
1	入口游览区域	32 200	80	8	3 220	12	2	19 320
2	奥运坝	5 950	80	8	595	12	2	3 570
3	会议中心前广场	24 000	80	10	1 920	12	2	11 520
4	上合坝	18 100	70	10	1 267	12	2	7 602
5	博物馆前广场	10 300	80	10	824	12	2	4 944
6	情人坝	27 900	80	10	2 232	12	3	8 928
7	燕儿岛山	61 200	30	100	184	10	3	612
8	情人坝、上合坝之间水域	105 200	50	20	2 630	10	2	13 150
合计					12 872			69 646

线路法指标以每个游客所占游道长度计算。

附表 5-10　青岛奥帆海洋文化旅游区游客容量测算表 2

序号	场地名称	游道全长 / 米	游客合理密度 /（人·平方米 $^{-1}$）	最大瞬时容量 / 人·次	景点开放时间 / 小时	游完景点所需时间 / 小时	日游客容量 / 人·次
1	彩虹桥	70	1.5	47	12	0.3	1 867
2	燕岛秋潮栈道	360	2	180	12	1	2 160
合计				227			4 027

附表 5-11　青岛奥帆海洋文化旅游区游客容量测算表 3

序号	主要设施	建筑规模 / 平方米	游客合理密度 /(人·平方米 $^{-1}$)	最大瞬时容量 / 人	景点开放时间 / 小时	游完景点所需时间 / 小时	日游客容量 / 人
1	会议中心	34 229	20	1 711	7.5	2	6 418
2	博物馆	3 700	15	247	8	2	987
3	宴会厅	4 200	10	420	8	2	1 680
4	游艇俱乐部	8 100	15	540	8	2	2 160
5	情人坝风情街	7 100	10	710	12	3	2 840
合计				3 628			14 085

景区游客容量预测：景区最大日游客容量总计为 14 085 人次，瞬时容量为 3 628 人 / 次。面积法指标以每个游客所占平均游览面积计算，接待区指标为 10~20 平方米 / 人。

景区禁止标识如下（附表 5-14）。

附图 5-14　禁止标识

景区资源和环境的保护部分总体模拟评分情况如下（附表 5-12）。

附表 5-12　资源和环境的保护部分总体模拟评分

序号	评定项目	标准分值	现状得分	失分原因	增分	提升得分
1	资源和环境保护	125	101		20	121
1.1	环境质量	20	20			20
1.2	资源保护	25	23	保护备案需要完善，保护效果需要加强	2	25
1.3	景观与环境氛围	65	47	景区出入口、建筑与设施的景观和环境氛围有待进一步提升，标语口号、商业广告需要整理、提升	14	61
1.4	生态化举措	15	11	宣教制度、材料需要完善，效果不显著	4	15

景区已采取的大气环境保护、水环境保护、噪声环境保护措施如下（附表 5-13 至附表 5-15）。

附表 5-13　已采取大气环境保护措施

序号	措　施
1	施工期间，在施工现场四周加设高约 2 米的挡风防护板，以降低粉尘污染；对土建施工期间的主要产尘部位进行洒水抑尘
2	餐饮油烟采用有效净化设备处理达标后排放，排放口位置避开易受影响的建筑物或人群活动场所
3	使用清洁能源，烹调时尽量降低烹调油的温度
4	办公室等的设计充分考虑自然采光和通风，并安装室内空气净化装置，确保室内空气清洁
5	对中央空调系统的通风管道采用有效净化处理技术清洗气体污染物

附表 5-14　已采取水环境保护措施

序号	措　施
1	船厂港区清淤，北海船厂 30 多年的生产在船厂港区内形成很深的重金属沉积层，影响浮山湾的海水水质，船厂搬迁完成后对船厂港区进行清淤
2	对施工期所产生的生活污水，建议在排污管道没建成时，先排入旱厕，集中外运
3	施工期规划好区域内的临时排水系统，尤其注意要在弃土弃石堆放区的四周修筑好临时排水系统，以防止施工期遇暴雨冲刷引起土石迁移入大海造成水体污染
4	在施工中做到边挖掘边硬化、绿化，必要的位置建临时挡土墙，避免暴雨冲刷造成水土流失，影响海域环境
5	生活污水和洗船废水经污水管网收集后，排入市政污水管网，经城市污水处理厂处理达标后深海排放
6	医疗中心建设污水处理设施，污水经处理消毒后再和生活污水汇合，流入麦岛污水处理厂处理达标后深海排放
7	采取中水回用措施，冲厕、绿化、喷洒道路等用水尽量采取中水，以代替新鲜水和减少排污量
8	公共厕所采用循环冲水式生态厕所，以节约用水和减少排污量

附表 5-15　已采取噪声环境保护措施

序号	措　施
1	在施工期间合理安排作业时间，对噪声大、冲击力强并伴有强烈振动的作业，安排在白天进行，禁止夜间施工
2	选择低噪声设备，并做好设备噪声的隔声、吸声处理
3	进出场馆区域的车辆减速慢行，禁止鸣笛
4	做好场馆区域绿化，有效吸收区域内噪声和隔断噪声的传播

景区综合管理部分总体模拟评分情况如下（附表 5-16）。

附表 5-16　综合管理部分总体模拟评分

序号	评定项目	标准分值	现状得分	失分原因	增分	提升得分
1	综合管理	140	101		39	140
1.1	机构与制度	15	12	多头管理、责任不明确，制度未实现全部上墙公开展示，规章制度执行记录不完整	3	15
1.2	规划	10	5	旅游区相关规划正在编制中，还未通过评审，项目建设尚未完成	5	10
1.3	门票及价格	23	18	无统一门票系统，门票制作精美度不足，没有统一的电子票务系统，没有设置联票	5	23
1.4	培训	24	17	缺乏培训的年度计划，员工培训档案缺失，培训内容不全面	7	24
1.5	游客投诉及意见处理	23	13	无专门的投诉办公室，投诉渠道单一，没有专门的投诉电话、游客意见本等，且投诉箱数量严重不足；未定期征询游客意见	10	23
1.6	景区宣传	10	5	宣传力度不够	5	10
1.7	企业文化	20	16	目前还没有独特的产品形象和外在的企业标志	4	20
1.8	社会效益	15	15			15

创建保障篇

根据《旅游景区质量等级的划分与评定》国家标准（GB/T 17775—2020）中的细则二“旅游设施与服务质量”评分细则，青岛奥帆海洋文化旅游区创建 5A 级旅游景区总投资共需 9 800 万元。

评审意见

2020 年 1 月 18 日，《青岛奥帆海洋文化旅游区创建 5A 级旅游景区提升规划》（以下简称“《规划》”）评审会在青岛召开。本次会议由青岛旅游集团组织，邀请来自文化和旅游部、山东省文旅厅、青岛市文旅局、中国科学院地理科学与资源研究所、青岛旅游集团、青岛旅游集团景区运营公司的专家及相关部门参加了会议。各位专家认真听取了规划设计编制单位的规划汇报，审阅了规划设计资料，形成以下评审意见。

（1）《规划》基础工作扎实，调研细致，严格遵循 5A 级景区评定标准（现行），兼顾新旧标准，成果完整、规范。

（2）《规划》针对游客中心、停车场、厕所、标识系统、垃圾桶等专项进行了提升设计，方案科学、合理，操作性强。

（3）《规划》对现状进行了详细的分析，并逐项提出了整改提升措施，可实施性强，为青岛奥帆中心创建国家 5A 级旅游景区提供了技术指导。

评市专家经过认真讨论，一致同意本《规划》通过评审。建议按照专家的意见建议（详见评审会纪要）修改完善后组织实施。

附录 6

旅游景区质量等级推荐意见和审报景区达标情况

全国 旅游景区质量等级评定机构：

根据中华人民共和国国家标准《旅游景区质量等级的划分与评定》（GB/T 17775—2003），经 山东 省（地、市）旅游景区质量等级评定机构审核，同意青岛奥帆海洋文化旅游区申报 AAAAA 级旅游景区，特申请予以评定。

推荐机构：山东省文化和旅游厅

（盖章）

年 月 日

注：申报 3A 级及以下景区该表由地（市）级旅游景区评定机构（旅游局）填写，申报 4A 级及以上景区该表由省级旅游景区评定机构填写。

附表 6-1 申报景区达标情况（由推荐单位填写）

是否达到 GB/T 17775—2003	细则一评定得分	细则二评定得分	细则三评定得分	负责人签字
是	978	97	97	

青岛国际会议中心尚和厅

附录 7

旅游景区质量等级评定总分表

附表 7-1　旅游景区质量等级评定总分表

<table>
<tr><td>申请单位</td><td colspan="2">青岛旅游集团有限公司</td></tr>
<tr><td>申请级别</td><td colspan="2">国家 AAAAA 级景区</td></tr>
<tr><td rowspan="3">评定分值</td><td>服务质量与环境质量评定分值</td><td></td></tr>
<tr><td>景观质量评定分值</td><td></td></tr>
<tr><td>游客意见评定分值</td><td></td></tr>
<tr><td>评定检查
组长签名</td><td colspan="2"></td></tr>
<tr><td>评定检查员签名</td><td colspan="2"></td></tr>
</table>

注：该表由评定单位填写。

附录 8

旅游景区质量等级申请报告

附表 8-1　旅游景区简况

<table>
<tr><td>名　称</td><td colspan="3">青岛奥帆海洋文化旅游区</td><td>主管部门</td><td colspan="2">青岛市人民政府</td></tr>
<tr><td>性　质</td><td colspan="6">在下列正确的位置划（√）：风景区、文博院馆、寺庙观堂、旅游度假区、自然保护区、主题公园（√）、森林公园、地质公园、游乐园、动植物园、工农业旅游、科教文化及其他（√）。</td></tr>
<tr><td>通讯地址</td><td colspan="3">青岛市市南区燕儿岛路 1 号</td><td>邮　编</td><td colspan="2">266071</td></tr>
<tr><td>电　话</td><td colspan="2">0532—58617301</td><td>传　真</td><td colspan="3">0532—66776720</td></tr>
<tr><td>网　址</td><td colspan="6">www.qdlyjt.cn</td></tr>
<tr><td>负责人</td><td colspan="2">任现辉</td><td>电　话</td><td colspan="3">0532—58617300</td></tr>
<tr><td colspan="7">基本数据</td></tr>
<tr><td>面积</td><td colspan="6">5.25 平方千米</td></tr>
<tr><td>依托城市（镇）名称</td><td colspan="6">青岛市市南区</td></tr>
<tr><td rowspan="2">工作人员</td><td>总人数</td><td>649 人</td><td>导游（讲解）人员</td><td>17 人</td><td>安保人员</td><td>102 人</td></tr>
<tr><td>管理人员</td><td>79 人</td><td>高级导游(讲解员)</td><td>10 人</td><td>环卫人员</td><td>71 人</td></tr>
<tr><td rowspan="3">上年经营情况</td><td>接待游客人数</td><td colspan="2">781 万人次</td><td>营业收入</td><td colspan="2">57 486.43 万元</td></tr>
<tr><td>其中：入境游客数</td><td colspan="2">12 万人次</td><td>利润总额</td><td colspan="2">17 788.73 万元</td></tr>
<tr><td>门票价格</td><td colspan="2">奥帆博物馆 80 元
会议中心 100 元
海底世界 150 元</td><td>上缴税费</td><td colspan="2">7 019.83 万元</td></tr>
<tr><td>投入情况</td><td>累计投入</td><td colspan="2">622 079 万元</td><td>年均投入</td><td colspan="2">47 852 万元</td></tr>
<tr><td>开业时间</td><td colspan="6">海底世界区域自 2003 年 7 月开业，2005 年 12 月评为国家 4A 级景区；奥帆中心区域自 2008 年 10 月开业，2012 年 7 月评为国家 4A 级景区</td></tr>
</table>

青岛奥帆海洋文化旅游区5A级旅游景区（附图8-1）申报面积共5.25平方千米，属青岛旅游集团的确权管辖范围和实际活动范围。旅游区突出海洋文化主题，奥帆中心和海底世界两大区域海陆一体、海陆互动发展。两大区域陆上相距6千米，有景区免费大巴车和公共交通联通；海上相距7千米，有景区游船经最美海岸观光休闲线联通（附表8-1）。

其中奥帆中心区域（附图8-2）总空间面积5.21平方千米，东至增城路、燕儿岛山东侧，北侧局部至澳门路，以百丽广场为界，西、南两侧环海；海底世界区域（附图8-3）总空间面积0.04平方千米，东至鱼山路，北至金口一路，西至鱼山支路，南侧临海。

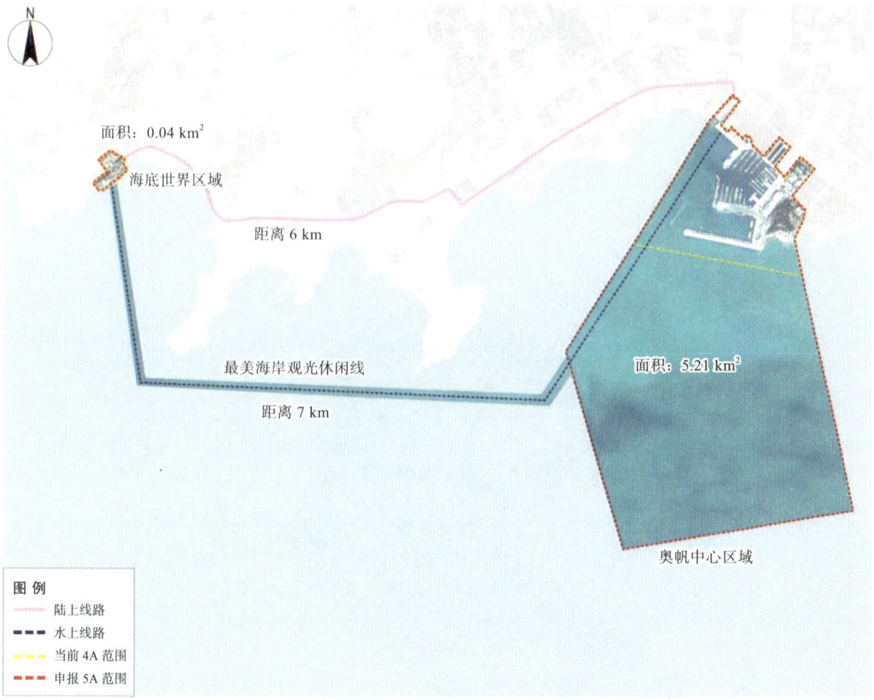

附图8-1 青岛奥帆海洋文化旅游区范围示意图

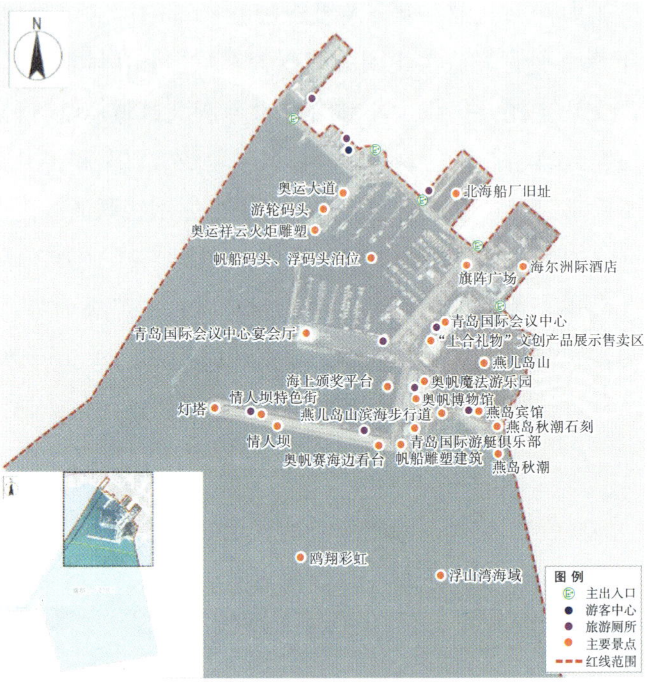

附图 8-2 青岛奥帆海洋文化旅游区——奥帆中心区域范围示意图

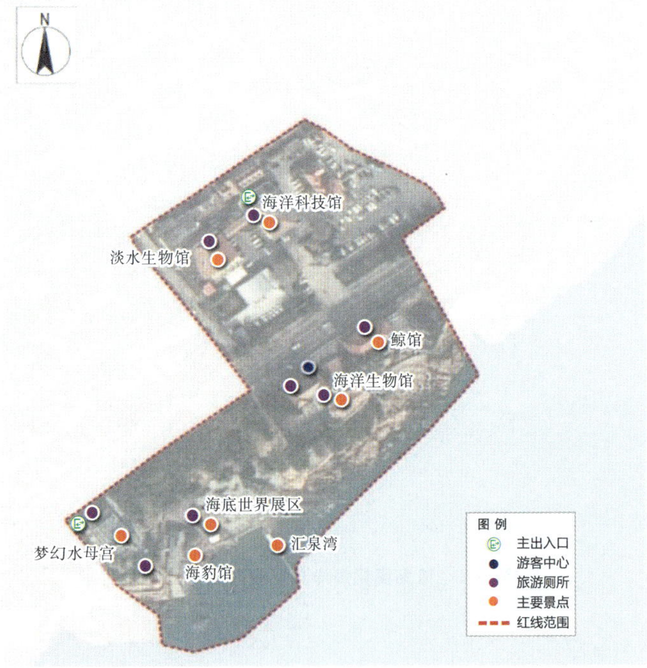

附图 8-3 青岛奥帆海洋文化旅游区——海底世界区域范围示意图

旅游景区申请（附表 8–2）及当地旅游景区评定机构（旅游局）审核意见（附表 8–3）如下。

附表 8–2 旅游景区申请

根据中华人民共和国国家标准《旅游景区质量等级的划分与评定》（GB/T 17775—2003），本景区申请 AAAAA 级旅游景区。 本景区明确并将遵守下列准则： （1）全面填写申请报告的各项数据，对其真实性负责。 （2）同意按照旅游景区质量等级评定机构的决定，确定或改变本景区的等级。如有异议，服从国家和省、自治区、直辖市旅游景区质量等级评定机构的最终裁决。 本旅游景区负责人签字： 本旅游景区管理部门公章 年 月 日

附表 8–3 当地旅游景区评定机构（旅游局）审核意见

县级旅游景区评定机构（旅游局） （公章） 负责人签字 年 月 日	地市旅游景区评定机构（旅游局） （公章） 负责人签字 年 月 日 注：申报 3A 级及以下景区该表不用填写

旅游资源概述

一、旅游资源种类与数量

青岛奥帆海洋文化旅游区包含奥帆中心和海底世界两大区域，两大区域同属青岛旅游集团，现进行统一经营管理，总空间面积 5.25 平方千米。其中，奥帆中心区域占地 5.21 平方千米，海底世界区域占地 0.04 平方千米，是代表青岛“红瓦绿树、碧海蓝天”的经典旅游景区。

奥帆中心区域位于青岛市浮山湾畔，与青岛市标志性景点——五四广场近海相望，是 2008 年北京奥运会奥帆赛和第 13 届残奥会帆船比赛举办场地，2018 年 6 月上合青岛峰会主会场，2019 年 4 月中国人民解放军海军成立 70 周年多国海军活动检阅场地，2019 年 10 月首届跨国公司领导人青岛峰会会场。奥帆中心依山拥海，景色宜人，是“国家滨海旅游休闲示范区”。青岛被誉为“帆船之都”，作为最能体现青岛城市特色和展示城市形象的景区，奥帆中心内不仅有飞帆渺渺的优雅，有青岛十景之一——燕岛秋潮，有青岛新时代景观鸥翔彩虹，更有众多惊险刺激的娱乐体验，是游客来青岛必看的景点。

奥帆中心区域内文化资源点数量众多，有奥帆博物馆、奥运火炬大坝、旗阵广场、灯塔、情人坝、海上颁奖平台、奥帆赛海边看台、青岛国际会议中心、青岛国际会议中心宴会厅、浮山湾夜景、彩虹桥等，具有独特的历史文化底蕴。同时以滨海资源为代表的自然资源种类丰富。滨海景观壮阔，浮山湾水域水质优良，水形、水影、水色伴随着海水的涨落及天空中的云、日变化而呈现出迷人的景色，燕岛秋潮更是闻名遐迩。地文景观方面，燕儿岛山、海岸、海滩、礁石多姿多彩，构成立体有致的地文景观。天象、气候景观也很闻名，有朝晖、晚霞、雨后彩虹横贯天际。

如果说奥帆中心展示的是搏击海浪、战胜自然的人文精神，那么海底世界则代表着人类探索海洋、敬畏自然，与自然和谐相处。海洋连接起奥帆中心与青岛海底世界，共同展示青岛这座滨海之城的时尚魅力。

海底世界区域位于青岛汇泉湾畔，地处国家 4A 级景区青岛海滨风景区——鲁迅公园中心位置，依山傍海，景色宜人。其东接全国闻名的青岛第一海水浴场和被誉为“城市会客厅”的汇泉广场，西临全国规模最大的海军博物馆和风光旖旎的小青岛，北靠观海赏景的上佳位置小鱼山。金色的沙滩，赭色的礁石，红瓦绿树，碧海蓝天，山、海、城有机融为一体，为来青观光旅游者必到之处。

海底世界在中国海洋科研史上具有重要的历史地位，1932 年，在蔡元培先生的倡导下，中国第一座水族馆——青岛水族馆建成，海底世界则是在原有规模上扩建而成。海底世界拥有全国第一家开放实验室，建立了国内首家海洋科普俱乐部，现阶段包括梦幻水母宫、海豹馆、海洋生物馆、鲸馆、海底世界展区、淡水生物馆、海洋科技馆七大展馆，集海洋旅游观光和科普教育于一体，集海洋生物丰富性、多样性于一身。青岛海底世界展示了约 2 000 种的上万件珍稀海洋生物标本；拥有上千种的数万尾来自世界各地的珍稀海洋生物。在此基础上，青岛海底世界逐步丰富景区内的文旅展示项目，目前已形成胶州湾展区、海龟湾、圆柱展缸、海底隧道、船舱通道、“梦之蓝”精品展区、海底剧场、海底梦幻电梯等全方位展示海底生物的景观，提供科研科普、文化体验、娱乐互动空间。

根据国家最新颁布的《旅游资源分类、调查与评价》方法（GB / T 18972—2017）。青岛奥帆海洋文化旅游区旅游资源单体共计 123 个，其中含 8 大主类、15 种亚类、41 个基本类型，旅游资源类型较为多样，门类比较齐全（附表 8-4）。

附表 8-4　青岛奥帆海洋文化旅游区旅游资源分类统计表

主类	亚类	基本类型	单体名称	数量
地文景观	自然景观综合体	山丘型景观	燕儿岛山	1
水域景观	海面	游憩海域	浮山湾、汇泉湾	2
		涌潮与击浪现象	燕岛秋潮	1
		小型岛礁	浮山湾海域	1
生物景观	植被景观	独树与丛树	燕儿岛山公园丛树	1
	野生动物栖息地	水生动物栖息地	海域水生生物栖息地、淡水水生生物栖息地、胶州湾展区鲨鱼栖息地、海龟湾	4
		鸟类栖息地	燕儿岛、鸥翔彩虹	2
天象与气候景观	天象景观	地表光景象	朝晖、海上晚霞、雨后彩虹	3
	天气与气候现象	云雾多发区	海滨平流雾	1
建筑与设施	人文景观综合体	教学科研实验场所	国家体育中心水上运动基地、国家体育总局青岛航海运动学校、山东省帆船队海上训练基地、青岛市水上运动管理中心等、海洋科普俱乐部、科普教育互动区	6
		文化活动场所	青岛国际会议中心、奥帆博物馆、海洋实验室、海洋教室、海底隧道、船舱通道、海底剧场、“梦之蓝”精品区、海底梦幻电梯	9
		康体游乐休闲度假地	青岛国际游艇俱乐部、奥帆魔法游乐园、海尔洲际酒店、燕岛宾馆、中航翔通游艇会酒店	5
		纪念地与纪念活动场所	2008 年第 29 届北京奥运会和第 13 届残奥会帆船比赛举办场地、2018 年上合组织第 18 次峰会举办地、2019 年中国人民解放军海军成立 70 周年多国海军活动时习近平主席从奥帆中心码头登上检阅舰	3

（续表）

主类	亚类	基本类型	单体名称	数量
建筑与设施	实用建筑与核心设施	特色街区	情人坝特色街	1
		独立厅、室、馆	青岛国际会议中心宴会厅、梦幻水母宫、海洋生物馆、海豹馆、淡水生物馆、鲸馆、海底世界、海洋科技馆	8
		独立场、所	旗阵广场	1
		堤坝段落	情人坝	1
		港口、渡口与码头	帆船码头、游轮码头、浮码头泊位	3
		特色店铺	奥帆礼品店、“上合礼物”文创产品展示售卖区、购物船、海底邮局	4
	景观与小品建筑	形象标志物	海上颁奖平台、奥运五环纪念墙、燕岛秋潮石刻、圆柱展缸“海誓山盟”	4
		观景点	奥帆赛海边看台、海上演出平台	2
		书画作	青岛国际会议中心泰山主题国画等67幅书画作品	1
		雕塑	奥运祥云火炬雕塑、帆船雕塑建筑	2
		塔形建筑	灯塔	1
		景观步道、甬道	奥运大道、燕儿岛山滨海步行道	2
		花草坪	燕儿岛山花草坪	1

（续表）

主类	亚类	基本类型	单体名称	数量
历史遗迹	物质类文化遗存	建筑遗迹	北海船厂旧址、青岛水族馆馆址建筑	2
		可移动文物	中国奥运冠军殷剑比赛用船 X 级女子单人帆板、徐莉佳 2008 年比赛用船激光雷达尔级帆船、青岛本土冠军张娟娟曾经在世锦赛中使用过的弓箭以及配件、奥运会开幕式道具缶、奥运会开幕式道具活字模、奥运会开幕式道具竹简、《大青岛油画》《孔子·论语语意图》、奥运篆刻印章	9
旅游购品	农业产品	水产品及制品	青岛海鲜	1
	工业产品	日用工业品	上合礼物、首饰、领带及领带夹、媒体包、雨伞、多功能笔记本等、毛绒玩具、青岛特产、海洋特色挂件	8
		旅游装备产品	帆船运动装备	1
	手工工艺品	文房用品	工艺品（前缀英文编码请匹配）城市文创——“奥帆帆”系列	2
			上合礼物——元首笔、记者笔	
		织品、染织	上合礼物——丝巾	1
		陶瓷	上合礼物——“国宴瓷”	1
		金石雕刻、雕塑制品	上合礼物——小花匠“花开上合系列”	1
		纸艺及灯艺	奥帆礼品店——“一帆风顺”纸艺、帆船文创台灯	2
		画作	上合礼物——巨幅工笔绘画《花开盛世》等	1

（续表）

主类	亚类	基本类型	单体名称	数量
人文活动	人事活动记录	地方人物	习近平主席、上合峰会组织各国元首、帆板冠军殷剑、科学、教育界先驱蔡元培	4
		地方事件	殷剑在2008年举办奥运会时于奥帆中心摘得中国奥运帆板首金，奥帆中心是2018年上合组织青岛峰会的主会场，上合组织各位元首出席；2019年中国人民解放军海军成立70周年多国海军活动时习近平主席从奥帆中心码头登上检阅舰	5
	岁时节令	HBA民俗活动与庙会	奥帆中心元宵节民俗文化展、“但祈蒲酒话升平”端午民俗文化活动	2
		现代节庆	奥运会、克利伯环球帆船赛、沃尔沃环球帆船赛、国际极限帆船系列赛、帆船世界杯、CCOR帆船赛等国际性帆船赛事；上合峰会、海军节、青岛国际帆船周·海洋节·海洋节活动、红酒节、烟火节等大型节庆活动、海底表演	13
8个主类	16个亚类	41个基本类型	123个旅游资源单体	

以下为海底世界区域和奥帆中心区域资源布点情况（附图8-4、附图8-5）。

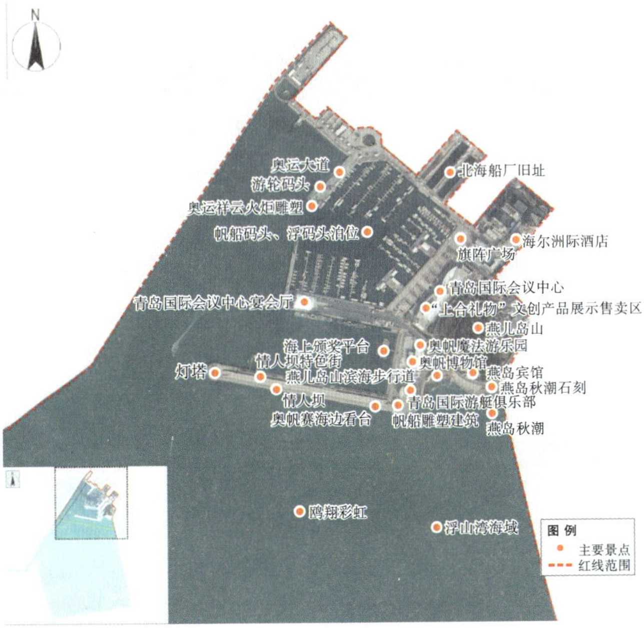

附图 8-4 海底世界区域资源布点图

附图 8-5 奥帆中心区域资源布点图

二、旅游资源特色与品位

（一）世界一流的帆船比赛场馆

青岛奥帆中心是在北海船厂原址上建成的，具有优良的海湾场地基础。浮山湾水域水质优良，完全符合国际帆船比赛的水质标准，比赛水域可避开主航道，没有养殖业和船只往来，不会影响比赛。奥帆中心是 2008 年北京奥运会、第 13 届残奥会帆船比赛场地，是亚洲第一、世界一流的帆船比赛场地。随着 2008 年奥运会的成功举办，这里也成为中国青少年海上运动的摇篮。在 2010 年青岛市委、市政府及宣传部的评选活动中，奥帆中心被评选为青岛新十景之一，承办过世界级帆船比赛，包括奥运会、克利伯环球帆船赛、沃尔沃环球帆船赛、国际极限帆船系列赛、帆船世界杯、CCOR 帆船赛等国际性帆船赛事，还承办了海洋节、海军节、红酒节、烟火节等大型节庆活动。

（二）全国唯一一处帆船类奥运文化遗产

青岛奥帆中心是 2008 年北京奥运会奥帆赛和第 13 届残奥会帆船比赛举办场地。与全国其他地区（如天津、厦门、澳门）的帆船基地相比，奥帆中心是全国唯一一处帆船类奥运文化遗产。其首次在奥运史上设立观众大坝、海上颁奖平台和奖牌轮，增设胜利者返航线、帆板障碍滑航线，被国际帆联称为“青岛模式”。国际级帆船赛事的举办为青岛奥帆中心遗留下了众多宝贵的奥运文化遗产。

1. 奥帆博物馆

奥帆博物馆以奥帆赛及奥帆文化为主线，利用现代化展示手段，形成室内展览与室外场景互动的国家级奥运遗址类大型专题博物馆。这里是中国三大奥运博物馆之一，“奥运的长廊，帆船的世界，颁奖的舞台”是游奥帆博物馆不可错过的三大主题。奥帆博物馆总建筑面积 9 359.8 平方米，地上两层建筑面积 4 069 平方米；地下一层建筑面积 5 290.8 平方米。馆内共分为序厅、序厅辅陈展区、基本陈列展区、专题陈列展区、互动教学区、交流展厅、学术活动厅、公共服务区八个部分，收藏了大量的奥运会和奥帆赛文化遗产，不仅珍藏了许多奥运精品，更有中国奥运冠军殷剑 2008 年奥林匹克帆船比赛用船。此外，馆内还拥有先进的全海景式奥帆赛场立体沙盘、多元化的青少年帆船互动教室、360 度环幕影厅以及奥帆赛的相关资料查询系统。同时，观众还可以体验动感浪漫的帆船模拟驾驶。丰富翔实的奥运资料、实物图片引领每一位参观者去感受、领略奥运给人们带来的无尽魅力。

2. 奥运火炬大坝

奥运火炬雕塑位于奥运坝的尽头。2008 年奥帆赛。残奥帆赛的圣火曾在青岛燃烧，该火炬就是奥帆赛当时所点燃的火炬。其背靠的巨幅奥运五环雕塑设在深入海中的码头上，与五四广场隔海而望，是纪念奥运的最佳场所之一。

3. 旗阵广场

各参赛国国旗悬挂在这里，象征着世界友好和平，“同一个世界，同一个梦想”。在这里还有一个富有立体感的五环雕塑，象征着各国运动员在奥运精神的激励下不断进取，勇夺佳绩。在广场上驻足，可以听到风铃阵阵。夏日里风动清凉，听其声能让人心宁安静、神清气爽，用听觉的方式体验青岛奥帆的独特，仔细聆听风铃的声音，如果能听到一首好听韵律，预示着会有好运（韵）。

4. 灯塔

经历了多次外敌侵占的青岛人民，对于太平、安定的生活格外向往，此塔初建之时，主要在夜晚照亮渔民们回家的路，因灯塔伫立海中，遥望太平山，更似海中女神在为青岛人民祈福。2006 年重修此塔，塔高 20.08 米，取 2008 奥运之意。灯塔还是大型国际帆船赛事（克利伯、国际极限、沃尔沃等）定位青岛站的坐标，大家仍希望日夜遥望市政府和青岛金融中心的灯塔，能够继续为青岛的繁荣发展祈福。

5. 情人坝

奥帆情人坝是奥帆中心的主防波堤，后奥运时期致力于此处酒吧一条街的打造。在此漫步可以感受海天一色，蓝天和白塔辉映的浪漫，更可以感受奥帆比赛场地“千帆竞发，百舸争流”的壮观场面。“牵手走过情人坝，再大风浪也不怕！”其主防波堤长达 534 米、宽约 47 米，尾端建有一座白色灯塔，入夜后站在堤上，临风观海，还可眺望对岸城市中心区，璀璨灯火更有浪漫氛围，也成为情人们最青睐的约会地点之一。

6. 海上颁奖平台

颁奖平台建在海上，获奖选手可以把自己的帆船停在颁奖平台旁边作为背景，这在以前的奥运会中是没有的。

7. 奥帆赛海边看台

奥帆中心建成了世界上最大的奥帆赛海边看台，可以同时容纳观众1万人。观众可以在岸上近距离观看帆船比赛，以往的奥帆赛则必须乘观众船到海上观看帆船比赛。

（三）宝贵的上合峰会遗产资源

2018年6月，上海合作组织青岛峰会在青岛国际会议中心成功举行。2019年4月23日下午，国家主席、中央军委主席习近平来到奥帆中心码头，检阅了中国人民解放军海军仪仗队，随后登上“西宁”号检阅舰。上海合作组织青岛峰会、中国人民解放军海军成立70周年多国海军活动的举办，留了下以青岛国际会议中心、青岛国际会议中心宴会厅为代表的宝贵的上合峰会遗产资源，实现了奥帆中心从奥运场馆到大国外交引擎场地的华丽转变。

1. 青岛国际会议中心

青岛国际会议中心是上合青岛峰会的主场馆，位于青岛市南区浮山湾畔、香港中路及奥帆中心广场商圈核心繁华地带。从造型上看，主会场就像一只展翅的海鸥，栖息在黄海之滨。从空中鸟瞰，青岛国际会议中心犹如一只舒展两翼的海鸥，山、城、海、港、堤融为一体，寓意“腾飞逐梦，扬帆领航”。中心建筑面积5.4万平方米，建筑内公共空间平行于各层会议厅，具有良好的景观视野。在曲面坡屋顶下方是会议厅、观海长廊、檐廊、景观广场、亲水平台，设有上合峰会“丈量峰会”主题展，以及“人民海军，和平力量”——中国人民解放军海军成立70周年多国海军活动复原陈列展，可以近距离体验活动的魅力。

2. 青岛国际会议中心宴会厅

外部采用了和水立方相同的膜结构建筑形式，加上良好的柔韧性与轻巧、合理的设计，形成了浪花与风帆造型勾勒出的优美的时尚弧形造型，被誉为“中国的悉尼歌剧院”。青岛国际会议中心宴会厅是中国海军阅兵式的海上起航点，国家领导人站在此宴会厅检阅中国海军风采和实力。

2018 年 6 月 9 日，国家主席习近平在此举行宴会，欢迎出席上海合作组织青岛峰会的外方领导人并发表致辞。宴会厅西侧，有一个 180 度的环形大屏——海上观演平台，利用水幕景观、激光艺术、音乐喷泉、海上音乐焰火、城市夜景亮化等高科技手段打造了青岛特色的全海景大型实景演出《有朋自海上来》。

3. 浮山湾灯光秀

浮山湾灯光秀西起太平角，东至珠海支路。沿海一带 100 余栋高层建筑外墙流光溢彩，其中 50 余栋楼座通过动画的方式播放着唯美的画面，令人惊艳。在微信、微博、抖音等社交平台，青岛浮山湾灯光秀夜景早已成为“网红”。奥帆中心的灯塔、国际会议中心宴会厅等是灯光秀的重要组成部分，同时，奥帆中心视野开阔，极目远眺，浮山湾亮化后的美景尽收眼底，是欣赏灯光秀的最佳场地。

（四）依山望水的滨海资源突出

奥帆中心拥有依山望水的滨海美景，是迎接海路游客的第一站，代表的是青岛的城市形象。世界最美五大海湾之一的青岛湾，包含团岛湾、青岛湾、汇泉湾、太平湾、浮山湾等五个海湾。奥帆中心处在浮山湾、汇泉湾畔，依山面海，风景优美，拥有“青岛十景”之一的“燕岛秋潮”以及“鸥翔彩虹”等著名景点。

1. 浮山湾

浮山湾像一勾弯月，横卧在浮山所前，湾内水域辽阔，滩缓水清，浅处可张网捕鱼，深处可扬帆行舟。浮山湾东起燕儿岛，西至绿豆岛（今太平角），海岸线长达 3.5 千米。浮山湾西部因太平角海岬沉积作用形成了细软的海滩（即第三海水浴场），而东部海岸因海蚀作用，岩礁峭壁，如刀削斧劈，浪激水湍，每逢秋季大潮，惊涛骇浪拍打岸堤，巨浪滔天，甚为壮观。

2. 燕儿岛山

燕儿岛又称燕岛，在浮山湾东端，是一个凸出于海中的岬角。小岛环绕于浮山湾，突出于海中，崖石耸立，从空中俯瞰，犹如一只燕子飞入海中。100 多年前，这里只是一处静寂的荒芜之地，偶尔有渔民从此扬帆出海。由于日月潮汐与岬角海湾涡流的常年冲洗、磨砺、侵蚀，一个个奇形怪状的礁石遍布海滩。有关它的早期描述，往往都与浮山所紧密相关。据史料记载，明洪武二十一年（1388 年）五月，鳌山卫浮山备御千户所（简称“浮山所”）设立。同期，浮山所开始建庙宇，其中龙王庙（现已坍塌）即坐落在燕儿岛的最高处。明清时期，为停泊渔船和避风，浮山所村曾与周围各村一道在燕儿岛西北角的小海湾处垒起了一条长达 50 米的石墙，俗称湾子墙，作为燕儿岛的简易码头。清道光元年（1821 年），湾子墙曾得到修复。在青岛开埠之初，燕儿岛只是一个海边的荒芜之地。清代《即墨县志》记载，每年秋天，海鸟迁徙，成群海鸟聚集，停留其上歇息，故名。1901 年出版的由德国人谋乐编撰的《山东德邑村镇志》在介绍浮山所时，对燕儿岛描述如下：“按照中国地图，岸边有一小岛名叫燕儿岛，即‘燕子的岛’，其西是绿豆岛（今太平角）。这两个岛现在与陆地相连，即使在高潮时其连接处也不被淹没。”

3.“燕岛秋潮”

“燕岛秋潮”是青岛十景之一。燕儿岛凸出于海中，又有崖石，每年秋季风大浪高，撞击崖石，激起高浪喷泻如雪，金秋季节，每逢南风大作、天文大潮涨潮时节，很远便能听到震耳的涛声，走到近前只见波涛汹涌，浪花翻滚，犹如万马奔腾，场面十分壮观，令人叹为观止，此景被称为“燕岛秋潮”。在燕儿岛上看“潮”，尤其是在岛的东南部，排浪趁风势汹涌而来，如雄武的骑兵阵营，勇敢地撞击到礁石群上，澎湃有声，洁白的大小浪花飞上半空，在阳光下迷蒙落下，令人陶醉。

4.“鸥翔彩虹”

青岛新时代景观代表，赏鸥的标志性观赏点。青岛有着“中国东部候鸟驿站”之美誉，每年来岛城过冬的海鸥达十几万只，青岛市开展“挽留海鸥行动”20 多年，使得海鸥数量从 2 000 多只增至十几万只，“人鸥同乐”已成为青岛新时代的一种景观，清晨的彩虹桥上，碧海蓝天，海鸥翱翔，人鸥相戏，蔚为美景。

5. 奥帆海景

从旭日东升到华灯初上，奥帆中心都是一个让人流连忘返的地方。清晨，旭日东升，阳光倾撒在一望无垠的海面上。夕阳西下，遇见了层层白云，彩霞洒满天空、海面。夜幕降临，华灯初上，江边的美景倒映在平静如镜的海面上，清晰又模糊，真实又虚幻。

（五）全国首家专业性海洋生物展馆

1930年，时任山东大学图书馆主任的著名学者、戏剧家宋春舫和时任青岛观象台台长的气象学家蒋丙然共同倡议，在青岛海滨建立水族馆及中国海洋科学研究所。这一倡议，得到了蔡元培、杨杏佛、李石曾等人的支持。经他们历时一年的奔波和多方集资，水族馆于1931年1月动工，1932年2月竣工，1932年5月8日正式对外开放。青岛海滨生物研究所（即原计划建设的中国海洋研究所）也于1937年建成。青岛水族馆是中国第一座水族馆，是中国现代水族馆事业的摇篮。

青岛海底世界是全国唯一以展示海洋生物为主题的综合性自然科学博物馆，馆藏标本之丰富，研究成果和科普著作之丰硕，在全国同行业中处于领先地位。近年来，随着海洋科技馆、珍稀水生动物馆、海豹馆、海洋生物馆、淡水生物馆和海底世界的相继建成，青岛海底世界发挥了其收藏、展示、科研、科普、文化旅游、休闲娱乐之功能，专业性和综合性结合得更加完美。

1. 梦幻水母宫（水族馆）

2007年，海底世界将其改造成中国大陆首座专业水母展馆——梦幻水母宫。梦幻水母宫集中展示了数十种形态、颜色各异的水母，都是自主培育繁殖的品种，主要有咖啡金黄水母、大西洋金黄水母、煎蛋水母、马来沙水母、端棍水母、青色多管水母等。它们漂浮在水中，犹如花园中盛开的花朵，争奇斗艳、绚丽无比，又像飘浮在空中的降落伞、婀娜多姿、仪态万千，这些晶莹剔透的生灵，用它们如丝如锦的腕带，带领游客步入蔚蓝色的水母世界。展馆采用最新科技设计，带游客体验前所未有的梦幻之旅，探索海中精灵们的奇妙生命历程，感受如同置身海底的梦幻奇境。

2. 海豹馆

海豹馆的前身是1966年竣工并对外开放的露天海豹池，1991年将其改造成为我国首座“南极馆”，用于饲养“极地”号科考船送来的南极企鹅和南象形海豹，其中的南象形海豹还在馆内成功地繁殖出两头幼仔。其后，经1995年、2011年两次较大规模的改造，成为海兽馆，展示有洪氏环企鹅、麦哲伦企鹅、斑海豹、南美海狮、海龟、蠵龟等，每年都有 3~4 只小海豹在这里诞生。2020 年，海兽馆成功改造成海豹馆并对外开放。

3. 海洋生物馆

海洋生物馆是全国唯一有 80 多年历史的以海洋生物为展示主题的综合性海产博物馆，是全国首家专业性海洋生物展馆，展出面积 1 200 平方米，分上、下两层。它始建于 1936 年，1955 年成为青岛海产博物馆的标本展馆。2016 年，青岛水族馆秉承“爱海、和谐、传承、创新”的精神，合理利用场馆的现有空间，遴选出极具代表性的标本来展示海洋生命的神奇，不仅有大家熟知的虾、蟹、鱼类、海兽，还有珍贵的红、白等不同颜色的红珊瑚以及健硕的北极熊、精致的牡丹宝螺。除了吸引眼球的标本，展览还结合生动的图片和影像资料，详细阐述了这些标本的内涵和其中的奥妙；不仅解答了诸如地球生物目前分为几大类、鱼是否有听力、海龟的寿命究竟有多长、比目鱼的眼睛是怎样长成的等问题，还以当今最前沿的知识和研究结果细述了一些鲜为人知的生命现象，如硬骨鱼类的起源。其一角鲸标本是国内海洋馆中唯一进行展示的一角鲸标本样品。

4. 淡水生物馆

淡水生物馆建于 1995 年，以展示淡水生物为主，包括分布于我国长江水系的珍贵水生动物，分布于南美洲、非洲及南亚的热带水生植物和动物等。其中，有分别被列为国家一、二级保护动物的中华鲟、扬子鳄、中国大鲵（娃娃鱼）、胭脂鱼，还有生长于亚马孙河流域的巨骨舌鱼、盘丽鱼，凶猛的马来鳄等。2015 年改造时，除增加珍稀淡水水草、水獭等展示物种外，还在展馆二楼展示绿鬣蜥、丽红眼蛙、盔甲避役、南美角花蟾等珍稀品种，充实了场馆的展示内容。

5. 胶州湾展区

胶州湾展区由鲨鱼湾、9 个展池和瀑布池组成。胶州湾古称胶澳，是位于黄海中部、胶东半岛南岸、青岛市境内的半封闭海湾，是青岛的母亲湾。但是由于多年沿岸填海造地，其水域面积正逐渐减小。而随着沿岸工业化程度的加速，排污量大增，20 世纪 60 年代胶州湾河口附近潮间带生物种类多达 54 种，70 年代减到 33 种，80 年代只剩下 17 种。青岛市委、市政府提出了“环湾保护、拥湾发展”的口号，正将环湾区域的工业企业逐步迁离胶州湾。海底世界拥护市委、市政府的政策，并以该主题建立了胶州湾展区，在展示母亲湾海洋生物的同时，呼吁大家为保护母亲湾做出自己的贡献。

6. 海底隧道

海底隧道全长 82.46 米，由进口的高科技材料亚克力制成的，这种材料最大的优点是透光性好、抗压性强，被广泛用于水族业。这里在国内率先采用了 180 度常规视窗、254 度大视窗、360 度圆柱视窗以及平面视窗等多种形式相结合的隧道结构造型，可以在不同的阶段欣赏到不同的海底美景。隧道地面由自动步行梯和人行道两部分组成，游客可以自由选择或行或停。看着自己头顶上方和耳边有各种各样的鱼来回穿梭，游客仿佛置身于海洋世界，会感到与海洋之间非常亲近，可以得到前所未有的新奇感，尽情地享受海洋深处的美景，体验蓝色海洋的梦幻。

7. 海洋剧场

青岛海底世界最大的平面展窗，长 14.4 米，高 3.8 米。在这里，游客们可以看到成群的鱼游来游去，仿佛是在表演，同时还可以欣赏到“人鲨共舞”的惊险场面和“美人鱼”如诗如幻的水中芭蕾表演。

8. 圆柱展缸

这里主要模拟热带珊瑚礁生态环境，内圆为贯穿海底世界三层展区的圆柱展缸构成，其高度达 8 米，直径为 5 米，能够盛下 100 余吨海水，充分运用现代高科技手段，配以惟妙惟肖的仿生岩造景，生动、逼真、完美地还原神秘莫测、绚丽无比的海底。

9. 珊瑚展区

这里展示了各种各样的活体珊瑚，其外观颜色鲜艳美丽，像植物一样，其实它是由珊瑚虫组成的，珊瑚虫以捕食海洋里细小的浮游生物为食，在生长过程中能吸收海水中的钙和二氧化碳，然后分泌出石灰石，变为自己生存的外壳。目前展示了角珊瑚、指珊瑚、草皮珊瑚、气泡珊瑚等，它们一朵朵、一簇簇竞相开放，大放异彩，犹如一片花的海洋，被称为“开花动物”。展缸中，还有一群群川流不息的珊瑚礁鱼，有蓝吊、黄金吊，还有小丑鱼，它们都以珊瑚为依托而生存，在珊瑚礁中到处可见，生活在珊瑚的周围从而形成了拟色。人类的采掘对珊瑚礁的破坏作用也是相当严重的，珊瑚被当作特殊的装饰商品，因此也遭到了无节制的滥采，青岛海底世界希望通过这些展示唤起全人类的环境保护意识。

10. 海龟湾

青岛海底世界新开辟出海龟湾海滩饲养观赏区，可供海龟们上岸歇息、产卵，孵化小海龟。新开辟的海龟湾每天吸引了许多参观者前来近距离接触大海龟。

11.“梦之蓝”精品展区

该展区以梦幻洋流为主题，营造了一个神秘莫测的梦幻世界，走进蓝色流线型展区，映着头顶上方的镜面，仿佛置身于茫茫大海之中。整个展区采用了光学原理等高科技手段，用不同的展示形式设计了多款神奇的展缸，有变幻展缸，还有万花筒展缸，采用灯光和折射的效果，呈现出一个多面球形的展池效果。

（六）建筑风貌独特，可观赏性强

青岛水族馆设计筹建时，选择了中国古典城堡式建筑造型，高 4 层，占地 10 余亩，建于海滩岩石之上。用红色粗花岗石砌造外墙，与红色礁石相协调，建筑色调与周围环境极为融合。城墙垛上方为二层城楼式建筑，重檐歇山屋顶并饰以青绛紫色琉璃瓦。主入口面对汇泉湾，两侧拾级而上，愈显建筑的宏伟气势。晚于水族馆四年建成的青岛海滨生物研究所高两层，同样采取了仿中国古典建筑的设计手法，平面采用轴线布局，为重檐歇山屋顶宫殿式的建筑。在隔路相对的欧式建筑群衬托下，两座建筑互映生辉，格外夺目。

三、资源组合

青岛奥帆海洋文化旅游区的文化资源多样，自然资源优越，资源组合度高。

奥帆中心区域，奥运文化、帆船文化、海洋文化交织融合，帆船基地、奥帆博物馆、情人坝、灯塔、奥运火炬大坝、青岛国际会议中心宴会厅等文化景点与浮山湾、燕儿岛山等自然资源融为一体，相得益彰。

海底世界区域，生物资源丰富，海洋文化、生态文化鲜明突出，梦

幻水母宫、海洋生物馆、海豹馆、淡水生物馆、鲸馆、海底世界、海洋科技馆七大展馆结合圆柱展缸、海底隧道、船舱通道、“梦之蓝”精品展区、海底剧场、海底梦幻电梯等极具创新性的表现方式，把海洋旅游观光和科普教育以及互动体验有机结合。

四、保护措施合理得当

（一）奥帆中心区域

奥帆中心作为世界级优良帆船基地、峰会遗产、奥运遗产，需要体现社会价值和社会担当，开放运营。要综合考虑日常旅游与特殊事件的统筹，保障旅游管理的同时，保障会议赛事管理。专业用海与大众化活动协调布局，专业赛事、活动的举办与大众化旅游产品的开拓并行。奥帆中心以突出人文景观和帆船特色为主，兼顾重大赛事节事与日常旅游，注重公益性和开放性，确保了奥帆中心文化遗产的完整性和传承性。

奥帆中心是目前世界上开展帆船运动、举办重大国际帆船赛事的最佳海域及场所之一，是国家体育总局、国际奥委会和国际帆联等高度重视的帆船运动基地，同时也是青岛市民的文体中心，奥运精神丰富了青岛城市的文化内涵和价值构建，是青岛市民积极向上、融合包容、时尚开放的精神堡垒。奥帆中心需要在体现社会价值的同时，重点保护精品建筑。

为确保承担 2008 年奥帆赛、残奥帆赛建筑设施和奥帆中心赛事功能的真实性与完整性，重点保护精品建筑，青岛市政府从实体和功能保护两方面对奥帆中心范围内的陆域部分与水域部分进行保护（附表 8-5）。奥帆中心为第九批青岛市文物保护单位，确定了其保护原则、保护范围、建设控制地带等内容，坚持保护优先，以突出人文景观和帆船特色为主，兼顾旅游和商业功能，注重公共性、公益性和开放性。奥帆中心保护范围内要严格控制插建、添建其他建筑，因特殊情况确需要新增建筑和设施或对现有建筑进行改造的，必须严格按照《文物保护法》的规定上报文物管理部门，经市政府批准后方可实施。所添加建筑、设施或改造工程必须与奥帆中心历史风貌相协调。

陆域部分保护内容包括主运行中心（通称“指挥中心”）、媒体中心、陆域停船区、后勤保障与供应中心、旗阵广场、运动员中心、青岛奥运村、行政与比赛管理中心、奥帆博物馆、青岛市水上运动训练基地。将对陆域保护建筑、广场及设施实施原状保护，媒体中心应主要应用于帆船运动组委会办公，陆域停船区应优先保障帆船训练、竞赛的需要。

水域部分包括灯塔、主防波堤、海上颁奖平台、浮码头泊位、下水坡道、奥运纪念墙码头等。将对灯塔、主防波堤、奥运纪念墙码头实施原状保护。举行帆船赛事时，优先保障海上颁奖平台、浮码头泊位、下水坡道的使用功能。

附表 8-5 保护要素统计表

保护对象分类		数量
重点保护建筑		8
重点保护设施		8
自然景观要素	燕儿岛山	1
	燕岛秋潮	1
人文景观要素	雕塑	4
	标志物	9
	特色铺地	2
	灯具	212
	古力井盖	820

（二）海底世界区域

青岛海底世界重视对景观、生态、文物、古建筑的保护投入，全年用于景观、文物、古建筑（3 号楼）、生态系统（维生系统）、珍稀名贵动植物（沙虎鲨等名贵动物）的保护费用已超过门票收入的 10%。青岛海底世界全面保持文物古迹和景观的真实性和完整性，未对古迹做任何破坏性改造、损坏，其真实性及完整性得到良好体现。

青岛海底世界依照标准要求和 ISO 14000 环境管理体系的要求制定了相关管理规定，每年制定环境保护指标，废弃物品均按照国家法律法规要求处理，纳入部门的年度考核任务。其中有保安部防火、防盗管理规定；水族部鱼类饲养等管理规定；保安部现场紧急问题处理预案；设备部设施维护管理规定。各部门人员岗位职责明确，各项制度运行良好。

发展概况

青岛奥帆海洋文化旅游区行政归属于青岛旅游集团，奥帆中心区域经营管理单位为青岛旅游景区运营管理有限公司，是青岛旅游集团的全资子公司，系 2008 年（第 29 届）北京奥运会帆船比赛成功举办后，为管理青岛奥林匹克帆船中心专门成立的国有公司，主要负责奥林匹克帆船中心及集团其他景区的日常管理与运营工作。景区运营公司由综合管理部、景区管理部、设备管理部、商务中心四个职能部门组成。业务涵盖场地租赁、停车场管理、电瓶车管理以及场区内设备设施的日常维护。海底世界区域于 2020 年 4 月 7 日正式将青岛海洋科技馆持有的青岛汇泉海洋科技开发有限公司（即“青岛海底世界”景区）51% 的国有股权划转至青岛旅游集团有限公司，海底世界优质资源的划入，丰富了青岛旅游集团的旅游资源、经营业态与产品种类，极大地提高了旅游资源的联动融合。特别是在集团主推的海上旅游项目优化提升方面，海底世界的加入更是全面拓展了项目内容的丰富度与体验感。

一、发展历程

（一）奥帆中心区域

奥帆中心于 2006 年建成并投入使用，2008 年 10 月开业。自 2008 年北京奥运会和残奥会帆船比赛胜利闭幕后，奥帆中心近 10 年投入 496 945 万元，年均投入 49 694 万元，按照“注重赛后利用，促进城市的可持续发展，力争取得良好的经济效益和社会效益”的方针，通过市场化运作，高起点策划、高标准建设、高水平管理，倾力做好赛后利用工作。

奥帆中心在建设伊始，就充分考虑到赛后相关设施的利用与开发，因此其规划设计既有利于奥运体育比赛，又着眼于赛后利用。2015 年 12 月，青岛旅游集团正式成立，先后收回了心海广场、情人坝、停车场和颁奖平台等经营权，以奥帆中心为依托，全力打造智慧旅游。2016 年，景区管理运营公司在集团的正确领导下，凝心聚力，砥砺前行，加大投资力度，对景区内服务设施进行了美化亮化，增设了遮阳棚、隔离式花箱等服务设施，建成了综合信息中心，完善了监控和广播系统，将二号门停车场打造成为景区迎宾大道，初步形成了突出奥运主题、帆船元素和海洋特色的海滨综合景区。

（二）海底世界区域

1930 年秋，中国科学社在青岛大学召开第 15 届年会，我国科学、教育界先驱蔡元培、杨杏佛、李石曾等先生及青岛观象台台长蒋丙然、海洋科科长宋春舫等科学家联名发起在青岛筹建中国海洋研究所的倡议，决议先行筹建青岛水族馆，由青岛观象台负责工程的设计及组织施工，确定莱阳路海滨公园（今鲁迅公园）内 15 亩土地为馆址，其建筑设计，经多方论证，决定采用仿中国古典建筑的设计手法，由青岛观象台海洋科科长宋春舫负责，于 1931 年 1 月破土动工，1932 年 2 月竣工，同年 5 月 8 日举行开馆典礼，青岛观象台台长蒋丙然先生兼任青岛水族馆馆长。

中国海洋研究所筹建的第一步是兴建青岛水族馆，第二步是 1937 年建成现在的海洋生物馆院内的办公楼。“七七事变”后该办公楼被日本侵占，中国海洋研究所的建设被迫停止。1938 年院内兴建了一排日本式木板房，开办“山东产业馆”，该馆名义上是“从事山东省地下资源开发、矿产矿物调查，并担任一切金石产业及水利研究之倡导”，实质上是日本帝国主义对我国华北地区进行经济侵略、搜集经济情报的基地。

中华人民共和国成立后，青岛水族馆和山东产业馆合并为青岛人民博物馆。1955 年，经文化部批准，青岛人民博物馆改建为专业性的海产博物馆。

1980 年，中国科协倡议全国各省市普遍建设各具特色的科技馆，并确定山东省要建设以海洋为特点的科技馆。为此，省政府要求青岛市进行海洋科技馆的筹建，青岛市政府决定在青岛海产博物馆对面（莱阳路 1 号）建设海洋科技馆，并将青岛海产博物馆的领导单位由市文化局改为市科协。1988 年，青岛海产博物馆与海洋科技馆合并，成立青岛海洋科技馆，但仍保留青岛海产博物馆的名称，实行一套机构、对外挂两块牌。

青岛海底世界工程于1996年7月由青岛市计委正式立项，同年11月6日奠基。一期工程由青岛水族馆自筹资金，中国人民解放军海军设计院设计，1998年3月正式动工，1999年10月顺利完成。2002年5月，青岛水族馆与山东鲁信投资集团有限公司合作成立青岛汇泉海洋科技开发有限公司，负责海底世界后期建设及经营。2003年8月，青岛海底世界正式开业。2004年以后，青岛海底世界推出了“海底情深”服务品牌，在全国旅游业产生了很大反响。

2020年，青岛海底世界进行了股权转让，青岛旅游集团成为新的青岛海底世界的行政归属单位。

（三）特色板块

于青岛奥帆海洋文化旅游区来说，青岛海底世界的加入，不仅使青岛旅游集团的企业综合实力增强，更是青岛市优质旅游资源整合、促推产业集群发展的典范与突破，对于放大旅游资源利用率、提升旅游品质与市场竞争力、做大做强青岛旅游品牌、将旅游资源市场化价值最大化方面均有着显著意义。青岛海底世界加入青岛奥帆海洋文化旅游区后，集团通过资源整合，从景区观览、游船体验、海上观光、餐饮娱乐、文创售卖方面构建“一条龙”的产业链条，增强互通性和游览整体性，形成以下几大重点特色板块。

1. 体育训练板块

作为“帆船之都”，青岛奥帆中心成为青岛大力发展帆船运动的基地，原来的行政与比赛管理中心作为国家体育中心水上运动基地使用。国家航海运动学校、山东省帆船队海上训练基地和青岛市水上运动管理中心已经落户于此，常年开展水上运动项目教学和培训工作。据不完全统计，青岛奥帆中心帆船普及活动每年培训约1万名青少年和5万名成人。

2. 体育赛事板块

青岛奥帆中心作为世界上开展帆船运动、举办重大国际帆船赛事的最好场地之一，国家体育总局、国际奥委会和国际帆联等高度重视，已经成功举办了沃尔沃环球帆船赛、克利伯环球帆船赛、国际极限系列帆船赛、国际帆联帆船世界杯帆船赛、青岛国际帆船周·海洋节、六届

CCOR 城市俱乐部国际帆船赛以及中国职业帆船航海第一人郭川创纪录航行等具有重大国际影响力的节庆、赛事活动，在国际上形成了较大影响力。借助举办世界杯帆船赛的契机，奥帆中心加大资金投入，完善各项赛事服务设施，继续扩大奥帆中心知名度和影响力，促进旅游产业发展。同时，每年承办一系列的成人及青少年帆船比赛，在青岛市加大帆船运动的推广。

3. 体育相关产业板块

利用天然的区位优势，将测量大厅码头变成国际豪华邮轮码头，以产业的集聚效应和辐射带动作用使奥帆中心内集中了一批具有代表性的优势企业。如青岛国际游艇俱乐部，拥有 MIA 国际码头认证 4.5 金锚级标准，在国内仍是规模、品质和价值最高的港池和配套设施资源最优的帆船游艇港之一；青岛邹志船艇有限公司为中国第一家国际帆联授权生产标准运动型帆船的厂家；青岛盛世飞扬海上旅游有限公司旗下旅游产品包括各种前海常规旅游客船、豪华游艇、小型游艇、帆船，占青岛海上旅游项目市场份额的 70% 以上；青岛蓝誉海洋户外运动有限公司是以奥帆中心海域作为专业的潜水培训基地，提供美国 PADI、意大利 CMAS 等国际知名潜水课程培训、潜水器材销售、度假潜水旅游、潜水人才输出和拓展企业培训的专业性潜水机构。在体育产品销售方面，引进了法国博纳多、德国汉斯、丹麦 X-Yacht、意大利阿兹木、土耳其阿兹尔等知名游艇品牌经销商，不仅提供帆船、游艇销售，还提供国际认证的帆船、游艇驾驶培训课程。航海运动服装装备方面则有荷兰 Garstra、英国 Grills 和意大利 Slam 等。上述企业的入驻，丰富了奥帆中心的产品结构，为奥帆中心优质资源的充分利用提供了更为广阔的发展平台，同时也提升了奥帆中心的经济综合竞争力。

4. 海洋生态展示科普板块

青岛海底世界作为全国教育科普基地，以普及海洋知识、构筑蓝色文明为办馆宗旨，七大主要场馆从不同方向对海洋生物进行科普展示，专门设立了海洋实验室，通过唯美至极的透明鱼标本、彩色显示屏展示数码显微镜里的微观世界、触摸亲亲鱼（鱼医生）等有趣的海洋科普互动项目吸引了众多游客，深受青少年的喜爱。还有国内首次展出的巨螯蟹历时 18 小时“凤凰涅槃”的脱壳过程，以及鲨鱼卵、牙齿标本等项目，开办海洋科普讲堂和研学游等针对青少年的海洋研学旅游市场，真正发挥了海底世界的科普教育价值。

5. 文化旅游、休闲娱乐综合板块

奥帆中心区域进一步实施后奥运营销战略，深度挖掘奥运遗产的经济社会效应，通过商业开发，对比赛场馆、酒店、大型购物中心、现代健身休闲场所等进行综合利用，提高了场馆的利用价值。一是通过招商选资，引入专业的管理公司进行经营管理。如奥运分村转变为超五星级的海尔洲际酒店；运动员中心和后勤保障中心变成餐饮娱乐和健身休闲场所；主运行中心作为燕岛宾馆对外营业。二是建设了奥帆博物馆。三是奥帆大剧场投入使用，打造青岛市海洋文化特色品牌——大型海景实景演出《蓝色畅想》，填补了青岛高端娱乐业空白。四是推出中国首个“王妃级”海上婚庆、婚拍品牌，将青岛市打造成世界知名婚恋旅游目的地。除此之外，奥帆中心内还配套建有游客中心、集装箱商店、情人坝风情街等一系列休闲服务设施。

海底世界区域通过开发一系列具有海洋特色的海底表演，极大地丰富了游览内容，提升了游客的体验度。同时，在原有展览功能的基础上，海底世界别出心裁地开发了圆柱展缸、海底隧道、梦幻电梯、船舱通道等富有创意的互动空间，为游客提供具有海洋特色的“购物船”作为海底世界的文创商品购物场所，打造完整性的休闲游览体验。

二、累计投入

青岛奥帆海洋文化旅游区累计投入 622 079 万元用于开发建设。其中，奥帆中心区域累计投入 542 079 万元用于场馆维护、景区基础设施建设等；海底世界区域一直保持稳定发展势头，并坚持投入提升景观质量、服务质量，提升游客体验度和满意度，提升企业品牌形象，累计投入 8 亿元用于展区改造、生物补充和服务设施完善。

三、经营状况

（一）所获荣誉

1. 奥帆中心区域

2009 年 3 月被国家旅游局授予“国家滨海旅游休闲示范区”。

2010 年获得山东省十大新地标之一。

2011 年 4 月通过审核成为青岛市文物保护单位。

2012 年 7 月被评为国家 4A 级景区。

2014 年 8 月被评为山东省体育旅游示范基地。

2019 年 6 月被授予山东 · 青岛国家海洋美食之都称号。

中共山东省委党校现场教学基地。

2. 海底世界区域

2007 年 1 月获评“山东省最具竞争力十大景区”。

2010 年 4 月被命名为“全国科普教育基地”。

2010 年 10 月获评“2010 山东旅游年度十佳景区”。

2010 年 10 月获评“2010 山东旅游年度最具魅力海滨景区”。

2011 年 12 月获评“2011 最美中国（山东）十大品牌景区”。

2012 年 4 月获评中国旅游总评榜“2011 年度最受欢迎景区。

2017 年 1 月获评“山东省 2015—2016 年度诚信旅游示范单位”。

2019 年 3 月获评“山东研学旅游示范单位”。

2019 年 12 月获评“海底情深”服务品牌、“山东省旅游服务名牌”。

（二）近三年经营情况

景区 2017 年接待游客 423 万人次，其中奥帆中心区域 216 万人次，海底世界区域 207 万人次；2018 年接待游客 689.15 万人次，其中奥帆中心区域 495.15 万人次，海底世界区域 194 万人次；2019 年接待游客 781 万人次，其中奥帆中心区域 610 万人次，海底世界区域 171 万人次。

景区 2019 年接待游客人数 781 万人次，其中，入境游客 12 万人次，营业收入 57 486.43 万元，总利润 17 788.73 万元，上缴税费 7 019.83 万元。

旅游活动项目

一、常设旅游活动项目

（一）城市俱乐部国际帆船赛

主要内容：2010—2019 年，城市俱乐部国际帆船赛已经在奥帆中心举办了 10 届。赛事以竞技体育为依托，以帆船赛为舞台，弘扬航海文化，并纳入其他文化、艺术、娱乐的元素，每年以一个帆船精神内涵为主题，进行相应的赛事活动推广。

活动方式：帆船赛队及选手、媒体、观众参与。

组织运营单位：中国帆船帆板运动协会、青岛市重大国际帆船赛事（节庆）活动组委会、国际 FE28R 级别协会、青岛国际游艇俱乐部等。

（二）国际极限帆船系列赛青岛站

主要内容：国际极限帆船系列赛是世界帆联认证的五大特别赛事之一，开启了近岸“体育馆式”帆船赛的先河，是全世界公认的“最具观赏性赛事”。

活动方式：帆船船队及选手、媒体、观众参与。

组织运营单位：OC 体育管理有限公司合作、青岛市重大国际帆船赛事（节庆）活动组委会、青岛旅游集团等。

（三）青岛国际帆船周·海洋节

主要内容：截至 2020 年，在奥帆中心已经举办了 12 届。活动以国际帆船赛事为核心，突出国际性、开放性和参与性，强化奥帆文化交流，加强旅游、文化、商务等业态融合，在培育和壮大自主品牌帆船赛事方面率先实现突破。传统“三赛一营”升级为“七赛两营”，在社会化办赛、原创帆船赛事方面实现“井喷效应”。

活动方式：帆船船队及选手、媒体、观众参与，游客观赏体育表演。

组织运营单位：青岛重大国际帆船（节庆）活动组委会、青岛市体育局、青岛市体育总会、青岛旅游集团等。

（四）中国国际航海博览会暨中国（青岛）国际船艇展览会

主要内容：展示游艇、帆船、船艇相关设备、水上运动和休闲器材及装备、游艇码头装备与配套设施、滨海生活方式相关产品等。

展览规模与布局：展出采取水陆结合形式，其中陆域展览面积 10 000 平方米，水域展览面积 8 000 平方米。陆域展区位于火炬码头至八角广场及周边区域。

活动方式：展览展出、游艇、帆船体验活动。

组织运营单位：中国贸促会主办、青岛市贸促会和青岛旅游集团等。

（五）海洋生物展示

主要内容：青岛海底世界总建筑面积31 500平方米，水体总容量超过6 000吨。饲养着数百种、上万尾海洋生物，展示上以“博”“奇”“精”“新”“亲”著称，包括国家一、二级保护动物及国外进口鱼类，其中锯鳐、闪光鱼等名贵鱼种均为国内独家展示。展示品种包括海洋鱼类、海洋节肢动物、棘皮动物、腔肠动物、海洋爬行动物；展示的海洋生态包括潮间带生态、红树林生态、黄渤海鱼类生态、珊瑚礁鱼生态。景区采用国际先进的生命维持系统，用高科技手段模仿自然环境，为海洋生物创造出最佳生活环境。景区对生物进行合理的单养、混养，以保证其健康和最佳展示效果；注重水生物繁殖培育，成功实现巨螯蟹脱壳以及小海马、斑竹鲨、黄鳐、豹纹鲨、鲎头鳐等生物繁殖，在国内居于领先水平，推动景区可持续展示。

活动方式：展示、游客参观。

组织运营单位：青岛汇泉海洋科技开发有限公司。

（六）海底情景剧

主要内容：常设“人鲨共舞”“美人鱼”“海底后花园”等表演项目。

“人鲨共舞”表演汇聚海藻景观、炫彩灯光、原创音乐舞曲，运用影像系统、高新动漫技术，虚实结合，打造出人与黄金鲹、鳐鱼、魟鱼、鲨鱼等和谐共舞之场景，为广大游客奉上顶级视听盛宴。

梦幻现实版“美人鱼表演”采用了声、光、电、动漫等现代视听技术，用高科技手段和真人水下表演虚实结合的表现方式，完美地再现了美人鱼公主和王子的浪漫爱情童话故事。色彩斑斓的海葵、摇曳多姿的水草、轻盈飞舞的气泡、美丽无比的海神宫、绚丽多彩的大贝壳、漂亮的美人鱼、潇洒的王子、慈祥的海神、邪恶的巫师等表演元素，进一步凸显了青岛海洋文化的独特魅力。

“海底后花园”表演项目采用了3D动画技术和真人水下表演虚实结合的表现方式，利用超大高清屏幕把图像以现实的层次、三维空间的状态呈现给观众，讲述了美人鱼“绿波仙子”及其姐妹们历经艰险寻找能净化海水的“七彩钻石贝”，拯救污染的海洋，使美丽的海底后花园恢复原貌的故事。

活动方式：互动表演、游客参与。

组织运营单位：青岛汇泉海洋科技开发有限公司。

（七）海底之音讲解

主要内容：2018 年 6 月 1 日，青岛海底世界推出“海底之音”讲解服务品牌，这也是国内海洋馆第一个景区讲解服务品牌。生物标本馆、海底世界胶州湾展区及海底隧道区域设有无线语音讲解，传播海洋科普知识。景区先后推出全程讲解、区域讲解、定时讲解、VIP 讲解等服务措施，满足不同游客群体的需求，讲解词富有科学性、知识性和趣味性。

活动方式：智能讲解、科普互动。

组织运营单位：青岛汇泉海洋科技开发有限公司。

二、专设旅游活动项目

（一）海上看青岛之“海洋强国游”

主要内容：结合 2019 年 4 月 23 日中国人民解放军海军成立 70 周年多国海军活动、5 月 4 日五四运动 100 周年及 5 月 19 日“中国旅游日”三大主题，奥帆中心在 2019 年 5 月期间开展海洋旅游特惠月——海上看青岛之“海洋强国游”系列活动。启航奥帆，从海军阅兵的视角海上看青岛，揽“五四”雄风追忆历史，感受海洋强国的骄傲与自豪。

活动方式：展览、游船。

组织运营单位：青岛旅游集团等。

（二）奥帆中心元宵节民俗文化展

主要内容：首届奥帆中心元宵节民俗文化展于 2019 年 2 月 17 日启幕，一直持续到 2 月 19 日，连续三天在青岛奥林匹克帆船中心旗阵广场举行，市民游客可以体验更丰富的传统年味。奥帆民俗展邀请了多位非物质文化遗产传承人、民间艺术大师现场展示传统民俗文化和技艺。

活动方式：猜灯谜、体验民俗、欣赏非遗项目。

组织运营单位：青岛旅游集团等。

（三）“白色浪潮”音乐节

主要内容：2017 年 8 月 5 日至 8 月 6 日，白色浪潮音乐节在奥帆中心举办，主会场位于奥帆大剧院长码头，三面环海，遥望青岛地标“五月的风”。此次“白色浪潮”音乐节 Q-Dance 舞台以海洋为主题，整个舞台横跨奥帆码头，数十台舞台灯光、激光灯装置、烟火装置和五彩纸屑炮装置贯穿了整个主舞台。此外，主舞台前的立体布景显得更为壮观，无论是创意还是舞台的整体造型都极富个性。

活动方式：音乐表演、文创、餐饮。

组织运营单位：青岛心同步文化体育产业有限公司、森培教育科技集团、青岛旅游集团等。

（四）“但祈蒲酒话升平”端午民俗文化活动

主要内容：2019 年 6 月 6 日至 6 月 9 日，举办“但祈蒲酒话升平”端午民俗文化活动，在奥帆中心八角广场花坛处，面向大海设置主舞台及背景，作为民俗展示演艺区域，通过主题专场活动聚集人群。6 月 7 日在中心会场主舞台举办民俗展开幕式活动，定向邀请媒体、社区居民、驻青院校师生参加，依托文艺演出形式展示民俗文化、汉服舞蹈、古琴演奏、端午诗歌、吟诵，整体突出传统文化特色，提高媒体和市民对活动的关注度。活动内容包括温情迎端午、粽香飘奥帆包粽子献爱心活动，以及汉服展示、民乐展演、茶艺表演、青岛名优特产品、手工艺品、网红食品售卖等。

活动方式：表演、游客参与、展览、餐饮。

组织运营单位：青岛旅游景区运营管理有限公司。

（五）海底表演

海底特技：主要包括“007 和邦女郎”潜入海底特技表演、海底红绸舞表演、“海底口技”表演、蜘蛛侠海底“飞檐走壁”表演、海底小丑踩高跷表演。

海底芭蕾：俄罗斯国家奥林匹克水下芭蕾运动员现场进行“海底芭蕾”表演。

悟空闹海底：青岛海底世界为春节黄金周精心打造的这部将中国传统民俗文化和海洋文化相融合的水下情景剧——《悟空闹海底》，是国内首创的“海底版”《西游记》，让游客在体验“博大精深，梦幻神奇”的蓝色海洋魅力的同时，更能欣赏到别具海洋特色的“水下迎新春”表演。

海底奥运会：为宣传奥运、支持奥运，青岛举行了各种富有海洋特色的比赛项目。6 月 28 日，一场由青岛海底世界和青岛英派斯合作举办的“中国加油——2008 海底奥运城市争霸赛”在青岛海底世界成功举行。来自青岛、济南、日照、潍坊、南京的五个城市代表队，在青岛海底世界水下表演区进行了海底射击、海底吊环、海底举重、海底扣篮、海底接力赛等“海底奥运争霸赛”项目。

海底婚礼：为符合国家法律规定的适婚青年提供举办水下婚礼的服务，要求参加者身体健康，无心脏病、高血压及各种传染性疾病等病史，有基本游泳技能，最好有潜水经验。

活动方式：表演、游客参与。

组织运营单位：青岛汇泉海洋科技开发有限公司。

（六）海底科普讲堂

主要内容：青岛海底世界在国内同行业首家拥有开放式海洋试验室，有开放的实验项目供前来学习参观的学生动手实践，实现了旅游观光和科普教育的动态结合，并定期举办海洋科普讲座与会员进行互动，为会员们了解海洋、了解海底世界搭建了平台。

青岛海底世界设立海底科普讲堂，为学生团队配备专业的老师，定期为科普学员开展海洋科普课，普及科普知识，引导学生亲自动手做实验，探究海洋的奥秘，领略海底的多姿和斑斓。

科普课堂每年固定面向社会公开招收初级班、高级班、小博士班学员 96 人次，每年拟订《科普课教学计划》，并根据教学计划落实海洋知识宣讲及相关安排。

活动方式：实践、科普研学、游客参与。

组织运营单位：青岛汇泉海洋科技开发有限公司。

（七）研学游

青岛海底世界的海洋科普研学游，在传统导游带队给学生讲解展馆展区及看海洋特色表演的基础上进行升级，设立海洋科普讲堂，为学生团队配备专业的老师，为每个学生团队免费上科普课，并为青少年量身打造专属海洋科普讲座，是青少年海洋科普教育的第二课堂。

活动方式：科普讲堂、趣味实验、海洋科普。

组织运营单位：青岛汇泉海洋科技开发有限公司。

附录 9

景观质量等级评定汇报

青岛奥帆海洋文化旅游区紧邻黄海，位于汇泉湾与浮山湾畔，包括奥帆中心区域和海底世界区域，拥有丰富的人文与自然资源基底，形成集帆船运动、海滨休闲、文化体验、海洋研学、会展旅游为一体的国际海洋文化旅游目的地，是游客来青岛必打卡景点。

奥帆中心区域与青岛市标志性景点——五四广场海陆相连，是 2008 年北京奥运会奥帆赛和第 13 届残奥会帆船比赛举办场地，2018 年 6 月上合青岛峰会主会场，2019 年 4 月中国人民解放军海军成立 70 周年多国海军活动检阅场地，2019 年 10 月首届跨国公司领导人青岛峰会会场。奥帆中心依山拥海，景色宜人，是“国家滨海旅游休闲示范区”。

海底世界区域毗邻鲁迅公园和第一海水浴场，是栈桥和八大关之间青岛黄金旅游海岸线上的标志性景区，金色的沙滩，赭色的礁石，红瓦绿树，碧海蓝天，山、海、城有机融为一体，成为代表青岛“红瓦绿树、碧海蓝天”的经典旅游景区，由中国历史上第一座水族馆扩建而成，是全国科普教育基地。

景区申报范围

景区面积 5.25 平方千米，属青岛旅游集团管理，其中奥帆中心区域总面积 5.21 平方千米，东至增城路、燕儿岛山东侧，北侧局部至澳门路、以百丽广场为界，西、南两侧环海；海底世界区域，东至鱼山路，北至金口一路，西至鱼山支路，南侧临海，总面积 0.04 平方千米。两大区域陆上相距 6 千米，海上相距 7 千米，之间有车船等旅游交通工具联通（附图 9-1）。

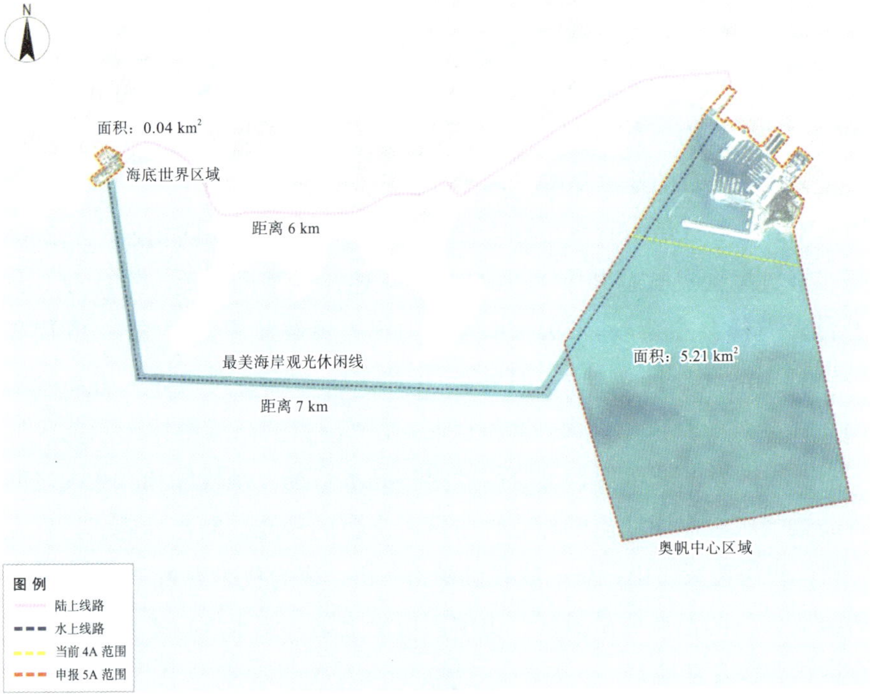

附图 9-1　景区范围示意图

区位优势

标准分值：65。

自检分值：64。

景区区位优越，交通便捷，公路、铁路、航空及水运四位一体，景区内部交通便捷，为游客往来提供了极为优越的交通条件。

地理区位：紧邻黄海，位于浮山湾与汇泉湾畔。

经济区位：山东省经济中心，“一带一路”主要节点城市。

交通区位：临近市中心，依托青岛市密集的公路交通网络，景区的可进入性强，奥帆中心和海底世界两大区域由南海路、东海西路等城市道路相连，有车船等旅游交通工具联通，内部交通便捷。

景区资源吸引力如下（附表 9–1）。

附表 9–1 资源吸引力

标准序号	评定项目	标准分值	自检得分
1	观赏游憩价值	25	25
2	历史文化价值与科学价值	15	14
3	珍稀或奇特程度	10	10
4	规模与丰度	10	10
5	完整性	5	5

观赏休憩价值（附图 9–2）

标准分值：25。

自检分值：24。

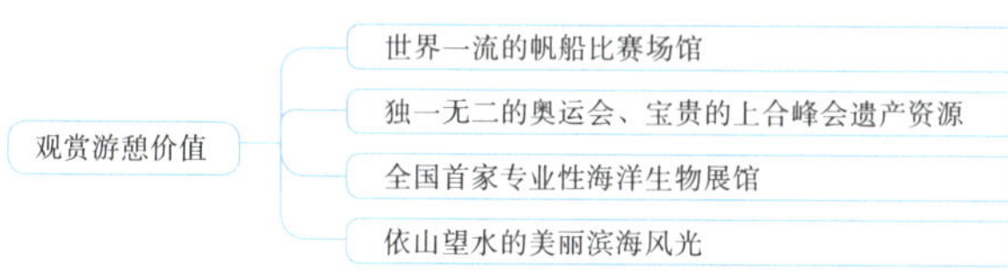

附图 9–2 观赏游憩价值

一、世界一流的帆船比赛场馆

奥帆中心是在北海船厂原址上建成的，具有优良的海湾场地基础；浮山湾水域水质优良，完全符合国际帆船比赛的水质标准，比赛水域可避开主航道、没有养殖业和船只往来，不会影响比赛。

奥帆中心是 2008 年北京第 29 届奥运会、第 13 届残奥会帆船比赛场地，是亚洲第一、世界一流的帆船比赛场地。近年来承办过世界级帆船比赛，包括奥运会、克利伯环球帆船赛、沃尔沃环球帆船赛、国际极限帆船系列赛、帆船世界杯、CCOR 帆船赛等国际性帆船赛事，被国际奥委会、国际帆联、各国运动队和中外媒体誉为世界一流的奥帆赛场馆。

二、独一无二的奥运会、宝贵的上合峰会遗产资源

奥帆中心是 2008 年北京奥运会奥帆赛和第 13 届残奥会帆船比赛举办场地；2018 年 6 月，上海合作组织青岛峰会在青岛国际会议中心成功举行；2019 年 4 月 23 日，国家主席、中央军委主席习近平来到青岛奥帆中心码头，检阅了中国人民解放军海军仪仗队，随后登上“西宁”号检阅舰；2008 北京奥运会、上海合作组织青岛峰会等为奥帆中心遗留下了众多宝贵的遗产资源。

三、全国首家专业性海洋生物展馆

海底世界是在中国第一座水族馆——青岛水族馆（1932 年建）的基础上扩建而成。现阶段包括梦幻水母宫、海豹馆、海洋生物馆、鲸馆、海底世界、淡水生物馆、海洋科技馆七大展馆，集海洋旅游观光和科普教育于一体，汇海洋生物丰富性、多样性于一身。

海底世界有约 2 000 种、上万件珍稀海洋生物标本展陈，以及上千种的数万尾来自世界各地的珍稀海洋生物，还有长达 86 米的海底隧道，让游客置身于“天人合一、身临其境”的梦幻世界。

四、依山望水的美丽滨海风光

奥帆中心是全国唯一的“国家海滨旅游休闲示范区”，拥有依山望水的滨海美景，是迎接海陆游客的第一站，代表的是青岛的城市形象。

景区依山面海，风景优美，一年四季景色各异，拥有天然岬角、礁岩等滨海景观，“青岛十景”之一的“燕岛秋潮”以及“鸥翔彩虹”等著名景点。

（一）滨海风光美如画

世界最美五大海湾之一的青岛湾包含团岛湾、青岛湾、汇泉湾、太平湾、浮山湾五个海湾，奥帆中心区域位于青岛浮山湾。浮山湾近椭圆形，整个海岸线绵延 7 千米，自然的海滨风光和现代化的城市建筑相辉映，堪称青岛的一颗明珠。

海底世界区域位于青岛汇泉湾，汇泉湾风光旖旎，分布有青岛著名海滨景观青岛鲁迅公园、第一海水浴场等，一起构成了青岛旅游的黄金海岸线，有“东方瑞士”和“亚洲的日内瓦”的美誉。

（二）奥帆海上游

青岛奥帆海洋文化旅游区以“奥帆登船、欢乐无限”为主题，推出 10 条海上旅游线路（附表 9-2），实现青岛海滨网红景点全打卡。

奥运中心海上剧场

附表 9-2　青岛奥帆海洋文化旅游区的 10 条海上旅游线路（产品）

序号	产品	航行线路
1	奥帆中心—海底世界	往返于奥帆中心与海底世界之间
2	帆都海之旅	奥帆中心火炬码头—五四广场—音乐广场—太平角—浮山湾海域环游—情人坝—奥运灯塔—奥帆博物馆—青岛国际会议中心—海上演出平台—奥运五环大坝—火炬码头
3	阅海览城—世界最美海湾游	奥帆中心—五四广场—音乐广场—八大关—第一海水浴场—青岛电视塔—鲁迅公园—海军博物馆—小青岛—栈桥—八大峡—团岛灯塔—青岛轮渡后折返
4	世界最美海湾游	奥帆中心—五四广场—音乐广场—八大关—第一海水浴场—青岛电视塔—鲁迅公园—海军博物馆—小青岛—栈桥后折返—凤凰岛—竹岔岛—火炬码头
5	夜游浮山湾	奥帆中心火炬码头—五四广场—音乐广场—太平角—浮山湾海域环游—情人坝—奥运灯塔—奥帆博物馆—青岛国际会议中心—海上演出平台—奥运五环大坝—火炬码头
6	夜游三湾	奥帆中心—五四广场—音乐广场—八大关—第一海水浴场—青岛电视塔—鲁迅公园—海军博物馆—小青岛—栈桥后折返
7	阅海览城	奥帆中心—薛家岛轮渡
8	奥帆中心—太清宫环游	奥帆中心—太清宫
9	奥帆中心—黄岛轮渡	奥帆中心—黄岛
10	奥帆中心—竹岔岛轮渡	奥帆中心—青岛轮渡—竹岔岛

历史文化价值与科学价值

标准分值：15。

自检分值：14。

一、历史价值意义非凡

全国唯一一处帆船类奥运文化遗产。

中国第一座水族馆，中国水族馆事业的发源地。

二、文化价值举足轻重

奥运文化、帆船文化、海洋文化、上合文化交融，形成深厚博大的奥帆文化。

三、科学价值十分重要

（1）解决奥运场馆的后奥运经营问题。

（2）推广帆船运动，推动全民健身。

（3）倡导环保、绿色赛事场馆理念，奥帆中心是集循环经济示范和集绿色、科技、人文理念应用为一体的现代化、人性化的环保场馆。

（4）景区是全国科普教育基地，有丰富有趣的海洋科普互动项目。

（5）从事海洋生物繁育研究，攻关海洋科研。

珍稀或奇特程度

标准分值：10。

自检分值：10。

奥帆中心区域资源丰富，珍稀、奇特程度高。拥有全国唯一一处帆船类奥运文化遗产，亚洲第一、世界一流的帆船比赛场地，同时是上合组织峰会举办场地。

海底世界区域拥有风格浓郁独特的建筑景观，有长达 82.4 米的海底隧道和梦幻电梯，拥有多种国家一、二级保护动物，饲养珍稀海洋生物。

规模与丰度

标准分值：10。

自检分值：10。

奥帆中心文化资源多样且种类齐全，奥运资源、海洋资源、会议资源等交织融合，帆船基地、奥帆博物馆、情人坝、灯塔、奥运火炬大坝、青岛国际会议中心宴会厅等文化资源与浮山湾、燕儿岛山等自然资源融为一体，相得益彰。

海底世界拥有丰富的水生动物栖息地、科研实验场所及文化活动场所以及多个独立厅、室、馆，自然与人文景观相呼应，极大丰富了旅游资源类型。

根据国家最新颁布的《旅游资源分类、调查与评价》方法（GB/T 18972—2017），青岛奥帆海洋文化旅游区包含旅游资源单体共计 123 个，其中含 8 大主类、15 个亚类、41 个基本类型，旅游资源类型较为多样，门类比较齐全，规模与丰度较高。旅游资源单体分类如下（附表 9–3）。

一、自然类旅游资源

景区自然类旅游资源包括浮山湾、燕儿岛山、“燕岛秋潮”、“鸥翔彩虹”、朝晖、海上晚霞、雨后彩虹、海滨平流雾、海域水生生物栖息地、淡水水生生物栖息地等。

二、人文类旅游资源

景区人文类旅游资源包括帆船基地、奥帆博物馆、情人坝、灯塔、奥运火炬大坝、青岛国际会议中心宴会厅、海洋科普俱乐部、青岛水族馆馆址建筑等。

附表 9-3 青岛奥帆海洋文化旅游区旅游资源分类统计表

主类	亚类	基本类型	单体名称	数量
1 地文景观	1.1 自然景观综合体	1.1.1 山丘型景观	燕儿岛山	1
2 水域景观	2.5 海面	2.5.1 游憩海域	浮山湾、汇泉湾	2
		2.5.2 涌潮与击浪现象	燕岛秋潮	1
		2.5.3 小型岛礁	浮山湾海域	1
3 生物景观	3.1 植被景观	3.1.2 独树与丛树	燕儿岛山公园丛树	1
	3.2 野生动物栖息地	3.2.1 水生动物栖息地	海域水生生物栖息地、淡水水生生物栖息地、胶州湾展区鲨鱼栖息地、海龟湾	4
		3.2.3 鸟类栖息地	燕儿岛、鸥翔彩虹	2
4 天象与气候景观	4.1 天象景观	4.1.2 地表光景象	朝晖、海上晚霞、雨后彩虹	3
	4.2 天气与气候现象	4.2.1 云雾多发区	海滨平流雾	1
5 建筑与设施	5.1 人文景观综合体	5.1.3 教学科研实验场所	国家体育中心水上运动基地、国家体育总局青岛航海运动学校、山东省帆船队海上训练基地、青岛市水上运动管理中心等、海洋科普俱乐部、科普教育互动区	6
		5.1.5 文化活动场所	青岛国际会议中心、奥帆博物馆、海洋实验室、海洋教室、海底隧道、船舱通道、海底剧场、“梦之蓝”精品区、海底梦幻电梯	9
		5.1.6 康体游乐休闲度假地	青岛国际游艇俱乐部、奥帆魔法游乐园、海尔洲际酒店、燕岛宾馆、中航翔通游艇会酒店	5

（续表）

主类	亚类	基本类型	单体名称	数量
5 建筑与设施		5.9 纪念地与纪念活动场所	2008 年第 29 届北京奥运会和第 13 届残奥会帆船比赛举办场地、2018 年上合组织第 18 次峰会举办地、2019 年中国人民解放军海军成立 70 周年多国海军活动习近平主席从奥帆中心码头登上检阅舰	3
	5.2 实用建筑与核心设施	5.2.1 特色街区	情人坝特色街	1
		5.2.3 独立厅、室、馆	青岛国际会议中心宴会厅、梦幻水母宫、海洋生物馆、淡水生物馆、鲸馆、海底世界、海洋科技馆	8
		5.2.4 独立场、所	旗阵广场	1
		5.2.7 堤坝段落	情人坝	1
		5.2.8 港口、渡口与码头	帆船码头、游轮码头、浮码头泊位	3
		5.2.15 特色店铺	奥帆礼品店、“上合礼物”文创产品展示售卖区、购物船、海底邮局	4
	5.3 景观与小品建筑	5.3.1 形象标志物	海上颁奖平台、奥运五环纪念墙、燕岛秋潮石刻、圆柱展缸“海誓山盟”	4
		5.3.2 观景点	奥帆赛海边看台、海上演出平台	2
		5.3.4 书画作	青岛国际会议中心泰山主题国画等 67 幅书画作品	1
		5.3.5 雕塑	奥运祥云火炬雕塑、帆船雕塑建筑	2
		5.3.9 塔形建筑	灯塔	1
		5.3.10 景观步道、甬道	奥运大道、燕儿岛山滨海步行道	2
		5.3.11 花草坪	燕儿岛山花草坪	1

（续表）

主类	亚类	基本类型	单体名称	数量
6 历史遗迹	6.1 物质类文化遗存	6.1.1 建筑遗迹	北海船厂旧址、青岛水族馆馆址建筑	2
		6.1.2 可移动文物	中国奥运冠军殷剑比赛用船 X 级女子单人帆板、徐莉佳 2008 年比赛用船激光雷达尔级帆船、青岛本土冠军张娟娟曾经在世锦赛中使用过的弓箭以及配件、奥运会开幕式道具缶、奥运会开幕式道具活字模、奥运会开幕式道具竹简、《大青岛油画》《孔子·论语语意图》、奥运篆刻印章	9
7 旅游购品	7.1 农业产品	7.1.4 水产品及制品	青岛海鲜	1
	7.2 工业产品	7.2.1 日用工业品	上合礼物、首饰、领带及领带夹、媒体包、雨伞、多功能笔记本等、毛绒玩具、青岛特产、海洋特色挂件	8
		7.2.2 旅游装备产品	帆船运动装备	1
	7.3 手工工艺品	7.3.1 文房用品	上合礼物——元首笔、记者笔	2
		7.3.2 织品、染织	上合礼物——丝巾	1
		7.3.4 陶瓷	上合礼物——“国宴瓷”	1
		7.3.5 金石雕刻、雕塑制品	上合礼物——小花匠“花开上合系列”	1
		7.3.7 纸艺及灯艺	奥帆礼品店——“一帆风顺”纸艺、帆船文创台灯	2
		7.3.8 画作	上合礼物——巨幅工笔绘画《花开盛世》等	1

（续表）

<table>
<tr><th>主类</th><th>亚类</th><th>基本类型</th><th>单体名称</th><th>数量</th></tr>
<tr><td rowspan="4">8 人文活动</td><td rowspan="2">8.1 人事活动记录</td><td>8.1.1 地方人物</td><td>习近平主席、上合峰会组织各国元首、帆板冠军殷剑、科学、教育界先驱蔡元培</td><td>4</td></tr>
<tr><td>8.1.2 地方事件</td><td>殷剑在 2008 年举办奥运会时于青岛奥帆中心摘得中国奥运帆板首金、青岛奥帆中心是 2018 年上合组织青岛峰会的主会场，上合组织各位元首出席、2019 年海军成立 70 周年海上阅兵活动习近平主席从奥帆中心码头登上检阅舰、蔡元培携夫人在水族馆作画题词</td><td>5</td></tr>
<tr><td rowspan="2">8.2 岁时节令</td><td>8.2.1 民宿活动与庙会</td><td>青岛奥帆中心元宵节民俗文化展、“但祈蒲酒话升平”端午民俗文化活动</td><td>2</td></tr>
<tr><td>8.2.2 现代节庆</td><td>奥运会、克利伯环球帆船赛、沃尔沃环球帆船赛、国际极限帆船系列赛、帆船世界杯、CCOR 帆船赛等国际性帆船赛事；上合峰会、海军节、青岛国际帆船周·海洋节活动、红酒节、烟火节等大型节庆活动、海底表演</td><td>13</td></tr>
<tr><td>8 个主类</td><td>15 个亚类</td><td>41 个基本类型</td><td colspan="2">123 个旅游资源单体</td></tr>
</table>

景区总体上旅游资源类型丰度较大，亚类和基本类型覆盖程度均较高。丰富的旅游资源（附图 9–3 和附图 9–4）为旅游区的提升奠定了扎实的资源基础。

从附表 9–4 中可知，《国家标准旅游资源分类、调查与评价》中地文景观、水域风光、生物景观、天象与气候景观、建筑与设施、历史遗迹、旅游商品、人文活动八大主类，景区资源均有分布，资源类型较为丰富（附表 9–4 ）。

此外，建筑与设施类资源在各类资源基本类型中数量占比最高，可见，建筑与设施类资源是景区的重点资源。

三、旅游资源单体分布

附图 9-3　海底世界区域资源布点图

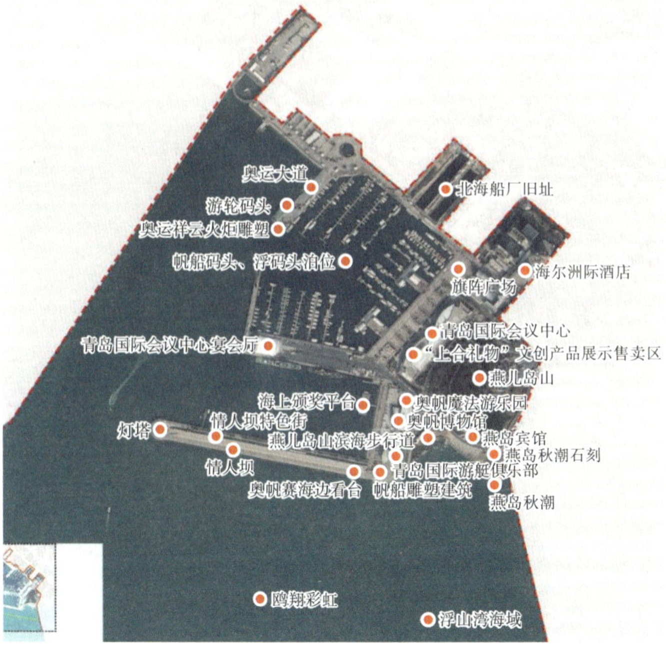

附图 9-4　奥帆中心区域资源布点图

附表 9-4　景区旅游资源亚类与基本类型比较

主类	亚类			基本类型		
	分类表/类	本景区/类	比例/%	分类表/类	本景区/类	比例/%
地文景观	4	1	25	17	1	6
水域风光	5	1	20	13	3	23
生物景观	2	2	100	8	3	38
天象与气候景观	2	2	100	5	2	40
建筑与设施	3	3	100	39	17	44
历史遗迹	2	1	50	8	2	25
旅游商品	3	3	100	15	9	60
人文活动	2	2	100	5	4	80
合计	23	15	65	110	41	37

完整性

奥帆中心区域以突出人文景观和帆船特色为主，兼顾重大赛事节事与日常旅游，注重公益性和开放性，确保了奥帆中心文化遗产的完整性和传承性。

为确保承担2008年奥帆赛、残奥帆赛建筑设施和奥帆中心赛事功能的真实性与完整性，重点保护精品建筑，青岛市政府从实体和功能保护两方面对奥帆中心保护范围内陆域部分与水域部分进行保护（附表9–5）。奥帆中心保护范围内严格控制插建、添建其他建筑，因特殊情况确需新增建筑和设施或对现有建筑进行改造，必须严格按照《文物保护法》的规定上报文物管理部门，经市政府批准后方可实施。所添加建筑、设施或改造工程必须与奥帆中心历史风貌相协调（附图9–5）。

附表9–5　保护要素统计表

保护对象分类		数量
重点保护建筑		8
重点保护设施		8
自然景观要素	燕儿岛山	1
	燕岛秋潮	1
人文景观要素	雕塑	4
	标志物	9
	特色铺地	2
	灯具	212
	古力井盖	820

青岛市人民政府文件

青政发〔2011〕20 号

青岛市人民政府
关于公布第九批青岛市文物保护单位的通知

各区、市人民政府，市政府各部门，市直各单位：

为进一步加强我市文物保护工作，市政府决定，将青岛奥林匹克帆船中心（市南区燕儿岛路 1 号）列为第九批青岛市文物保护单位，现予公布。

各级人民政府、各有关部门和单位应当根据《中华人民共和国文物保护法》、《中华人民共和国文物保护法实施条例》及相关法律法规的有关规定，切实做好文物保护利用工作。

附件：青岛奥林匹克帆船中心保护范围、建设控制地带和保护内容

青岛市人民政府

二〇一一年四月十五日

—1—

附图 9–5　青岛市人民政府相关文件

保护内容主要是从实体和功能保护两方面对奥帆中心保护范围内陆域部分与水域部分进行保护（附图 9–6）。其中陆域部分保护内容包括主运行中心（通称“指挥中心”）、媒体中心、陆域停船区、后勤保障与供应中心、旗阵广场、运动员中心、青岛奥运村、行政与比赛管理中心、奥帆博物馆、青岛市水上运动训练基地。对陆域保护建筑、广场及设施实施原状保护，媒体中心主要用于帆船运动，陆域停船区优先保障帆船训练、竞赛的需要。

附图 9-6 保护要素分布总图

水域部分包括灯塔、主防波堤、海上颁奖平台、浮码头泊位、下水坡道、奥运纪念墙码头等。对灯塔、主防波堤、奥运纪念墙码头实施原状保护。举行帆船赛事时，优先保障海上颁奖平台、浮码头泊位、下水坡道的使用功能。

海底世界区域注重完整性保护及环境氛围营造，注重文物古迹和景观的真实性及完整性保护。

海底世界重视对景观、生态、文物、古建筑的保护投入，全年用于景观、文物、古建筑（3 号楼）、生态系统（维生系统）、珍稀名贵动植物（沙虎鲨等名贵动物）的保护费用已超过门票收入的 10%。海底世界全面保持文物古迹和景观的真实性和完整性，未对古迹做任何破坏性改造和损坏，真实性及完整性得到良好体现。

建筑充分考虑自然景观、展馆与自然风貌有机结合，和谐统一。

海底世界是全国第一个完全建立在地面以下的海洋生物展馆，整体建筑充分考虑青岛的自然景观，将海洋展馆的特点与青岛的自然风貌有机地结合在一起，达到和谐统一的目的。

海底世界出入口建筑格调典雅独特，对区内主体景观有烘托效果，运用能反映当地风情的本土特色建筑风格和材料能很好地反映和突出主体景观，尤其是建于 20 世纪 30 年代的青岛水族馆，选择了中国古典城堡式建筑造型，与海边红色礁石相协调，建筑色调与周围环境极为融合。

青岛水族馆

海底世界饲养着上百种、近万尾的海洋生物，小到浮游生物，大到鲨鱼，展示品种包括海洋鱼类、海洋节肢动物、棘皮动物、腔肠动物、海洋爬行动物等。海底世界拥有一套完整的海洋生态系统，展示的各种海洋生态包括潮间带生态、红树林生态、黄渤海鱼类生态、珊瑚礁鱼生态等。

市场影响力（附表 9-6）

标准分值：35。

自检分值：34。

附表 9-6　市场影响力自检得分表

标准序号	评定项目	标准分值	自检得分
1	知名度	10	10
2	美誉度	10	10
3	市场辐射力	10	9
4	主题强化度	5	5

一、知名度

（一）景区关注度高

山东省优质旅游资源众多，根据中国旅游研究院报告显示，在山东省热门景点排行榜（附图 9-7）中，奥帆中心位居第八位，深受广大游客的喜爱。

根据百度指数 2020 年 5 月至 2020 年 8 月对搜索“奥帆中心”和“青岛海底世界”的统计（附图 9-8），其网络搜索量环比持续增加。

排名	目的地	景点
NO.1	青岛	栈桥
NO.2	青岛	八大关景区
NO.3	青岛	崂山风景区
NO.4	青岛	金沙滩
NO.5	青岛	五四广场
NO.6	青岛	天主教堂
NO.7	青岛	小青岛
NO.8	青岛	奥林匹克帆船中心
NO.9	济南	趵突泉景区
NO.10	青岛	啤酒博物馆

数据来源：中国旅游研究院 马蜂窝旅游网 自由行大数据联合实验室

附图 9–7 山东热门景点

搜索指数概览

关键词	整体日均值	移动日均值	整体环比	移动环比
青岛海底世界	383	252	107%↑	208%↑
奥帆中心	185	114	47%↑	77%↑

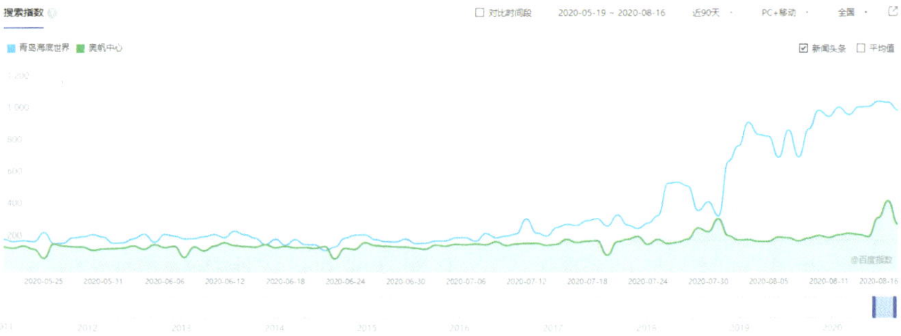

附图 9–8 热门景点搜索指数

（二）奥帆品牌蜚声海内外

（三）海底世界是青岛乃至全国海洋文化的知名品牌

（四）媒体大量报道

（五）领导重视——国家领导人连续两年莅临

（六）社会知名人士高度赞扬

二、美誉度

标准分值：10。

自检分值：10。

（一）景区在国内外均受一致好评

青岛奥帆海洋文化旅游区已逐渐成为备受市民与游客青睐的岛城经典热门旅游景点，品牌建设成果累累，获得了国内外游客的一致好评，社会效益和经济效益持续增长。

奥帆中心区域作为一流的帆船运动基地，拥有极高的核心竞争力，积极承办各类知名国际、国内帆船赛事活动，为推动帆船事业发展做出了不可替代的贡献。

海底世界区域人遵循“以心换心，创造感动”的服务理念，让八方游客“畅游海底世界，感受海底情深”，打造出了“海底情深”服务名牌。

（二）游客满意度

两个区域均获得多个荣誉称号。

三、市场辐射力

标准分值：10。

自检分值：9。

奥运会及国际帆船赛吸引了全国乃至全世界的运动员和游客来青岛旅游，直接推动了青岛旅游业的快速发展；海底世界作为中国海洋科普胜地，年均接待海内外游客 200 万人次左右。同时，众多国际帆船赛事增进了中外文化的交流，提高了青岛的城市知名度，有效提升了旅游市场辐射力，推动游客量不断增长。2019 年，青岛奥帆海洋文化旅游区接待游客人数 781 万人次，其中，奥帆中心区域接待 610 万人次，海底世界区域接待 171 万人次，接待入境游客总数为 12 万人次（附表 9-7）。

附表 9-7　2017—2019 年景区接待游客量

年份	奥帆中心区域		海底世界区域		青岛奥帆海洋文化旅游区	
	游客总量/万人次	入境游客数/万人次	游客总量/万人次	入境游客数/万人次	游客总量/万人次	入境游客数/万人次
2017	216 （注：2017 年准备上合场馆建设暂时封闭）	3.54	207	3.39	423	6.93
2018	495.15	7.61	194	2.98	689.15	10.59
2019	610	9.19	171	2.81	781	12

四、主题强化度

青岛奥帆海洋文化旅游区以“海洋文化”为主题，推出海洋体育文化、海洋科学文化、海滨休闲娱乐等多元立体化主题旅游产品，致力于打造以帆船运动和海洋研学为支撑的世界知名海洋文化旅游地。

（一）海洋体育赛事和运动

海洋体育赛事包括克利伯环球帆船赛青岛站、青岛国际帆船周·海洋节、青岛国际 OP 帆船营暨帆船赛、中国国际航海博览会暨中国（青岛）国际船艇展览会、城市俱乐部国际帆船赛、国际极限帆船系列赛青岛站。

海洋体育运动包括体育训练、运动体验、体育产业。

（二）海洋科普研学

海底世界以海洋文化展示、科普为核心，推出主题展览、主题演出、知识竞赛、科普宣传等产品，丰富和强化海洋科学文化主题。

（三）滨海休闲娱乐

滨海休闲娱乐包括文化展示、文创商品、主题演出、旅游商业。

附录 10

联合申报必要性和可行性说明书

关于青岛奥帆海洋文化旅游区奥帆中心和海底世界区域联合申报国家 5A 级旅游景区必要性和可行性的说明

国家文化和旅游部：

青岛奥帆海洋文化旅游区由奥帆中心景区和海底世界景区联合申报，两大区域具有良好密切的关联性和通达性，属青岛旅游集团的确权管辖范围和实际活动范围，符合国家 5A 级景区联合申报的条件。现将联合申报的必要性和可行性说明如下。

一、必要性说明

青岛奥帆海洋文化旅游区创建国家 5A 级旅游景区意义重大，将作为世界级赛事、峰会运营开发的标杆，作为展现大国海洋文化的窗口及山东省海洋旅游的示范。奥帆中心和海底世界联合申报国家 5A 景区十分必要。

（一）青岛市旅游高质量发展的需要

习近平总书记在上合青岛峰会后指示，“办好一次会，搞活一座城”。奥帆中心作为峰会举办地和奥运遗产，创建国家 5A 级景区，是青岛市提升景区的品质、做大做强景区战略的重要支撑。

（二）青岛市滨海旅游资源整合发展的需要

青岛致力于打造国际一流滨海度假旅游胜地，需要一定数量高质量5A 品牌景区支撑，尤其是海洋品牌景区支撑。奥帆整合奥帆中心和海底世界滨海旅游资源，助力青岛海滨旅游发展。

（三）奥帆中心与海底世界发展的需要

奥帆中心突出的海洋体育运动、滨海休闲娱乐、海洋文化体验、研学教育、会议会展产品，与海底世界的科普研学、海洋展示、创意体验等产品形成互补，丰富了整个景区的旅游产品，同时实现市场共享、做大做强，提升旅游品质与市场竞争力。

（四）满足游客对高端旅游产品的需要

旅游区突出海洋文化主题，奥帆中心和海底世界两大区域海陆一体、海陆互动发展，是满足休闲度假时代游客对于高端旅游产品的需要。

二、可行性说明

（一）景区临近、交通便捷

奥帆中心和海底世界两大区域陆上相距 6 千米，有景区免费大巴车和公共交通联通；海上相距 7 千米，有景区游船联通。

（二）构成最美海岸观光带

奥帆中心位于青岛市浮山湾畔，海底世界位于汇泉湾畔，同处在享有“世界最美海湾”美誉的青岛湾，串联构成青岛最美海岸观光带。

（三）统一的景区管理机构

奥帆中心和海底世界同属青岛旅游集团管理，并正在组建统一的运营公司、整合一票通。

（四）形成了一体化交通体系

奥帆海洋文化旅游区开通了水陆旅游专线，陆上每半小时一班，水上每 1 小时一班，同时沿线为自驾车游客、自行车游客提供便捷服务，并有滨海步行栈道相连。

（五）海洋文化是共同主题

奥帆中心突出奥运主题、帆船元素和滨海休闲休闲，海底世界突出海洋观光旅游、科普教育，资源与业态具有共同海洋文化主题的同时，又具有互补性，共建海洋文化旅游品牌。

综上所述，联合申报国家5A级景区符合申报的条件，有利于整合双方优势资源和景区的长远发展。

特此说明。

青岛奥帆海洋文化旅游区
2020年11月15日

青岛奥帆海洋文化旅游区海上游船

附录 11

无权属争议的承诺书

旅游景区所依托的资源、涉及游览服务的重要资产不存在权属争议的承诺书

青岛奥帆海洋文化旅游区承诺：

所申报的国家 5A 级旅游景区创建范围内，旅游景区所依托的资源、涉及游览服务的重要资产不存在权属争议事项。

特此承诺。

单位公章：

负责人签章：

年　　月　　日

附录 12

廉政承诺书

5A 级旅游景区景观质量评价专家评审会
参评单位廉政承诺书

为严肃工作纪律，确保 5A 级旅游景区资源评价评审工作的客观公正，防止违法违纪行为发生，特作如下廉政承诺。

1. 严格按照《旅游景区质量等级管理办法》《旅游景区质量等级的划分与评定》等旅游景区景观质量评审的相关规定和程序参加评审。

2. 参评单位不私下与评审专家等与评审工作有关的人员接触：不向上述人员赠送礼金、礼品和有价证券等。

3. 参评单位不得私下向评审专家、工作人员打听评审情况。

4. 自觉遵守评审现场工作纪律，不干扰正常的评审秩序，服从评审会工作人员的现场安排。

单位公章：

负责人签章：

年 月 日

附录 13

景区开放合法性承诺书

青岛奥帆海洋文化旅游区承诺：

青岛奥帆海洋文化旅游区（奥帆中心 + 海底世界）系青岛旅游集团管辖，开放过程中严格遵守国家及青岛市有关规定，符合各相关法律法规要求及行业管理的有关规定，各项审批手续完备，不存在违规违法行为，开放合法。

特此说明。

承诺单位：

承诺人：

年　　月　　日

附录 14

青岛奥帆海洋文化旅游区制度汇编

第一章 总 则

为加强青岛奥帆海洋文化旅游区的管理，合理开发利用和保护旅游资源，建立良好的旅游市场秩序，维护旅游者和旅游经营者的合法权益，促进青岛奥帆海洋文化旅游区的发展，根据国家有关法律、法规、标准的规定，结合本景区的实际，制定本制度。

青岛旅游集团有限公司负责对青岛奥帆海洋文化旅游区域内的旅游景点进行统一规划、统一开发、统一管理、统一经营；负责制定青岛奥帆海洋文化旅游区内的管理制度，制订安全运营方案和景区从业人员的培训方案等，对景区内的工作人员及旅游配套设施进行统一管理。

集团公司成立分公司，负责青岛奥帆海洋文化旅游区（奥帆中心、海底世界）运营管理工作。制度汇编由奥帆中心和海底世界的制度汇总而成。

青岛旅游集团有限公司利用旅游资源和设施，为旅游者提供游览、研学、住宿、餐饮、交通、购物、文化娱乐等综合性服务。

景区发展实行社会效益、经济效益和环境效益相统一的原则，积极创建文明、和谐旅游景区，强化以人为本的宗旨，利用景区进行爱国主义宣传教育，充分发挥旅游业在社会主义物质文明和精神文明建设中的作用。

第二章　机构与制度

1　集团组织框架

1.1　集团概况

2013年11月，青岛旅游集团在青岛市工商行政管理局登记成立。2015年12月列为青岛市直企业。2020年12月，青岛旅游集团被评为山东省爱国拥军模范单位。青岛旅游集团作为竞争力强、产业链完整的大型国有旅游集团，旗下拥有青岛国际会议中心有限公司、青岛旅游景区运营管理集团有限公司、青岛汇泉海洋科技开发有限公司、青岛海洋文旅产业集团有限公司、青岛旅游资源投资有限公司、青岛文旅建设有限公司、青岛文旅融合发展集团有限公司七大一级子集团及公司。公司经营范围包括旅游投资与建设、旅游会展、酒店投资与管理等。

1.2　领导班子及机构设置

青岛旅游发展集团有限公司党委书记、董事长：汪舵。党委副书记、总经理：张海军。党委委员、纪委书记：齐玉国。

集团公司下辖分公司，承担青岛奥帆海洋文化旅游区国家5A级旅游景区创建主要业务。下设市场营销部、交通运营部、财务管理部、综合管理部、物管部、智慧中心、奥帆中心、海底世界。

2　部门职责

2.1　综合管理部职责

2.1.1　办公室职责

2.1.1.1　负责公司重要事项、重大活动的组织协调与服务，负责单位上下、内外联系与协调。

2.1.1.2　负责公司会务、文秘、保密、接待、后勤、档案、通讯、值班、车辆、固定资产管理、电子政务信息等日常工作。

2.1.1.3　督查公司承办的市委、市政府以及区委区政府的重要事项、重要文件及领导批办落实情况。

2.1.2　人力资源岗位职责

2.1.2.1　负责公司整体人力资源规划，制订完善公司人力资源政策及劳动、人事、分配制度等方案，推动组织变革完善。

2.1.2.2 负责公司招聘、培训、员工关系建设、员工职业规划的实施推进及薪酬、绩效的监督管理，做好集团公司人才发展战略规划。

2.1.2.3 负责公司各种职称的申报、管理和员工的劳动技能鉴定工作。

2.1.2.4 负责调解处理各种劳动争议；负责制定员工请销假制度，做好人员请假审核。

2.1.2.5 完成公司交办的其他工作。

2.1.3 党群职责

2.1.3.1 负责公司党建工作计划的提出和落实。

2.1.3.2 负责公司党委各类公文的处理、会议与活动的组织协调和党委印章的管理使用，以及党委理论学习中心组的理论学习组织等工作。

2.1.3.3 负责基层党组织建设与管理工作，负责党员的教育、培养和发展，承担党费收缴和党建专项经费的管理及使用工作。

2.1.3.4 负责中层管理干部的培养、考察与推荐。

2.1.3.5 负责公司意识形态、思想政治、精神文明、群团组织建设工作。

2.1.4 后勤职责

2.1.4.1 负责旅游区环境因素的监控工作。

2.1.4.2 负责旅游区水、电、暖、基础设施等能源的管理。

2.1.4.3 负责旅游区员工食堂管理工作。

2.1.4.4 负责旅游区其他后勤管理事宜。

2.2 市场营销部职责

2.2.1 制订公司市场营销规划、文化产业规划。

2.2.2 负责公司市场分析、对外合作、市场营销工作；负责公司企业化建设、对外宣传等工作。

2.2.3 负责公司文化旅游产品的策划、宣传、推广；负责公司文创商品研发、生产、营销、推广，同时做好文创产品专利（知识产权）申报和商标注册管理。

2.2.4 负责公司权属旅行社的管理，负责联络协调各行业协会及旅行社等团体，开展公司各类重大旅游节事和旅游市场推介等活动。

2.2.5 负责公司电子商务建设。

2.3 交通运营部职责

2.3.1 承担陆路交通、水上交通运营与监管的责任。组织制定道路、水路游客游览合理化的游线，运营规范并监督实施。

2.3.2 维护景区交通车辆正常运营行驶，负责执行公司安排的运输任务，通过分配或临时指定交通车辆的形式进行。指导汽车客运和管理工作，负责汽车行业管理工作，明确司机职责。

2.3.3 承担水上交通运营与安全监管的责任。负责水上交通安全行驶，船舶及相关水上设施检验、登记和防止污染、水上消防、航海保障、救助打捞等工作。负责水域水上交通安全事故、船舶及相关水上设施污染事故的应急处置，指导水上交通工作。

2.3.4 严格服从公司管理制度，严禁任何时候以任何理由破坏、干扰、中断正常运营秩序。

2.4 财务管理部职责

2.4.1 负责公司财务核算、资金管理、筹融资、债券发行及资本运作工作。

2.4.2 负责所属各单位财务管理、税务筹划、资金集中管控、公司财务信息一体化建设、重大筹融资方案的指导及审批等工作。

2.4.3 负责公司、权属单位、控股企业的产权登记、资产管理、对外担保管理工作。

2.4.4 负责全面财务预算编制、审核审批工作，财务决算编制汇总工作，公司财务专用章及财务印鉴的管理工作；负责制订公司财务发展战略规划，制定财务、资产、筹融资等工作管理制度。

2.5 物管部职责

2.5.1 景区维护岗位的职责

2.5.1.1 负责制订主要设备、设施年度维修保养计划并组织实施。执行维修申报填单制度，明确维修地点、维修项目、完成时限、维修负责人、验收人等。

2.5.1.2 负责旅游区内的景观、生态、文物及各类建筑物的维修与保养。

2.5.1.3 严格落实设施运行和维护保养工作，确保旅游区的辅助设施处于良好的运行状态，以保障游客的人身和财产安全。

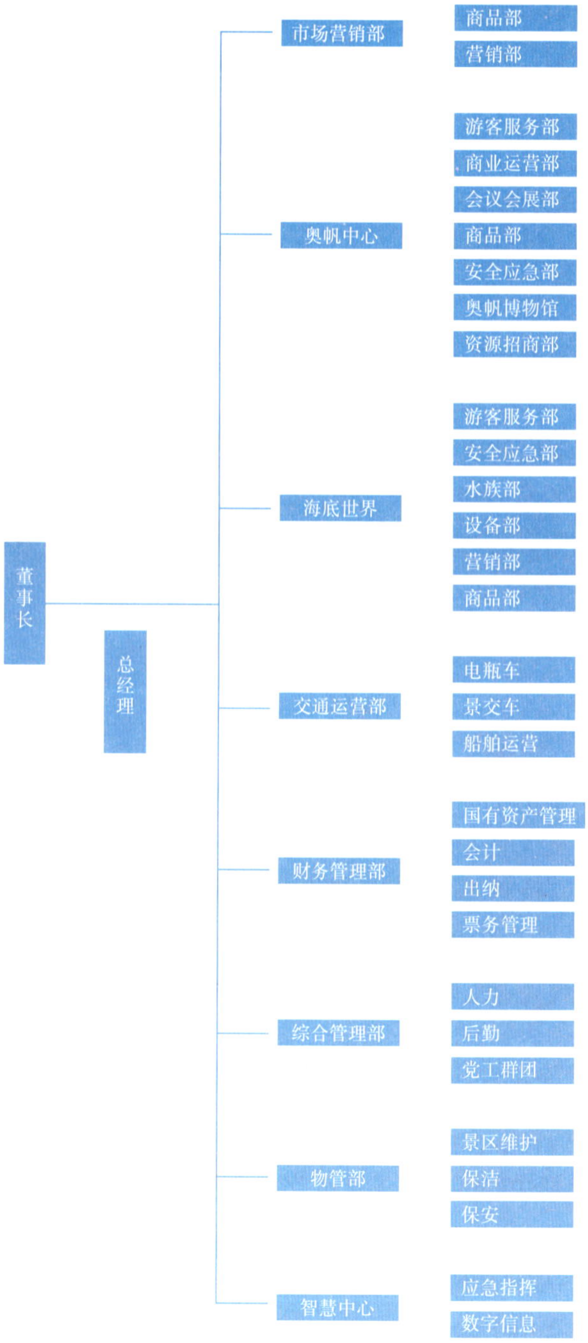

附图 14-1　青岛奥帆海洋文化旅游区组织架构图

2.5.2　环卫保洁岗位的职责

2.5.2.1　负责旅游区范围内的环卫管理工作。

2.5.2.2　负责对旅游区的垃圾清运、消杀等管理。

2.5.2.3　负责对旅游区的固体废弃物实行管理和控制，并负责定期组织检查与清运。

2.5.2.4　负责旅游区绿化及维护保养的监督管理工作。

2.5.2.5　负责旅游区闭园后的清扫工作，保证旅游区游览环境干净卫生。

2.5.3　保安岗位的职责

2.5.3.1　负责旅游区游览秩序维护、景区财产和游客安全的保卫及重要贵宾的警卫工作。

2.5.3.2　负责旅游区营业时间内协助综合管理部对人员、车辆及物品的出入园进行严格控制和管理，保障景区的财产安全。

2.5.3.3　负责旅游区闭园前的清场和闭园后景区的安全巡查工作，并对闭园后的人员、车辆、物品的出入园进行严格控制和管理。

2.5.3.4　负责旅游区游览设施和景点的检查与看护工作。

2.6　智慧中心职责

2.6.1　负责旅游区智慧旅游建设工作。

2.6.2　负责旅游区视频监控管理，并确保监控数据保留15天以上。

2.6.3　负责旅游区游客流量的实时监测，游客超限自动报警。

2.6.4　负责旅游区火险、地质、自然等灾害自动探测报警系统。

2.6.5　负责旅游区车辆、船舶GPS定位系统，建立现场工作人员的GPS定位系统、游客车辆车牌识别统计分析系统与停车场泊车量统计系统。

2.7　奥帆中心职责

2.7.1　奥帆中心区域下设游客服务部、商业运营部、会议会展部、商品部、安全应急部、奥帆博物馆及资源招商部。

2.7.2　主要职责负责奥帆中心区域的景点运营与管理。负责制订战略规划、年度目标计划与预算编制；抓好市场开拓、成本管控等整体经营管理的策划、组织与落实，推动优质旅游事业发展。

2.7.3　负责旅游区的旅行团体、散客接待，全面提升旅游区优质服务水平。

2.7.4　负责调整优化旅游区的旅游产业结构，及时把握旅游行业发展状况，提升旅游区经济效益、生态效益和社会效益，确保资产保值增值。

2.7.5　负责旅游区的意识形态工作，妥善处理舆情舆论，营造和谐美好的旅游氛围。

2.8　海底世界职责

2.8.1　海底世界区域下设游客服务部、安全应急部、水族部、设备部、营销部及商品部。

2.8.2　负责海底世界区域的景点运营与管理。制订年度工作计划与制定年度工作目标，提高服务水平和经营管理质量，做好旅游新业态开发，落实经营管理策略。

2.8.3　负责海底世界区域的文化产业创意产品开发与运营，规范商业经营行为，丰富旅游商品种类。

2.8.4　负责海底世界区域的海洋科普教育活动与特色表演活动的开发，塑造海洋科普知识的品牌。

第三章　场地设施管理及服务管理制度

1　景区游客中心设置与服务规范

景区游客中心主要设置包括售票服务、导游讲解服务、咨询服务、特殊人群服务、医疗救护人员服务和投诉受理服务等。

游客服务中心位置适中，规模适度，设施齐全，提供信息、咨询、宣传等服务。景区游客中心主要设置包括售票服务、导游讲解服务、咨询服务、特殊人群服务、医疗救护人员服务和投诉受理服务等。

接待人员应热情礼貌、普通话标准。提供对外电话咨询服务，电话服务人员普通话标准，能熟练使用一门外语进行对游客的答疑服务。

1.1.　售票员服务规范

1.1.1　根据游客流量设置相应数量的售票窗口，并根据实时流量开放相应数量的窗口，必要时可分设团队、散客和网络售票窗口。

1.1.2　售票员熟练掌握公司票务制度相关的票务销售业务，按规定向游客出售景区的门票。

1.1.3 售票员准确、清晰、迅速地唱收唱付，保证热情礼貌，售票快速准确。

1.1.4 售票员应熟悉了解景区有关信息和相关知识，给游客必要的提示和咨询解答。

1.2 导游（讲解员）服务规范

1.2.1 讲解员/导游员必须服从游客服务部的统一管理，自觉维护景区利益，积极以最优质的服务接待各方游客，严禁不服从工作安排，随意挑团、甩壳。

1.2.2 讲解活动必须经游客服务部委派，讲解员不得私自承揽或者以其他任何方式或借口直接承揽导游、讲解业务，如确因游客临时需要讲解服务时，妥员应事先告知游客服务部讲解领班同意后方可服务。

1.2.3 讲解员/导游员在开展讲解活动时，应遵守职业道德，经过系统培训合格后上岗、规范着装，礼貌待人，尊重旅游者的民族尊严、宗教信仰、民族风俗和生活习惯，保持全程热情服务，自觉维护景区荣誉。

1.2.4 讲解员/导游员应熟悉青岛奥帆海洋文化旅游区涉及的所有景点的讲解词，讲解真实、准确、生动，讲解内容健康、科学。

1.2.5 讲解员/导游员的讲解提供有偿服务，严禁讲解员擅自违规收费。

1.3 特殊人群服务规范

1.3.1 对特殊游客（老人、幼儿、孕妇、残疾人等）提供个性化服务，确保服务质量。

1.3.2 景区内必须设有残疾人专用通道、残疾人专用便池及特殊指示标识。

1.3.3 游客服务中心负责为残疾人、老人、幼儿提供轮椅、婴儿车或母婴室服务。

1.3.4 其他部门负责协助特殊游客的相关接待和服务。

1.4 医疗救护人员服务规范

1.4.1 设立医务室，拥有必备的医疗设施和医护人员，提供必要的医疗救护服务。

1.4.2 定期清点药品、医疗器械并及时配备

1.4.3 游客在景区发生意外伤害时，医疗救护人员接到通知后应立即

赶往现场，对伤病员进行紧急抢救。如需要进一步确诊或伤情比较严重的，医务人员应建议游客到医院进行救治。

1.4.4 坚持医疗原则，合理用药，严防医疗事故的发生。

1.4.5 遵守医德规范，端正医疗作风，全心全意为游客服务。

1.5 投诉处理服务规范

1.5.1 明确规定投诉的处理程序，客观、公正、高效地处理游客投诉与抱怨，使游客满意。

1.5.2 游客的函电（包括各种信函、传真、电话、网络等）投诉由景区投诉主管部门统一处理。

1.5.3 游客的现场投诉执行首问责任制，每一位工作人员，都要提供必要的咨询及投诉建议，或者根据授权范围直接受理游客的投诉。

1.5.4 处理游客投诉时要求客观理性，坦诚接收游客投诉，真挚道歉，表情要与游客互动，安抚游客的激动情绪；游客陈述时要耐心倾听，点头答应；条件允许的情况下进行书面记录，以示尊重。协助游客分析原因，解决问题，进行服务补救；图现场无法处理或超出权限，及时升级。

1.5.5 投诉处理完毕后，首位投诉接收者、中间的升级者及投诉处理最终的答复者，就不同角度对游客进行回访。

1.5.6 《投诉登记表》由处理部门归档保存。

1.5.7 要以包容开放的心态对待投诉，严禁推诿、冷漠，以及发表任何不负责任的言论。

1.6 智慧旅游建设与服务规范

1.6.1 设有信息发布、视频监控、运行监控、门票服务、自助导游、广播服务、紧急救援、应急充电等设施设备。旅游区内的设施设备应有专人负责，定期维护，确保其在营业时间有效运行。

1.6.2 建设旅游区官方网站，包含旅游区基本情况介绍、信息查询、旅游线路推荐与规划、景区推介、线上游览、景区导览、电子商务服务、多语种服务、多方式支付等，其操作智能便捷，便于定期维护、及时更新。

1.6.3 旅游区视频监控覆盖重要景点、客流密集地段、事故多发地段等重点区域，并实现全时段监控，智慧中心应有人值班。监控时支持录像和查看，录像数据保留15天以上。视频监控能协助实现客流、人流的监控和疏导。

1.6.4 旅游区建立覆盖全区域的应急响应系统，并能根据应急情况处理预案对游客突发事件进行综合指挥和救援服务。在主要路段或者事故多发地段设置应急报警装置，并实现危险区域闯入、火险、游客容量超出限制范围后自动报警。旅游区设有应急广播，覆盖旅游区主要地段，设备需定期维护，保证其正常运行。

2 景区停车场管理制度

为确保旅游区停车场内的车辆及设施、人身和财产安全，特制定了如下管理规定。

2.1 停车场管理条例

2.1.1 进入停车场的车辆，应遵守本停车场的规定。

2.1.2 进入停车场车速应控制在5千米/小时，减速慢行避让行人。

2.1.3 车辆进出不得堵塞行车道，否则本车场将采取强制措施疏通车道，一切后果由该车主负责。

2.1.4 停车入位，按照规划的车位线停放车辆。

2.1.5 如有载有易燃易爆危险物品等车辆，谢绝进入本停车场。

2.1.6 爱护停车场内公共设施设备。

2.1.7 不要在车内存放贵重物品，下车请锁好车门关好车窗，若因此而造成的一切损失，由车主自行承担。

2.1.8 请爱护停车场内的设施，讲究卫生，不得随地乱丢垃圾杂物等。

2.1.9 严禁司机、导游等人员强买强卖物品。

2.1.10 因违反本规定之条款而致使车辆造成的任何损失，本车场概不负责。

2.2 停车场岗位职责

2.2.1 收费员岗位职责

A. 严格按工作程序进行操作。

B. 负责对驶出的车辆进行收费工作并出具停车发票。

C. 负责对驶出的车辆进行图像对比，确保进出口车辆图像相符。

D. 保持礼仪服务，使用文明用语，维护项目形象。

E. 保证收费速度，确保车辆畅通。

F. 按时上交各类票款，杜绝票款不正常流失。

G. 对在岗位上发生的突发事件及时上报。

H. 负责向司机解释收费标准，提供完善服务。

I. 严格按照规定详细、规范地做好值班记录。

J. 负责做好各项工作的交接，确保工作顺畅进行。

K. 积极参加公司及部门组织的各类培训。

L 完成领导交办的其他工作。

2.2.2　车场巡视员岗位职责

A. 负责停车区域的安全巡视工作，包括车辆安全、人员安全、消防安全、设备安全等。

B. 负责对进出车位的车辆进行指挥，杜绝一车占多位。

C. 负责对管辖区域内的设施、设备的数量及完好率进行检查，发现损坏进行记录并立即上报领班。

D. 负责对车区内的停放车辆进行检查，发现有划痕或损坏现象做好记录工作并立即上报安防监控和领班。

E. 负责对管辖区域内的环境及卫生状况进行检查，发现问题及时找保洁员进行清理。

F. 负责做好日常消防巡视，在发生火灾时及时报警并上报值班经理、安全疏散人群并做好前期的扑救工作。

G. 负责对车区内可疑的人、车、物进行监督检查工作并做好记录工作。

H. 负责各种应急预案的实施工作，严格按照规定进行落实。

I. 负责临时性突发事件的处理、上报以及记录工作。

J. 严格按照分公司及项目要求以及相关管理规定上岗。

K. 负责做好上级领导交办的其他工作。

2.3　停车场管理服务人员形象规定

服务人员上岗应按规定着装，佩戴服务标志，保持衣着整洁。

2.3.1　所有服务人员在工作时间内必须按季节穿着单位统一发放的配套

制服。

2.3.2　着装必须规范、合体、整齐、扣好纽扣，不得敞胸露怀。

2.3.3　制服：必须干净、整洁、完整、无褶皱、污迹、缺损、汗渍及明显异味。

2.3.4　衬衫：系好领扣和袖口，并应将下摆系入裤子或裙子内，不得外露；着长袖衬衣时，不得卷起袖子。

2.3.5　帽子：帽子佩戴要端正，帽檐向前，不准歪戴和斜戴。

2.3.6　鞋袜：男女员工统一穿黑色皮鞋或布鞋，穿黑色或深色不透明袜子。女员工穿裙装时统一穿黑色丝袜和半跟黑皮鞋，要保持鞋面清洁擦亮。

2.3.7　工牌、徽标：工牌佩戴在胸前显眼处，如佩带武装带，一律左斜式佩戴。需要戴巡逻执勤红袖章时，须戴在左臂公司徽标下。

2.3.8　员工应爱护工装，进行妥善保管和使用，因自身原因造成服装损坏或丢失需重新领用服装，领用人需交纳服装费。

2.3.9　员工违反着装管理规定的处以50~200元罚款。

2.4　文明服务规范

2.4.1　文明服务目标

进得来，停得下，找得着，出得去。

2.4.2　停车场内的管理

2.4.2.1　管理目标

停放安全、出入顺畅、整洁有序。

2.4.2.2　管理内容

为停车场提供 24 小时车辆指挥引导和巡视服务。

2.4.2.3　车辆进出口管理。

A. 提供问询服务，遇到司机问询，要耐心解答。

B. 对进出停车场的车辆行举手礼，引导车辆快速入场。

C. 维护停车场出入口交通秩序，禁止行人及非机动车穿行。

D. 制止超高、超宽、超长、超重等不符合停放要求的车辆进入，禁止装有易燃、易爆、有毒、有害等危险品或其他违禁物品的车辆进入。

E. 观察车辆是否有漏水、漏油等情况，提醒驾驶员关好门窗、随身携带贵重物品。

F. 遇到入口处设备故障及时通知技术人员，并采取措施避免交通拥堵。

G. 随时和地库巡逻人员沟通车位停放情况，特别是在车辆进出高峰期，保证出入口的行驶畅通。

H. 禁止小商、小贩、闲杂人员进入车场及在入口处摆摊设点。

2.4.2.4 车辆安全巡视。

A. 工作现场安排专人安全巡视，巡视检查间隔时间不超过 2 小时。检查车辆停放情况、停车场设施设备、标识标牌等的完好情况，并做好检查记录，发现损坏及时上报。

B. 巡视中发现停放车辆未关车门、车窗的，立即上报值班领导，给车辆罩上车衣，做好事件处理记录。

C. 当发现车辆较新的划痕、蹭伤、被损等情况时，立即做好记录，查找是否在本车场内损坏，在 30 分钟内将检查情况上报主管领导。

D. 当发现有人盗抢或可疑移动停放车辆的，立即报告值班领导，协助收费岗控制车辆出场，向公安机关报案。

E. 当发现车辆着火的，立即启动消防应急预案，组织并配合消防员做好火灾扑救。

F. 当发现设施设备损坏、故障、可疑移动等情况的（设备设施包括但不限于：消防设施、交通引导标识、指示牌、收费设备、安防监控设备、挡车器、锥型柱等），做好现场检查记录，3 分钟内上报值班领导，维护好现场秩序，配合维修人员工作。

G. 车场内发生车辆碰撞等交通事故的，用锥型柱将现场封闭，3 分钟内通知上级主管，指挥引导车辆从其他区域通行，确保场内畅通。

H. 当发现打架斗殴、盗抢等治安案件、刑事案件等违法活动的，巡视人员立即报警并上报值班领导。

I. 禁止在停车场内使用明火等危及消防安全的行为，巡视人员发现抽烟人员应及时劝阻。

J. 禁止在停车场通道内停放车辆、堆放物品等危及通行安全的行为，当巡视人员发现该种情况时，应及时制止、清理并于 1 分钟内通知上级主管。

K. 发现施工人员时，按照施工管理规定检查施工许可证、动火证、安全防护等。

L. 当出现（包括但不限于）上述情况时，巡视人员应在巡视记录上进行详细记录（包括时间、地点、人员、事件起因、经过、结果等），记录准确率 100%。

2.4.2.5　车辆引导服务。

A. 使用交管部门规范的交通引导手势疏导车辆，保证停车场内车辆沿正确行驶方向行驶，及时制止车辆逆行。

B. 负责停车场出、入口车辆引导，及时指挥引导车辆安全停放入位。

C. 为行人及车辆进行车区指引，使其尽快到达目的地。

D. 随时掌握所辖区域内的车辆停放情况，及时将车辆停放信息通过对讲机传达给各区域引导员，保证对车辆停放引导工作的及时性、准确性。

E. 阻止无关、闲散人员穿行车场或在停车场内逗留。

2.4.2.6　车辆故障应急服务。

A. 车辆发生故障时，巡视员在 2 分钟内到达现场。

B. 对阻碍通道的车辆及时采取措施挪开，方便其他车辆通行。

C. 在车场发生的交通剐蹭，原则上应由当事人自行协商解决，项目值班经理可以协助事故双方当事人进行报警处理。

D. 发生交通事故后，停车巡视员应提示司机开启危险报警闪光灯，夜间还须开启示廓灯和后位灯。

E. 有下列情形之一的，停车巡视员可协助司机标划现场，迅速协助司机将车辆移至不妨碍交通的地点报警，由项目经理将事件情况上报相关部门，等候交通警察和相关部门人员处理：碰撞建筑物、公共设施及其他设施的；无检验合格标志的；无交强险标志的；未在本市投保交强险的；一方逃逸的。

F. 有下列情形之一的，停车巡视员应立即报警，在现场等候交通警察处理：车辆无号牌的；驾驶人无驾驶证的；驾驶人饮酒的。

G. 发生单方交通事故仅造成自身车辆损坏的，停车巡视员可协助司机迅速将车辆移至不妨碍交通的地点向保险公司报案，等候保险公司处理。

2.5 停车场安全防范管理制度

停车场安全防范包括消防安全、车辆安全、人员安全、票款安全、信息安全等工作，为了做好停车场安全防范工作，我们将采取以下管理措施。

2.5.1 成立安全管理领导小组，由项目经理牵头，制订针对不同特点的安全管理方案和标准，建立安全管理档案，并定期对项目所辖范围进行全面细致的安全检查和整改。

2.5.2 对项目部所有员工进行日常安全管理和突发事件处理预案流程的培训，并通过定期考核、不定期抽查以及组织应急预案演练等措施，来提升所有服务人员安全意识，掌握安全应急技能。

2.5.3 加强消防安全的检查与培训，认真检查消防设施设备的完好情况，严格按照消防法律法规进行操作，使员工熟练掌握消防“四会”内容：会报火警、会使用灭火器、会扑救初起火灾、会紧急疏散。

2.5.4 加强车辆检查与管理，制订详尽的巡逻计划，提供全天24小时不间断巡视检查，重点检查车辆：车门窗是否锁好、车辆是否熄火、车身是否有剐蹭划伤、车辆漏油、是否按规定停放等。

2.5.5 做好对于停车场员工的安全教育工作，通过日常培训、案例教育等工作加强员工的自我防范意识，及时发现消防安全、车辆安全、票款安全等安全隐患，确保停车场工作的顺利开展和进行。

2.5.6 做好停车场出入口管理工作，加强出入口车辆检查和疏导，避免大面积拥堵和交通事故的发生，持续提高收费速度、保证票款安全、加强排队车辆的管理、维护收费系统的正常运行以及提升收费服务水平等。

2.5.7 对员工进行重大事件保障预案培训，并定期组织预案演练。提高员工重大事件保障响应速度和服务保障水平。

3 景区交通游览车船管理制度

为提高各景区整体服务水平，满足游客需要，确保车辆、船舶、乘客安全，特制定游览车船管理制度。

3.1 电瓶车管理制度

3.1.1 景区电瓶车由游客服务部负责管理。景区内的经营业户，需要购进电瓶车的，须向公司提出书面申请，待审批同意后方可进入景区。

3.1.2　景区实施人车分流，在景区内主干道设立电瓶车专用通道及门禁系统，非运营性电瓶车禁止跨区域行驶。

3.1.3　景区内电瓶车应手续齐全，并通过政府相关部门检测，取得牌照，电瓶车所属单位和部门负责车辆年审，确保车辆处于良好的运行状态，严禁带病上路。

3.1.4　电瓶车作为景区的特种机械设备，驾驶人员上岗前必须熟读《使用说明书》和《维修手册》，并获得相关部门颁发的特种车辆驾驶许可证后方可驾车操作。

3.1.5　景区内电瓶车所属单位及部门应与景区运营公司签订安全协议书并严格服从管理，遵守景区规定。非营运（工作用）电瓶车，禁止私自“拉客”及有扰乱景区电瓶车经营秩序的行为。

3.1.6　电瓶车及驾驶员信息资料由景区管理部统一编号建立工作台账。电瓶车证件含《产品合格证》《电瓶车使用说明书》《电池使用维修手册》，包括驾驶许可证、电瓶车证件、编号、所属单位、用途（性质）等。

3.1.7　电瓶车在景区道路上行驶要严格遵守限速规定（20千米/小时），严禁超速行驶。

3.1.8　电瓶车所属单位及部门应加强车辆的使用和管理，专人专车，严格管理，严禁非驾驶人员违规上路行驶。

3.1.9　电瓶车应按照运营线路规范行驶，严禁随意变更车道及行驶路线，严禁碾压木栈道，严禁乱停乱放。

3.1.10　电瓶车驾驶员严禁吸烟，应着装整齐、文明驾驶，礼让行人，规范鸣笛。

3.2　电瓶车行车管理制度

3.2.1　驾驶员应认真学习安全驾驶技术，不断提高技术水平。

3.2.2　遵守交通规则，做到安全行车。

3.2.3　牢固树立安全第一意识，自觉服从统一调度和管理，积极参加公司组织的电瓶车行驶培训活动。

3.2.4　严格遵守安全驾驶操作规程，驾车时不准闲谈、吸烟、吃零食、接（打）手机，不准穿拖鞋驾驶车辆。

3.2.5 驾驶员不得将车辆交他人驾驶，特殊原因需换车的，必须经分管领导批准。

3.2.6 严格遵守安全检查制度，严禁带故障出车，严禁开赌气车、英雄车，确保行车安全。

3.2.7 车辆一旦发生事故，驾驶员要及时向负责人报告，不得擅自处理。

3.2.8 电瓶车应有专人驾驶，并经训练和考核合格，持证开车。禁止无证驾驶。

3.2.9 开车前，应检查刹车、转向机、灯光等装置要完好，否则不准开车。

3.2.10 电瓶车驾驶员须按车辆额定人数载人，严禁超载。

3.2.11 车辆起步时要严格遵守安全操作规程，让车辆平稳起步。

3.2.12 行驶时应遵守景区交通安全规则和制度，不准随意超速、超车，不准随意将车驶往其他复杂路面或景点。

3.2.13 电瓶车在出人、拐弯和十字路口时，应鸣号、减速。必须做到“一慢、二看、三通过”，不准强行通过。

3.2.14 在行驶中发生故障或有异常时，应立即停车。不得开“带病”车。

3.2.15 电瓶车储存电能有限，连续运行时间不能过长。工作完毕后，做好电瓶车的维护保管工作，保持车辆完好。

3.3 电瓶车维修人员管理制度

3.3.1 确保每天车辆的安全使用。

3.3.2 定期检查车辆的隐患如轮胎、机械、电瓶液等。

3.3.3 车辆出现突发机械故障时应在第一时间进行抢修，不得拖延。

3.3.4 每天将车辆按顺序排列好（驾驶员配合）并及时充电，确保第二天正常运行。

3.3.5 如发现处理突发故障不及时、充电不到位，造成第二天车辆不能正常运行的，扣发当日工资并处罚金200元。

3.4 船舶安全运营及服务管理制度

3.4.1 开航前准备

各船船长根据航次任务组织航前会议，部署航次要求，填写《开航前安全自查清单》。

3.4.2 引导游客登船

客运部人员在船舶登船口迎接游客，优质服务，做好人数核实，严禁超载。

3.4.3 游客登船后服务工作

水手和服务员员正确引导游客到达相应区域，提醒观看客舱内电子或图像播放逃生、救生衣穿戴提示。

3.4.4 船舶航行中服务工作

甲板部、轮机部按照本船值班规定执行，保证船舶旅客人身、财产及船舶航行安全。客运部进行客舱内巡视，保持舱内卫生、提醒游客保管随身物品、提供开水服务、提供呕吐袋、特别注意老、幼、病、孕及残疾人等特殊游客的关心和照顾。

3.4.5 船舶安全管控措施

船舶到港靠泊结束后，甲板部协助客运部做好旅客离船工作，提醒游客携带随身物品，在下船口负责指引游客有序安全离船，特别留意照顾特殊游客。

3.4.6 游客下船后相关工作

船长按规定报送相关信息。客运部进行通风、卫生清扫、消毒清洁工作。各部门按法规要求检查设施设备，并填写记录文件。

3.5 船舶安全管控措施

为加强船舶航行与停泊安全管理，防止各类安全事故发生，特制定以下安全管理措施。

3.5.1 航行安全管理措施

3.5.1.1 船舶航行必须严格遵守《国际海上避碰规则》《青岛市海上交通安全条例》有关规定，严格执行海事局禁、限航管理规定。

3.5.1.2 船舶开航前各岗位人员要提前到位，做好开航前的设备设施检查工作并按管理体系要求记录完整。

3.5.1.3 船舶航行要严格执行《驾驶室规则》，加强航行值班，保持正规瞭望，不得进行有违安全航行的其他任何工作。

3.5.1.4 船舶航行值班由船长直接负责，如船长需短时间离开驾驶室，必须安排驾驶员在驾驶室值班，负责航行驾驶和船舶避让工作。

3.5.1.5 船舶航行要严格执行《驾驶台规则》，驾驶室值班人员（船长、驾驶员、舵工）必须严肃认真，着装整齐，履行船员职务，禁止闲谈，大声喧哗，禁止玩手机，驾驶室除值班人员外，其他人员如无必要工作联系禁止入内。

3.5.1.6 船舶航行中，船长、轮机长要按公司规定，安排好甲板部（包括客运部）、轮机部的安全巡视工作；船舶航行时，“蓝海珍珠”轮机舱必须保证有两人以上值班，并有轮机员在岗；值班人员必须严格遵守《机房规则》，安全操作规程和安全巡视检查制度等有关规定，发现设备故障或隐患，要及时报告驾驶台，采取必要措施，加以防范，抢修。

3.5.2 停航安全管理措施

3.5.2.1 各船按船舶管理规定做好停泊期间的值班。

甲板部值班人员应掌握气象、潮汐、水位等情况的变化，及时调整缆绳并采取必要的安全措施。轮机值班人员休息前要对机舱进行全方位检查，尤其海底门状况，同时要检查岸电接电电部位是否正常。

3.5.2.2 停航期间，值班人员应尽职尽责做好值班工作，定期巡查，无公司分管领导同意外人一律不得登船，公司允许登船人员一律做好测温、登记。严禁吸烟，厨房用火应做到人走火灭，根据规定使用取暖电器。

3.5.2.3 船舶值班人员要遵守劳动纪律，值班期间不得饮酒，不得离船、下地。

3.5.2.4 恶劣天气，船长、轮机长不得离船，安排好足够的值班人员，采取必要措施，确保船舶安全。

3.5.2.5 停航船舶应保持与公司和海事管理机构的通讯联系畅通。

3.5.3 停航期间防污染管理措施

3.5.3.1 停航前，船舶应做好下列准备工作：确保管系中燃料油彻底用光，以避免管路中油冻住；轻油日用柜、应急发电机油柜、轻油沉淀柜应保持满油，以确保供油给发电柴油机；测量燃润油舱、柜并封存；关闭高低位海底阀、有关通海阀、主机海水进出阀、主机淡水进出阀、膨胀水箱出口阀、副机海水进出阀等机舱有关阀门，切断有关机电设备的电源开关。

3.5.3.2　停航船舶的污染物排放和接收应当符合国家有23关防治船舶污染水域环境的有关规定，并记载于《油类记录簿》或《垃圾记录簿》中。

3.5.3.3　值班人员应保持船舶各层地板、楼梯、栏杆、通道及机电设备的清洁、无油渍；维护保养工作完毕后，应及时将现场收拾干净。

3.5.3.4　停航期间，值班人员应严格控制轻油使用，严禁船员私自处理船舶的燃、润油。

3.5.3.5　发生油污染事故时，值班人员应立刻报告公司，并采取措施堵住污染源和甲板下水孔，使用防污器材进行清污。公司接到报告后，根据现场情况，采取救援措施，如联系污油清除公司或其他外援单位提供援助。

3.6　船舶停泊值班安全管理制度

3.6.1　目的

为保证船舶停泊安全，根据相关规定，结合本公司实际和船员工作特性，特制定本制度。

3.6.2　适用范围

公司全体船员。

3.6.3　具体制度

3.6.1.1　按留船值班规定，留足护船人员。其中船长和驾驶员，轮机长和轮机员不得同时离船。

3.6.1.2　船长或驾驶员应掌握气象、潮汐、水位等情况的变化，安排水手及时调整缆绳并采取必要的安全措施。

3.6.1.3　轮机长或轮机员休息前要对机舱进行全方位检查，尤其海底门状况，同时要检查岸电接电电部位是否正常。

3.6.1.4　船舶值班人员要遵守劳动纪律，不得离船，下地。

3.6.1.5　恶劣天气，船长、轮机长不得离船，安排好足够的值班人员，采取必要措施，确保船舶安全。

3.7　船舶卫生管理制度

3.7.1　按时到岗，清扫客舱、游步甲板、走廊、梯道和厕所卫生。

3.7.2 整理好所有物品，物品用具整齐划一。

3.7.3 定时擦拭玻璃，窗明壁洁。

3.7.4 及时收集垃圾送下船至回收处所，保证船舶洁净无味。

3.7.5 备好呕吐袋，及时清理污物。

3.8 船员管理规定

3.8.1 目的

为加强公司船员管理，不断提高船员素质，保障水上交通航行安全，根据企业的实际情况，特制定本管理规定。

3.8.2 适用范围

3.8.2.1 公司全体船员与为本公司服务的全体借用工船员适用本办法。

3.8.2.2 船员是指依照规定经船员注册取得船员服务簿的所有人员，包括船长、轮机长、船舶驾驶员、轮机员、水手、船上服务员以及在船上作业的其他人员。

3.8.3 船员准入

3.8.3.1 船员具备条件

A. 年满 18 周岁（在船实习、见习人员年满 16 周岁）。

B. 符合船员健康要求。

C. 经过船员基本安全培训，并经海事管理机构考试合格。

3.8.3.2 录（借）用程序

A. 用人单位提出用人需求，报公司综合管理（人力资源）部。

B. 应聘者提供个人履历、船员服务簿、适任证书、学历证书、市级以上医院近期体格检查表等相关资料，由公司人力资源部门审核。

C. 用人单位面试、技能测试。

D. 用人单位提出录用条件、试用期薪酬，双方协商后由用人单位提出是否录（借）用意见。

E. 岗前培训，签订《岗位作业标准书》，跟班实习。

F. 跟班师傅和用人单位做出评价，报总公司有关部门验收（船舶驾驶、轮机、水手由公司安全调度部验收，服务员由综合管理部验收）。

G. 一个月内凭用人单位《签订劳动合同通知书》到公司人力资源部办理相关劳动用工录（借）用的手续。

3.8.4 录用条件

3.8.4.1 船员在试用期内如有下列情形之一的，则被证明不符合录用条件，按照《劳动合同法》第三十九条，用人单位可以解除劳动合同或辞退。

3.8.4.2 瞒报、谎报、虚报个人资料，所填写的履历、婚史、计生资料等不属实；提供假证件、假学历证书，弄虚作假的；故意隐瞒过往重大病史或慢性病、传染病等情况的。

3.8.4.3 实际操作或实际任职表现不达《适任证书》要求，不能胜任本岗位工作的。

3.8.4.4 不服从用人单位工作安排或生产指挥的。

3.8.4.5 未经用人单位允许批准，私自找人替岗的。

3.8.4.6 违反公司规定或岗位职责，导致被乘客、公众投诉或媒体负面报道的。

3.8.4.7 发生安全、机损、服务、环保、卫生责任事故的。

3.8.4.8 玩忽职守，违反本岗位操作规程的。

3.8.4.9 工作失职，给用人单位造成损害或经济损失的。

3.8.4.10 贪污、挪用、盗窃票款或公款、翻买旧票等。

3.8.4.11 违反国家有关法律、法规和用人单位各项规章制度的。

3.8.5 船员培训

在船舶上工作的船员，应当按照国务院交通主管部门的规定，完成相应的船员基本安全培训、船员适任培训。在客船船舶上工作的船员，还应当完成客船特殊岗位培训。

3.8.5.1 船员培训教育实行专业授课与现场实操相结合，船员培训教育种类如下。

A. 基本安全培训，领取《船员服务簿》。

B. 客船特殊岗位培训，领取《船舶船员特殊培训合格证》。

C. 船员升等升职培训，领取《船员适任证书》。

D. 安全法规、规章制度、职业道德、操作规程、岗位规范、应知应会、劳动保护、职业健康、消防、环保等教。

E. 应急演练培训。

F. 其他特种作业操作培训。

3.8.5.2　培训管理规定如下。

A. 各用船单位根据各个时期的生产需要，提出培训需求报公司人力资源部。

B. 各用船单位组织船员安全教育学习每月不少于两次，同时建立培训教育档案。

C. 公司每年要做好员工培训教育的预算安排。

a）公司人力资源部负责年度培训教育的预算安排和管理。

b）经公司批准送外升等升职培训的船员，要与公司签订培训服务合同。

c）非经用人单位推荐或批准，自行参加船员升等升职培训的船员，培训期间所有的培训费、考试费用由船员本人自付。自行考取船员等级证书的，须经用人单位视本单位定员定岗情况和岗位工种需求，甄别提出培训费报销或技能工资定级，报公司批准后与其签订相应服务年限的培训服务合同。

d）如参加各种专项培训不及格需理论或实操补考的，补考费用由员工自付。

3.8.6　船员职责

根据《中华人民共和国船员条例》的规定，船员与船长必须自觉履行海事法定赋予的职责和行使相应的权利。

3.8.6.1　船员在船工作期间，应当符合下列要求。

A. 携带主管部门规定的有效证件。

B. 掌握船舶的适航状况和航线的通航保障情况，以及有关航区气象、海况等必要的信息。

C. 遵守船舶的管理制度和值班规定，按照水上交通安全和防治船舶污染的操作规则操纵、控制和管理船舶，如实填写有关船舶法定文书，按记载规则如实填写《航行日志》《轮机日志》，不得隐匿、篡改或者销毁有关船舶法定证书、文书。要按本岗位《作业标准书》执行。

D. 参加船舶应急训练、演习，按照船舶应急部署的要求，落实各项应急预防措施。

E. 遵守船舶报告制度，发现或者发生险情、事故、保安事件或者影响航行安全的情况，应当及时报告。

F. 在不严重危及自身安全的情况下，尽力救助遇险人员。

G. 不得利用船舶私载旅客、货物，不得携带违禁物品。

H. 船员在航次中，不得擅自辞职、离职或者中止职务。

3.8.6.2　船长在其职权范围内发布的命令，船舶上所有人员必须执行。船长管理和指挥船舶时，应当符合下列要求。

A. 保证船舶和船员携带符合法定要求的证书、文书以及有关航行资料。

B. 制订船舶应急计划并保证其有效实施。

C. 保证船舶和船员在开航时处于适航、适任状态，按照规定保障船舶的最低安全配员，保证船舶的正常值班。

D. 执行海事管理机构有关水上交通安全和防治船舶污染的指令，船舶发生水上交通事故或者污染事故的，向海事管理机构提交事故报告。

E. 对本船船员进行日常训练和考核，在本船船员的船员服务簿内如实记载船员的服务资历和任职表现。

F. 船舶进港、出港、靠泊、离泊，通过交通密集区、危险航区等区域，或者遇有恶劣天气和海况，或者发生水上交通事故、船舶污染事故、船舶保安事件以及其他紧急情况时，应当在驾驶台值班，必要时应当直接指挥船舶。

G. 保障船舶上人员和临时上船人员的安全。

H. 船舶发生事故，危及船舶上人员和财产安全时，应当组织船员和船舶上其他人员尽力施救。

I. 弃船时，应当采取一切措施，首先组织旅客安全离船，然后安排船员离船，船长应当最后离船，在离船前，船长应当指挥船员尽力抢救航海日志、机舱日志、油类记录簿、无线电台日志、本航次使用过的航行图和文件，以及贵重物品、邮件和现金。

J. 船长在航次中，不得擅自辞职、离职或者中止职务。

K. 船长在保障水上人身与财产安全、船舶保安、防止船舶污染水域方面，具有独立决定权，并负有最终责任。

3.8.6.3　船长为履行职责，可以行使下列权力。

A. 决定船舶的航次计划，对不具备船舶安全航行条件的，可以拒绝开航或者续航。

B. 对船员用人单位或者船舶所有人下达的违法指令，或者可能危及有关人员、财产和船舶安全或者可能造成水域环境污染的指令，可以拒绝执行。

C. 发现引航员的操纵指令可能对船舶航行安全构成威胁或者可能造成水域环境污染时，应当及时纠正、制止，必要时可以要求更换引航员。

D. 当船舶遇险并严重危及船舶上人员的生命安全时，船长可以决定撤离船舶。

E. 在船舶的沉没、毁灭不可避免的情况下，船长可以决定弃船，但是，除紧急情况外，应当报经船舶所有人同意。

F. 对不称职的船员，可以责令其离岗。

3.8.7　船员职业保障

3.8.7.1　公司和船员应当按照国家有关规定参加工伤保险、医疗保险、养老保险、失业保险以及其他社会保险。借用船员要告知其在劳务公司或户口所在地的劳动部门参加社会保险。

3.8.7.2　船员生活和工作的场所，应当符合国家船舶检验规范中有关船员生活环境、作业安全和防护的要求。

3.8.7.3　要做好船员的劳动保护和职业健康工作，为船员提供符合国家标准或行业标准的劳保用品，并监督、教育船员按照使用规则佩戴和使用。在夏季高温时节，要积极采取防暑降温措施，采取通风、送风、排气、专人监护等防护措施。按照规定向船员发放高温津贴或防暑饮料；组织船员定期进行健康检查，防治职业疾病，并建立船员健康档案。

3.8.7.4　船员执行综合累计工时制度，要保证船员每周至少休息一日。船员在船营运工作时间应当符合国务院交通主管部门规定的标准，不得疲劳当班，保证船员有充足的精力工作。

3.8.7.5　建立和健全船员问询制度。问询制度包括员工的精神状态、身体状况、有无酒后或带病上岗以及船舶码头的设施设备是否正常等，并要求当班人员亲自签名确认，代签者一律视为无效，并由负责该项工作的现场人员承担后果责任。

3.8.8　船员考核评价

用船单位每年应对船员进行任职表现评价和岗位认知考核。考核内容分专业技能实操考核和专业技能理论考核。获得船员职务等级晋升、专业职称晋升的船员，应根据对其实际聘岗、任职表现评价、安全记录、专业技能实操考核和专业技能理论考核，由用人单位提出技能工资晋级意见，报总公司批准。

3.8.9　船员档案管理

各用人单位应建立健全船员档案，做到一人一档。船员档案应包括船员基本情况、资格证书、任职资历、安全生产教育与培训情况、安全记录、岗位考核记录、任职表现评价、健康状况等内容，并根据每年度的实际情况及时登录、更新。

3.8.10　船员奖惩

奖励

对工作突出、表现出色、有特殊贡献、考核优秀的船员，公司给予表彰和嘉奖、职务晋升或工资晋升。各用人单位可以根据本单位的生产经营特点和经济效益，有权依法自主确定各个时期的船员工资分配方式和工资水平以及各项奖惩制度，经同级职代会或职工大会讨论通过后报公司备案。在正常工作时间内，支付给船员的工资不得低于当年市政府公布的最低工资标准。

惩处

对违反操作规程、规章制度以及玩忽职守、营私舞弊的船员，公司将按章给予惩处。造成交通、生产、机损、服务事故或对用人单位造成负面影响的，按国家有关规定和《公司职工奖惩规定》及相关规章制度处理。

船员如有下列情形之一的，公司有权依法与其解除、终止其劳动合同或退回劳务派遣单位处理，其中 1~8 项不做经济补偿。

3.8.10.1　违反国家有关法律、法规和严重违反用人单位规章制度的。

3.8.10.2　严重失职，营私舞弊，给用人单位造成损害或经济损失的以及贪污、挪用、盗窃票款或公款、翻买旧票等。

3.8.10.3　被公众投诉或媒体负面报道证实属实，给企业造成不良影响或经济损失的。

3.8.10.4 在上班时间未经领导许可，私自找人替岗，经教育无效的。

3.8.10.5 发生安全责任事故或服务责任事故一宗及以上，或发生安全、机损、服务事故和其他事故造成经济损失的。

3.8.10.6 未经公司同意，擅自探取与泄漏公司的商业秘密（包括统计数据、文件资料、软件技术、客户资料、公司的业务操作技术及流程等相关资源、信息），自营或者为他人经营与公司同类的营业或者从事损害公司利益的经营活动。

3.8.10.7 到与本公司有竞争关系的单位从事兼职，须赔偿由此而造成公司的经济损失。

3.8.10.8 被依法追究刑事责任的，或法定的其他情形。

3.8.10.9 因用人单位经营发生重大变化、撤销或合并基层单位、撤销航线、报废车辆与船舶、资产重组等。

3.8.10.10 企业改革、上级或公司做机构与岗位调整或撤销的；或本岗位因竞争上岗落聘而又不能胜任其他岗位的。

4 景区主要设施运行和维护保养管理制度

本制度适用于青岛奥帆海洋文化旅游区主要设施的运行、维护和保养工作，确保其处于良好状态，以保证游客的旅游安全。维护保养工作目标是维护旅游区内所有水、电、基础设施完好，保障旅游区内用水、用电及相关设施的正常使用。旅游主要设施实行不定期维护和维修、保养制度。

4.1 主要设施的运行和维护保养分工

4.1.1 设备部经理负责设备人员管理、维修计划管理、设备技改管理、成本管理、设备安全管理和设备日常管理。

4.1.2 电气主管协助部门经理完成本部门的管理工作，负责公司电气系统（强、弱电系统）及设备的技术工作，进行产品更新和改造，满足海洋生物养殖和游客需要。

4.1.3 工艺系统操作维修岗负责工艺系统操作运行、巡检与维护保养维修：包括设备、设施（水泵、蛋白分离器、重力滤池、蓄水池、过滤箱、冷水机、砂罐、板式换热器、杀菌消毒灯和管道阀门仪表等）及展缸（池）的亚克力板和玻璃等；所辖设备维修保养计划制定实施、故障处理和成本控制。

4.2 游乐设施维护、保养工作的管理

4.2.1 突发性故障的处理

设备设施出现突发性故障启动紧急维修机制。

4.2.1.1 紧急维修是指设备或设施出现突发故障而产生的维修工作。

4.2.1.2 紧急维修的维修效果由设备部管理人员定时追踪考核。

4.2.1.3 维修人员接到紧急维修工作，须在第一时间内展开维修工作并保质完成。

4.2.2 定期维护保养

4.2.2.1 巡检注意事项在设备现场，通过看、听、闻、摸（按设备性能，不允许触及者除外）或借助测温仪等工具判断设备状态是否正常，对隐患和问题做到早发现、早解决，以维持和提高设备的原有性能。

4.2.2.2 平行梯、扶梯的注意事项：设备在运行中若出现运行不平稳、异常响声或游客摔倒、挤伤等现象，要立即按下急停开关，停止设备运行。发现黄色界条破损，立即报修更换。提醒游客站在平行梯板（或梯级板）的中间位置。制止游客在设备上跑、跳、坐、依靠扶手带等违规现象。禁止轮椅上平行梯和扶梯，阻止游客在平行梯的2#链条处上下。及时清除设备区域的硬质杂物。

4.2.2.3 设备部管理人员负责对维修人员巡检记录情况进行监督、检查与验证，并做相应的考核。

4.2.2.4 设备部维修人员每年12月上旬，根据设备全年的运行情况，上报所分管设备下一年度的《设备检修保养计划》，并分解到《月度检修保养计划》，内容包括设备的检修、维修、维护和保养等，经部门管理人员审核后执行。

4.2.2.5 设备部管理人员应将《月度检修保养计划》分解到《周工作计划》中。

4.2.2.6 维修人员应按照《月度检修保养计划》和《周工作计划》按时完成年度检修工作，并达到规范的要求。

4.2.2.7 设备部管理人员根据检修计划及巡检中发现的问题，合理安排

维修人员每天的工作。

4.2.2.8 维修人员须根据检修计划及每天的工作安排，合理组织，定时完成。

4.3 旅游区辅助设施运行和维护保养管理制度

旅游区辅助设施包括景区卫生间的给排水、照明、通风设备，室内空调设备、景区背景音乐设备、景点解说音响设备，景观循环水、道路照明、广场照明和建筑绿化效果、艺术灯光设施和标牌射灯，景区供配电线路设施，园林机械、舞台机械等。

4.3.1 辅助设施的运行和维护保养分工

4.3.1.1 电气维修岗负责供配电系统（含水位电极的控制）运行操作及巡检维修；臭氧发生器系统运行操作及巡检维修；电梯类特种设备运行、维护及巡检；配电室高压安全工具检验、电梯、扶梯、平行梯、吊笼等电梯类特种设备的报验年检；配合表演音响设备操作；所辖设备维修保养计划的制定与实施、故障处理和成本控制。

4.3.1.2 公共系统维修岗负责给水排水和空调通风系统运行及巡检：按照部门文件约定开启庭院喷泉水泵，开启前试验漏电开关确保良好；房屋建筑及装饰的巡检维修（含渗漏及胶条的处理）：包括展池的亚克力板和玻璃等；环境改善和绿化工作（绿化外包方的管控）；环境温度管控与记录；所辖设备维修保养计划制定实施、故障处理和成本控制。

4.3.1.3 软件和网络管理岗负责监控系统、多媒体设施（包含投影机及配套设施）、办公电脑、计算机网络系统、票务系统、商超系统、景区背景音乐系统、无线WI-FI覆盖系统、客流统计系统、停车场收费管理系统等弱电智慧化系统的运行操作、巡检及维护维修；配合表演音响设备操作；所辖设备、系统故障处理和成本控制。

4.3.2 辅助设施维护、保养的管理

如发现景区辅助设施运行出现故障，由设备部设备维修人员安排处理，并将处理结果记录在工作日志上。

4.3.3 辅助设施的更新改造及报废

4.3.3.1 设备设施报废基本原则

A. 国家或行业规定需要淘汰的设备设施。

B. 设备设施已过正常使用年限或经正常磨损后达不到要求。

C. 设备设施发生操作意外事故，造成无法修复或修复不合算。

D. 设备设施使用时间不长，但因更合理、更经济、更先进的设备设施更适用生产使用时需要更换的。

E. 从安全、精度、效率等方面，已落后于本行业平均水平。

符合以上情况的设备设施均可申请报废。

4.3.3.2　设备设施更新流程

景区辅助设施的更新改造由景区设备部设备维修人员提出，报景区主要负责人审批后，方可进行设备设施更新。

4.3.4　检查

4.3.4.1　日常点检。维修人员除正常维修工作外，应充分利用时间进行设备点检工作，对运转设备的声音、润滑、温升、压力、安防等进行点检。

4.3.4.2　各维修人员负责岗位职责内设备的巡检及维修工作，每天应不定时巡检并填写相应的巡检记录表（正常情况每天上、下午各不少于两次，其中下班前1小时内必须巡检一次，应急维修情况除外），发现问题及时处理。

4.3.4.3　组织检查时，应对值班人员的日志进行验收确认。

4.3.4.4　检查中存在的不合格情况，按有关管理办法处理。

4.3.4.5　设备部每半年会同使用班组及维修人员，根据生产需要和设备设施实际运转状况，制订相关设备设施的大修计划。大修完工后，由安技部进行质量检查验收。

4.3.4.6　每年12月份由部门主管领导、设备管理人员、班组班长、维修人员联合对设备设施进行功能性、安全性评估。根据评估结果确定相关的措施。

4.4　设备设施事故报告及处理

4.4.1　事故的分类

4.4.1.1　一般设备设施安全事故：零部件损坏，经济损失在5 000元以下。

4.4.1.2　重大设备设施安全事故：设备设施受损严重，直接经济损失在

5 000元至50 000元。

4.4.1.3　特大设备设施安全事故：导致设备保费或直接经济损失在50 000元以上。

4.4.2　事故的处理

4.4.2.1　一般设备设施安全事故发生后，操作使用人员应立即向所在单位负责人报告，查清事故原因，查明事故责任。

4.4.2.2　重特大设备设施事故发生后，操作人员应立即采取措施，防止事故扩大，避免二次事故。要立即报告领导并保护好现场。部门立即组织有关人员对事故进行检查，分析事故原因，查清事故责任。

4.4.2.3　对各类设备设施安全事故，坚持“四不放过”的原则，认真调查，及时报告，严肃处理。

4.4.2.4　对玩忽职守，违章指挥，违反设备设施安全管理规定造成设备设施安全事故的领导、管理人员和直接责任者，根据情节轻重、责任大小，分别给予处分、经济处罚。构成犯罪的交由执法机关处理，追究其法律责任。

4.5　电梯维护保养制度

4.5.1　电梯安全操作规程

电梯必须经检验机构进行监督检验或定期检验合格后，在当地质量技术监督部门办理特种设备使用登记证，并对安全检验合格标志予以确认盖章后，方可投入正式运行，电梯运行操作工（使用说明书注明需司机操作的）和电梯维修操作工必须经培训，考取质量技术监督部门颁发的特种设备作业人员证，方可上岗操作。

4.5.2　一般要求

4.5.2.1　不准超载运行。

4.5.2.2　不允许开启轿厢顶安全窗、安全门运载超长物品。

4.5.2.3　禁止用检修速度作为正常速度运行。

4.5.2.4　电梯运行中不得突然换向。

4.5.2.5　禁止用手以外的物件操纵电梯。

4.5.2.6　客梯不能作为货梯使用。

4.5.2.7　不准运载易燃易爆等危险品。

4.5.2.8 不许用急停按钮作为消除信号和呼梯信号。

4.5.2.9 轿厢顶部不准放置其他物品。

4.5.2.10 关门启动前禁止乘客在厅、轿门中间逗留、打闹，更不准乘客触动操纵盘上的开关和按钮。

4.5.2.11 操作工或电梯日常运行负责者下班时，应对电梯进行检查，将工作中发现的问题及检查情况记录在运行检查记录表和交接班记录簿中，并交给接班人。

4.5.3 电梯使用日常检查制度

4.5.3.1 电梯安全管理人员在每周工作开始前，应到机房内对机械和电器设备作巡视性检查。

电梯异常

4.5.3.2 使用电梯前，电梯安全管理人员应对电梯进行逐层停靠运行，在运行中观察电梯是否有一下异常现象。

A. 电梯的照明及风扇工作是否正常。

B. 电梯的启动、停车和平层情况。

C. 听有无异声和异常震动。

D. 闻有无异常气味出现。

相应措施：

4.5.3.3 检查制动器、继电器、接触器等动作是否正常；各级电压是否在正常工作范围内。

4.5.3.4 机房内的温度、湿度是否正常；电动机、减速器、制动器温升是否正常。

4.5.3.5 操纵箱的按钮、开关工作是否正常；指层及方向指示是否正常。

4.5.3.6 做好防风、防雨、防霉、防火措施，及时清理机房杂物。

4.5.3.7 不要让水流入电梯井道，不要让水淋湿电梯部件。

4.5.3.8 电梯安全管理人员若发现问题应及时报告有关部门并做好记录。

5 景区绿化管理制度

物管部根据旅游区、工作场所范围，合理制订绿化计划，不断改善场界环境绿化条件。

5.1　管理目标

5.1.1　搞好景区的美化绿化和花卉树木的养护管理。

5.1.2　提高景区绿化覆盖率，努力提高绿化水平，实现园林景区绿化，起到美化环境的作用。

5.1.3　景区绿化要坚持实用、经济、美观的原则，以植物造景为主，落叶乔木与攀缘植物相结合，做到四季常绿，三季有花。使其既美化环境又能起到降温、滞尘、减噪、增加空气湿度等作用。

5.1.4　树木、花卉定期修剪，适时养护，做到花草繁茂，树木旺盛。

5.2　管理办法

5.2.1　景区绿化养护管理工作由公共维修岗人员负责，以加强对景区美化、绿化工作的指导和管理。

5.2.2　景区与专业绿化养护单位签订绿化养护管理合同，具体负责景区的绿化与养护工作。

5.2.3　景区院区的绿化要按照统一的规划和布局设计，不得随意变更。

5.2.4　景区内的树木、花卉任何人不得随便砍伐和损坏，损坏花卉树木的必须按照有关规定重新补栽并赔偿相应的经济损失。

5.3　管理要求

5.3.1　花草、树木要定期修剪，科学养护，做到花草繁茂，树木旺盛。

5.3.2　花草树木要及时浇水，合理施肥，根据病虫害发生情况，适时喷洒农药、防虫、治虫，病害危害程度控制在5%以下，无药害发生，确保成活率和生长茂盛。

5.3.3　绿化养护合作单位须自备养护时所使用的各类工具、用具、设备、车辆和肥料农药等；保证绿地内清洁无垃圾、工作中产生的垃圾及时清运，工作时间工具及车辆摆放整齐，没有乱停乱放现象。

5.3.4　绿化养护单位的养护工作应避免影响景区正常的营业秩序（7月、8月、9月和周六周日及法定节假日期间禁止在营业时间进行养护），特殊情况须得到景区方的确认。

5.3.5　花卉、苗木要无死枝、枯枝，无人为损害花草树木现象。

5.3.6　各种花草树木要明确其科属和生长习性，以便科学管理。

5.3.7　绿化养护所使用的肥料、农药等均须符合国家相关质量要求，符合景区有关环境保护方面的要求。

5.3.8　绿化养护合作单位人员在养护过程中须遵守景区有关职业健康安全方面的相关要求。

5.3.9　保护供水管线，喷灌设施、护栏等公共设施完好，发现问题及时汇报，及时维修，每年3月至12月植物生长期至少每月巡查维护一次。

5.3.10　园区枯死的植被需按景区的要求进行铲除或锯掉。

5.3.11　绿化养护合作单位的养护人员须如实填写《绿化维保养护记录》，并由景区相关人员签字确认。

6　资源保护管理制度

6.1　青岛奥帆海洋文化旅游区加强文物、古建筑保护管理暂行办法

为加强青岛奥帆海洋文化旅游区景区景点文物、古建筑的经常性保护和管理，及时发现和处理违法违章行为，根据《中华人民共和国文物保护法》《山东省文物保护管理条例》等法律、法规，特制定本规定。

6.1.1　认真贯彻“合理利用，加强管理，保护为主，抢救第一”的文物工作方针。

6.1.2　青岛市南区相关市直部门指导做好文物、古树名木、古建筑的防火、防盗等安全保卫工作，青岛市南区文化和旅游局全面负责文物保护和定期检查工作，负责文物档案、古建筑维修及古树名木的保护和指导工作。

6.1.3　按照文物保护属地管理原则，各街道要切实担负起本辖区内文物、古建筑监管与保护的责任，建立有效的监控制度，各街道文化站站长兼任文物安全巡查员，定期巡查所属区域的文物、古建筑，发现问题，有权制止并及时向市相关部门报告。

6.1.4　加强对文物的巡查。

6.1.4.1　检查文物建筑及其附属文物（包括由其保管和陈列的文物）的保管、使用状况；检查文物保护单位的保护范围和建设控制地带（以下简称“保护范围和控制地带”）内文物建筑的原有格局、环境景观和风貌的保护状况。

6.1.4.2　制止损毁文物建筑及其附属文物的行为；制止破坏保护范围和控制地带内文物建筑的原有格局和环境景观、风貌的行为；制止擅自移

动、拆除、污损、破坏文物保护标志及其他违法违章行为。

6.1.4.3　发现文物建筑和附属文物自然损坏或有自然损坏隐患的，及时采取妥善的保护措施。

6.1.4.4　擅自在文物埋藏区进行建设工程的，责令停止施工；造成文物损坏的，责令赔偿损失。

6.1.4.5　在禁止摄影、录像、摄制电影和电视的文物保护单位内进行摄像、录像、摄制电影和电视活动，或者擅自用文物作道具的，责令停止拍摄、录像、扣押胶片、像带，造成文物损坏的，责令赔偿损失。

6.1.4.6　在保护范围内严禁存放易燃、易爆和腐蚀性的物品，严禁进行毁林开荒等危害文物安全的活动。严禁使用易燃、可燃材料进行工程建设和内部装修。未经文物行政管理部门和景区管理机构批准，不得在保护范围内摆摊设点和经营照相。

6.1.4.7　收藏、陈列文物的单位，应设立严格的保护管理制度，登记账和藏品应分类并指定专人保管。

6.1.4.8　核定为文物的金属铸品，除文物信息管理部门和管理该文物的单位可以按规定拓印外，其他单位和个人不得拓印。

6.1.4.9　旅游区所有文物的复制，须按规定履行报批手续。未经批准，任何单位和个人不得复制。

6.1.4.10　加强对古树名木的保护。

A. 在古树名木上挂牌。牌上标明树名、树龄、保护等级。

B. 加强日常养护管理。设置护栏、保护标志、松土施肥、合理修剪、抗旱浇水及防治病虫害。

C. 开展防火教育，定期组织防火安全检查。

D. 严禁攀爬，砍伐；对已死亡的名树，应经园林部门组织专家鉴定，采取措施，查明原因，明确责任并予以注销后，方可进行处理。

6.1.5　鼓励、支持单位、组织和个人参与对历史文化建筑的保护，对在保护工作中做出贡献的单位和个人予以表彰和奖励。

6.2　青岛奥帆海洋文化旅游区生态环境保护暂行办法

6.2.1　环境卫生

物管部根据旅游区、工作场所范围，合理制订清洁计划，持续保持场界环境卫生整洁。

6.2.2　废水排放

旅游区、工作场所的污水管网与市政污水管网连接，设备部根据环保部门要求对污水排放情况进行监视和测量，从源头控制保证污水的达标排放。

6.2.3　废气排放

旅游区、工作场所内禁止吸烟，车辆、空气压缩机、制冷机及发电机的运行，采用优质汽油、柴油和电能等清洁能源，加强设备的维护和保养，从源头控制保证废气达标排放。

6.2.4　噪声污染

旅游区、工作场所与居民社区相邻，物管部对强噪声源（如冷却塔、空压机）设置隔离措施，并禁止机动车辆在场界内鸣喇叭。积极推广和采用先进技术和工艺，采用环保设备，加强设备的维护保养，严格按照操作规程进行操作，从源头控制减少噪声污染。

6.2.5　化学品使用

各部门使用的各种化学试剂、化工原料，应获取 MSDS（化学品安全技术说明书），设专库专人保管，采取防火、防爆、通风措施。在展区使用时，要有通风、防火或隔离措施，轻拿轻放，防止撞击、拖拉、倾倒、挥发、遗洒和泄漏等。发生遗洒和泄漏时，应立即清理干净，减少对环境的污染。

6.2.6　危险废弃物处置

各部门产生的废油（含废油废弃物）、危险化学品（化工）残留物等《危险废弃物清单》中列明的危险废弃物，由使用部门妥善保存，填写《危险废弃物台账》，视总量由综合管理部统一移交有资质的单位进行处置。

6.2.7　各部门产生的废弃金属、纸张、塑料等可回收再利用废弃物，各部门每天清理后存贮在指定地点，由综合管理部定期进行处置。

6.2.8　一般废弃物处置

公司生产经营、日常办公产生的生活垃圾等一般废弃物，由运营部督导保洁外包方随时进行清理，统一回收后存贮在指定地点，按《青岛市生活垃圾分类管理办法》的相关要求分类处置。

6.3 青岛奥帆海洋文化旅游区海洋环境保护暂行办法

依据《山东省“十四五”海洋生态环境保护规划》及《青岛市海洋环境保护规定》制定青岛奥帆海洋文化旅游区海洋环境保护暂行办法，具体措施如下。

6.3.1 此次暂行办法应报于青岛市海洋发展局备案。

6.3.2 青岛奥帆海洋文化旅游区所有的工作人员都有保护海洋环境的义务，并有权对污染和破坏海洋环境的行为进行检举和控告。

6.3.3 青岛奥帆海洋文化旅游区结合当地自然环境特点，加强海滨绿地和海岸防护林的建设，保护植被，预防和控制水土流失对海洋环境的影响。

6.3.4 破坏性和开发利用滨海沙滩。

6.3.5 严禁使用未经无害化处理的生活垃圾、医疗垃圾或者其他有毒有害物质流入大海。

6.3.6 海上从事旅游活动时，应将持久性合成材料制品及其他固体废弃物运至陆地按照相关规定处置，不得随意弃置。

6.3.7 青岛奥帆海洋文化旅游区应当及时清除规划范围内的海上垃圾和漂浮物。

6.4 青岛奥帆海洋文化旅游区景观质量保护管理暂行办法

6.4.1 为加强和规范旅游区内景观质量保护管理工作，提高旅游景区景观质量，确保各项要求符合国家规定，根据国家相关法律、法规，特制定本规定。

6.4.2 做好巡查工作，确保旅游区内无蛛网、灰尘，路面无明显瓜皮纸屑。

6.4.3 绿地内卫生整洁，无坑洼、无积水，无果皮、纸张、杂物等。

6.4.4 绿地草坪生长繁茂、平整、无杂草，无杂藤攀缘植物，无裸露地面，无成片枯黄，无污物，无垃圾。

6.4.5 花坛图案造型新颖，花池内枝繁叶茂，色彩协调，观赏效果明显。

6.4.6 合理的根据土壤、绿植、花卉的需要进行有机施肥。

6.4.7 根据树木生态习性，合理修剪，保持树形的整齐美观，骨架均匀，树木基本挺直，无死株，无缺档。

6.4.8　古树名木建档管理，有保护复壮措施；无人为损害，无乱贴、乱画等现象。

6.4.9　树木基本无病虫危害症状，无药害。

6.4.10　水面无漂浮物，水中无杂物，水体洁净，打捞后的杂物能及时清运，妥善处理，不乱堆乱放污染环境。

第四章　旅游安全管理制度

1　安全责任管理制度

1.1　总则

1.1.1　为加强青岛奥帆海洋文化旅游区安全经营工作，预防和减少事故发生，坚决杜绝重特大安全责任事故的发生，依法保护员工生命和国有财产的安全，确保景区生产经营有序进行。根据国家《安全生产法》和国资委有关国有企业安全经营管理规定的具体要求，结合实际，制定本制度。

1.1.2　安全经营工作应当以人为本，安全发展，坚持“安全第一、预防为主、综合治理”的方针。

1.2　安全经营责任

1.2.1　公司与高层管理人员、各部门负责人签订安全责任书，各部门负责人与部门员工签订安全责任书，安全责任书根据对应岗位职责要求每年签订，并明确安全责任完成情况的考核标准。

1.2.2　公司根据安全责任书每年对各部门安全责任完成情况进行考核，部门负责人根据安全责任书每月对员工安全责任完成情况进行考核。

1.3　安全经营会议

1.3.1　公司办公会每月召开1次。总经理召集和主持会议，总经理因特殊原因不能履行职责时，须委托他人召集和主持。公司各部门负责人参加，必要时召开由各部门领班以上管理人员参加的扩大会议，或根据会议内容通知有关人员列席。特殊情况不能参会者须向会议主持人请假。

1.3.2 保安部编制当月安全生产报告报于综合管理部，综合管理部报送至总经理和分管安全领导。

1.3.3 会议主要任务如下。

1.3.1.1 通报当月主要安全工作进展情况，总结月度主要工作，部署下一月的主要工作任务。

1.3.1.2 对公司重大安全工作部署进行动员，统一思想认识。

1.3.1.3 对当前安全工作进行分析，找出问题，研究对策。

1.3.1.4 其他需要安全会讨论、协调的工作。

1.3.1.5 综合管理部负责安全会的会务工作，起草《会议纪要》。

1.4 安全经营检查

1.4.1 综合检查

每月一次由总经理带队、各部门负责人参与的安全检查检查项目包括：公司的前后场、安全设施设备是否齐全、器材是否到位、员工安全应知应会是否掌握、安全规章制度的执行、安全逃生设施是否好用、隐患整改是否落实、各部门安全培训是否落实、电源电器是否符合规定等。

1.4.2 专业检查

每月一次由保安部主管和安全应急部 / 设备部员工携带专业红外测试设备，对公司相电器设备设施进行的安全检查。

1.4.3 季节性检查

主要由保安部和安全应急部 / 设备部根据季节情况，进行夏季防汛、冬季的防火、用电、相关给水设备防冻等方面的检查。

1.4.4 节假日检查

主要由保安部和安全应急部 / 设备部进行的检查，一般在五一、十一、春节前进行的检查，包括防火防盗、交通安全、设施设备、财务安全、电气设备、安全教育等相关的安全检查。

1.4.5 班前检查

涉及公司各部门员工所有岗位区域的安全检查，在每日上岗前对所在区域岗位内的安全检查，设施设备、电源电器、安全通道、区域环境等方面的检查。公共区域及后场的检查主要由保安部和设备部进行。

1.4.6 班中检查

由保安部和安全应急部/设备部采用相互穿插的形式进行的安全巡检，各部门员工对所在区域岗位的检查。

1.4.7 班后检查

采用自行检查和保安部检查。自行检查是由各部门人员下班后最后离场的员工对所在办公室或岗位进行的检查，包括门窗、电器、电源、开关等相关的检查。其次是由清场保安和值班保安对保安部进行的检查。

1.4.8 夜间检查

夜间检查主要是由保安部和安全应急部/设备部相互穿插的安全检查，主要检查奥帆中心和海底世界。

1.5 安全经营教育培训

1.5.1 公司总经理为安全教育培训提供必要资源，以及教育培训设施、资金、教室、师资等保障。

1.5.2 公司保安部为安全教育培训主管部门，负责公司级（一级）员工安全教育培训；新入职员工的岗前培训，包括正式入职员工、实习学生、假期学生、厂促、保洁、外来施工人员的岗前教育培训；并负责识别安全培训需求，制订年度安全教育培训计划，建立培训档案。

1.5.3 公司各级人员应当接受安全培训，熟悉有关安全生产规章制度和安全操作规程，具备必要的安全生产知识，掌握本岗位的安全操作技能，增强预防事故、控制职业危害和应急处理的能力。

1.5.4 人力资源对未经安全培训合格的从业人员，不得办理临时或正式工牌；其次是新入职员工的安全培训统一安排在每周一由保安部负责安全培训。

1.5.5 各部门负责人：负责对本部门新入职员工未转正期间部门级（二级）和班组级（三级）培训的落实。

1.5.6 综合管理部对外来施工人员正式进入旅游区施工前，由综合管理部负责组织，物管部进行协助安全培训。

1.6 安全经营考核

1.6.1 物管部负责执行公司级安全奖罚考核，安全事件的考核报安全副总和总经理审批。

1.6.2 各部门负责本部门一般安全活动的考核奖惩。

1.6.3 各主管部门负责对业务相关方安全活动执行监督考核。

1.6.4 公司安全职业健康目标如下。

1.6.4.1 造成人员死亡或重伤的重大事故零发生。

1.6.4.2 个人故意及违规操作导致的轻伤事故≤2次。

1.6.4.3 一般火灾责任事故零发生。

1.6.4.4 财产损失50万元及以上的责任事故零发生。

1.6.4.5 特殊工种持证上岗率达到100%（不可抗力除外）。

1.6.4.6 潜水员高压氧保健完成率100%（不可抗力除外）。

1.6.4.7 员工体检率达到100%。

1.6.4.8 新员工安全培训教育不少于24学时，员工安全培训再教育不少于8学时。

1.7 安全经营事故的应急救援和调查处理

1.7.1 公司总经理对公司发生的重大安全事故负管理责任，并负责组织公司内重伤以下事故的调查与处理工作以及当地安全主管部门委托的事故调查与处理工作。

1.7.2 各部门负责本部门安全事故的及时登记、控制，并在第一时间上报保安部。

1.7.3 公司保安部负责组织公司内轻伤事故及未遂事故的调查与处理工作。负责事故档案的管理工作。

1.7.4 保安部负责整合安全事故案例，并进行分析评审和预防。

1.7.5 记录表单由保安部备案，并对执行情况进行控制、纠偏。

1.7.6 工作要求

1.7.6.1 事故分类

A. 公司内部事故分类

为便于我公司的各类事故的管理，明确各部门及各级人员在事故报告、事故调查等事故管理过程中的职责，根据公司环境、相关人员、设备配置状况及经济承受能力，将公司内部的事故等级做如下划分。

a）一般事故是指发生轻伤事故和未遂事故。未遂事故是指发生了不安全事件，但未造成人员伤亡的事件。

b）重大事故是指发生重伤事故。

c）特别重大事故是指发生死亡 1 人及以上的事故。

B. 我国安全生产事故等级的划分

当公司发生的安全生产事故人员伤亡多，经济损失惨重，社会影响巨大，需当地安全监管部门及外部相关主管部门参与事故处理时，为便于我公司各部门及各级员工明确事故报告及参与事故处理应负职责，特告知我国现行安全生产事故等级的划分。

a）特别重大事故，是指造成 30 人以上死亡，或者 100 人以上重伤（包括急性相关中毒，下同），或者 1 亿元以上直接经济损失的事故。

b）重大事故，是指造成 10 人以上 30 人以下死亡，或者 50 人以上 100 人以下重伤，或者 5 000 万元以上 1 亿元以下直接经济损失的事故。

c）较大事故，是指造成 3 人以上 10 人以下死亡，或者 10 人以上 50 人以下重伤，或者 1 000 万元以上 5 000 万元以下直接经济损失的事故。

d）一般事故，是指造成 3 人以下死亡，或者 10 人以下重伤，或者 1 000 万元以下直接经济损失的事故。

1.7.6.2　事故性质

根据事故发生的原因，将事故划分为机械伤害事故、中毒窒息事故、公司内机动车交通事故、火灾事故、爆炸事故、触电事故、食物中毒事故、重大刑事事故等。

A. 在上述安全事故范围圈内，在公司内一旦出现类似的安全事故，保安部要做出安全事故报告。

B. 保安部根据事故发生的日期、时间、地点、人物、环境、事件、发生部门、见证人及事故的经过进行详细记录。

C. 针对调查发生的原因和实际情况，进行详细的案例分析。

D. 针对调查结果，对该事故的相关责任人追究事故责任。

E. 造成重大安全事故的，超出公司处理范围的可根据情况上报后，由上级行政执法部门进行处理。

1.7.6.3　事故报告

A. 内部事故报告程序

按公司内部事故等级划分标准，发生一般事故时，现场人员应立即报告保安部，保安部在半小时内报告总经理。发生重大事故时，现场人员立即报告所在部门及保安部，保安部应立即报告总经理。

报告内容包括：

——事故发生的时间、地点以及事故现场情况；

——事故的简要经过；

——事故已经造成或者可能造成的后果；

——已经采取的措施。

B. 外部事故报告程序

死亡事故发生后，现场人员应当立即报告公司总经理，总经理按照国家法律法规要求，在1小时内向当地安全监督管理部门报告。

情况紧急时，事故现场有关人员可以直接向事故发生地人民政府安全生产监督管理部门和负有安全生产监督管理职责的有关部门报告。

报告内容主要包括：

——事故发生单位概况；

——事故发生的时间、地点以及事故现场情况；

——事故的简要经过；

——事故已经造成或者可能造成的伤亡人数（包括下落不明的人数）和初步估计的直接经济损失；

——已经采取的措施；

——其他应当报告的情况。

对发生的重伤以上事故及时向上级主管部门报告事故。

1.8 安全经营经费

1.8.1 公司安全经营费用按照“年初预算、确保需要、公司批准、规范使用”的原则进行。

1.8.2 公司相关部门年初根据本办法规定的使用范围、公司安全经营情况、安全项目投资计划及年度安全经营费用，将涉及的相关安全经营费用支出列入各部门年度预算费用中。

1.8.3 各部门将包含安全经营费用的年度费用预算报送分管领导、总经理审批，财务部确认，方可使用。

1.8.4 安全经营费用适用范围

1.8.4.1 完善、改造和维护安全防护设施、设备支出（不含“三同时”要求初期投入的安全设施），包括展区及办公场所等区域的监控、监测、防触电、防坠落、防爆、泄压、防火、灭火、通风、防晒、调温、防毒、防雷、防静电、防腐、防噪声、防护围堤或者隔离操作等设施、设备支出。

1.8.4.2 配备、维护、保养应急救援、应急处置、特种个人防护器材、设备、设施支出和应急演练支出。

1.8.4.3 开展重大危险源和事故隐患评估、监控和整改支出。

1.8.4.4 安全生产检查、评价（不包括新建、改建、扩建项目安全评价）、咨询、标准化建设支出。

1.8.4.5 配备和更新现场作业人员安全防护用品支出。

1.8.4.6 安全宣传、教育、培训支出。

1.8.4.7 安全经营适用新技术、新标准、新工艺、新装备的推广应用支出。

1.8.4.8 安全设施及特种设备检测检验支出。

1.8.4.9 设置安全警示装置、安全标识支出。

1.9 安全经营事故责任追究

1.9.1 按照法规及其他文件规定须由政府机关或机构组织进行事故调查的各类事故，公司各类人员积极配合政府事故调查组的调查工作，事故调查结果以政府机关或部门调查小组的报告为准。事故调查报告的内容应包括：

——事故前的现场情况或工艺条件；

——事故发生时间、地点、经过；

——事故伤亡和损失情况；

——事故性质；

——责任分析及建议处理意见；

——防止事故重复发生的组织、技术措施；

——事故调查小组成员名单及签名等。

1.9.2 事故档案由保安部管理、存档。事故档案包括事故调查及处理过程中所有书面材料及可作为原因、责任分析证据的物件、照片、音频、视频等。

1.9.3　工伤人员的工伤治疗期间的待遇及其他有关事项执行国家、地方有关法规、标准、文件的规定。

1.9.4　事故责任划分原则

1.9.4.1　因忽视管理、规章制度不健全而发生的事故，属公司各级管理人员的责任。

1.9.4.2　违章指挥、指挥失误造成的事故属指挥人员的责任。

1.9.4.3　有章不循、违章作业、玩忽职守、违反劳动纪律或危险情况下未及时采取措施导致事故发生或事故恶性扩展属操作、作业人的责任。

1.9.4.4　因设计不符合规范标准的要求或本身的缺陷而发生的事故属设计和审批人员的责任。

1.9.4.5　因施工不按设计及施工规范而发生的事故属施工管理部门与相关人员的责任。

1.9.4.6　因隐患未及时整改而发生的事故，属责任部门的责任。

1.9.4.7　蓄意制造事故的责任者应负相应的法律责任。

1.9.5　抢险救援的原则

1.9.5.1　抢险救援的过程中应坚持“以人为本、救人第一”的原则，坚决杜绝冒险蛮干现象。

1.9.5.2　公司应根据运营环境和危险源的分析中的重大风险，制订各类事故的应急预案，并定期组织应急预案的演练。

1.9.5.3　公司对发生的各类事故必须积极抢救、妥善处理，以防止事故的蔓延扩大。

1.9.5.4　一旦发生安全事故，公司各人员第一时间内按照分工迅速就位，没有预案的，在场的最高行政领导为抢险和救护活动的总指挥。

1.9.5.5　在事故的抢救过程中应注意保护现场，因抢救伤员和防止事故扩大需要移动现场物件时，须做好标记。

1.9.5.6　有害物大量泄露的事故现场必须设立警戒，以防止无关人员、车辆进入。

1.9.5.7　抢救结束后，如事故调查工作允许，应认真清理现场、消除事故隐患。

1.9.6　重大旅游安全事故

1.9.6.1　对重大旅游安全事故，严格按照文化和旅游部（原国家旅游局）《重大旅游安全事故处理程序试行办法》进行处理。

1.9.6.2　事故处理原则上由事故发生地区政府协调有关部门以及事故责任方及其主管部门负责，组成事故处理领导小组。其任务是协助政府有关部门完成事故的预防和处置任务。

1.9.6.3　伤亡事故发生后，本公司应在及时组织救护的同时，核查伤亡人员的团队名称、国籍、姓名、性别、年龄、身份证号码、护照号码以及在国内外的保险情况，并进行登记。有死亡事故的，应注意保护好遇难者的遗骸、遗体。对事故现场的行李和物品，要认真清理和保护，并逐项登记造册。

1.9.6.4　属于入境旅游者的伤害事故，公司在对伤亡人员核查清楚后，要及时报告当地外办、旅游局和中国旅游紧急救援协调机构；地方政府和有关部门要协助配合其开展救援工作。

1.9.6.5　伤亡人员中有海外游客的，在伤亡人员确定无误后，本公司应配合有关组团旅行社及时通知有关海外旅行社和有关国家驻华使馆和组团单位，并向伤亡者家属发慰问函电。

1.9.6.6　旅游安全事故书面报告和结案书面报告

A. 旅游安全事故书面报告

a）事故发生的时间、地点。

b）事故发生的初步情况。

c）事故伤亡人员的姓名、性别、年龄、国籍、民族、身份证号码、护照号码及其接待单位和事故有关单位。

d）对事故原因方面的初步判断。

e）事故报告人的单位、姓名、职务及联系电话。

B. 事故处理后的书面结案报告

a）事故原因及经过。

b）事故责任及对责任者的处理。

c）事故教训及今后防范措施。

d）善后处理过程及赔偿情况。

e）有关方面及事主家属的反映。

f）事故的遗留问题及其他。

2 保安人员管理制度

2.1 目的

为加强安保队伍的建设、强化管理、提高安保员的思想和专业水平，确保公司人员、物资财产安全。同时对安保队伍实行科学管理，提高工作效率，特制定本管理制度。

2.2 适用范围

本制度适用于青岛奥帆海洋文化旅游区及经营单位。

2.3 管理职责

2.3.1 负责部门的全面工作，分管工作计划的制订、安排、检查、总结。

2.3.2 负责公司安全目标的制定、监督和验证。

2.3.3 负责突发安全事件的现场处理。

2.3.4 负责安全事故调查、处理和汇报。

2.3.5 负责部门全体员工的日常工作管理及考核。

2.4 安保员的管理职责

2.4.1 保安员工作应注意服务态度，遇事保持冷静，要摆正自身态度，安抚游客情绪。

2.4.2 应确保景区及游人的人身、财产安全，严禁易燃、易爆、易碎物品及利器，放射性等危险品进入景区。

2.4.3 检查消防用具、火源、电源等的完好与安全状况，发现异常，立即处理并向监控中心报告。

2.4.4 严禁在景区内打架、斗殴、偷窃、赌博、吸毒、嫖娼、纵火、酗酒等有损景区形象的行为发生。

2.4.5 接待结束后值班人员在值班时发现异常情况，应立即采取应急措施并立即向领导汇报情况。

2.4.6 保安员应熟记火警、匪警电话、当地派出所电话及景区领导的电话，出现情况应及时报警，并向景区领导报告。

2.5 安保管理工作内容与要求

2.5.1 景区逐级签订安全责任书，将安全责任落实到景区每一位员工。

2.5.2 根据不同的岗位，规定相应的安全责任范围，并将其纳入员工的年度考评，实行“安全一票否决制”。

2.5.3 每位员工在各自的岗位上必须认真履行其安全责任，确保本岗位的安全。

2.5.4 景区每年对认真履行安全责任无任何责任事故的员工给予表彰和奖励；对违反安全职责或造成安全事故的根据情节轻重，给予相应的行政、经济处罚直至诉诸法律程序。

2.5.5 安全责任的等级划分

景区管理负责人：对整个景区的安全工作负责。

部门经理：对本部门业务范围内的人员和事务负有安全责任。

部门主管：对管辖范围内的区域负有安全责任。

员工：对自身岗位职责范围内的事务负有安全责任。

2.6 安保人员培训

2.6.1 每年年底前制订下一年度安保培训计划。

2.6.2 按计划组织实施培训，培训人员有签到、有记录。

2.6.3 安保人员应按时参加培训，遵守会场纪律。

2.6.4 对培训结果有验证，对未达到培训效果的有整改措施。

2.6.5 做好新进人员的岗前培训，因工作需要不能将所有岗前培训内容全部培训结束后再上岗的，能在上岗前先做好岗位职责、岗位工作标准、应急处理等培训，对其他应知应会内容能在计划周期内全部培训结束。

2.6.6 培训内容包括但不限于安全生产及消防知识的培训、军事训练、专业技能培训等。

2.6.7 对于新上岗的保安员，分为公司级、部门级、班组级三个级别，岗前培训时间不得少于24学时。

2.6.7.1 公司级岗前安全培训内容应当包括（一级）

A. 本公司安全生产情况及安全生产基本知识。

B. 本公司安全生产规章制度和劳动纪律。

C. 从业人员安全生产权利和义务。

D. 有关事故案例等。

2.6.7.2 部门级岗前安全培训内容应当包括（二级）

A. 工作环境及危险因素。

B. 所从事工种可能遭受的职业伤害和伤亡事故。

C. 所从事工种的安全职责、操作技能及强制性标准。

D. 自救互救、急救方法、疏散和现场紧急情况的处理。

E. 安全设备设施、个人防护用品的使用和维护。

F. 本公司（部门、岗位）安全工作状况及规章制度。

G. 预防事故和职业危害的措施及应注意的安全事项。

H. 有关事故案例。

2.6.7.3 班组级岗前安全培训内容应当包括（三级）

A. 岗位安全操作规程（岗位作业指导书）。

B. 岗位之间工作衔接配合的安全与职业卫生事项。

C. 有关事故案例。

D. 公司《安全手册》。

E. 其他需要培训的内容。

保安员每年再培训时间应保证不低于 8 课时，培训内容由保安部制订的培训计划实施。

3 保安流动巡逻制度

3.1 目的

为明确责任，完善安保流动巡逻管理，明确安全巡逻的基本要求、任务和方法，发现并消除各种治安隐患，防范各类事故的发生，确保所辖区域的公共安全，特制定本制度。

3.2 适用范围

本制度适用于青岛奥帆海洋文化旅游区及经营单位的保安流动巡逻管理。

3.3 管理职责

3.3.1 安保主管、班长负责安全巡逻管理的督导与检查。

3.3.2 巡逻安保员负责巡逻工作的具体组织和实施。

3.4 流动巡逻管理的基本要求

3.4.1 流动巡逻的“三多、七勤”。

3.4.1.1 多看：有无游商浮贩、垂钓、携带宠物、滑板等情况，设备设施有无异常，公共区域的设施有无安全隐患、标识是否完好、楼内办公室及门窗是否关好，区域卫生情况等。

3.4.1.2 多听：不正常流水声、楼内异声等。

3.4.1.3 多闻：异常气味、焦味、臭味、煤气味等。

3.4.1.4 七勤：勤走、勤看、勤听、勤问、勤闻、勤触、勤想。

3.5 流动巡逻内容

3.5.1 巡逻工具

警用机动车巡逻、警用平衡车巡逻、步巡。

3.5.2 巡逻方式

按照定线与不定线结合巡逻法，点与线相结合的巡逻方法以及突击巡逻检查方法进行巡逻，并保留巡逻记录。

3.5.3 巡逻内容

3.5.3.1 建筑物内部分：公共设施、公共通道、消防通道、垃圾箱、办公室、宿舍、垃圾站、卫生间、门窗、照明设施等有无损坏等。

3.5.3.2 建筑物外部分：外墙及外墙附属设施、干道通道、围栏围墙、绿化带、相关标识、停车场、安全设施、视频监控系统。

3.5.3.3 人员控制：制止景区内游商浮贩、垂钓、游泳、携带宠物、旱冰、滑板等行为。

3.5.3.4 其他内容：预防和制止扰乱景区公共秩序、妨碍景区公共安全、侵犯人身权利、妨碍景区管理秩序的行为，保护各类安全事件现场，维护秩序。

3.5.3.5 发现设施损坏、故障等及时报修。

3.5.3.6 辖区有无乱堆放等随意占用共用部位、明火作业等火灾隐患。

3.5.3.7 现场施工有无违章施工的情况发生，施工现场是否围挡、施工人员是否做好安全防护措施、施工人员是否持证上岗。

3.5.3.8 重点区域加强巡逻频次。

4 消防安全管理制度

4.1 目的

为了确保旅游区管辖范围内的消防安全，确保游客及工作人员生命财产安全，特制定本制度。

4.2 范围

本制度适用于青岛奥帆海洋文化旅游区及经营单位的消防安全管理工作。

4.3 职责

4.3.1 安保班长、巡逻人员负责每日的消防安全巡查工作。

4.3.2 安保主管负责监督检查安保班长、巡逻人员的消防安全落实情况的跟踪验证。

4.4 消防巡查、巡检的要求及内容

4.4.1 消防巡查、巡检的要求

4.4.1.1 巡逻安保每日对管辖范围内的消防安全情况进行巡视检查，并做好相关记录。

4.4.1.2 巡逻安保应关注卫生间、果皮箱、垃圾桶、游客行为、车辆等是否存在安全隐患，并保留记录。

4.4.1.3 定期对消防设施进行巡查，并保留巡查记录。

4.4.1.4 按照规定频次对旅游区进行巡视巡查，如遇特殊情况，提前报备。

4.4.2 消防巡查、巡检内容

4.4.2.1 用火、用电有无违章现象。

4.4.2.2 疏散通道、安全出口是否畅通。

4.4.2.3 办公室、宿舍、泵房、垃圾站等位置是否存在安全隐患。

4.4.2.4 场所有无烟雾明火现象。

4.4.2.5 商户日常防火情况。

4.4.2.6 景区内停放的车辆是否存在安全隐患。

4.4.2.7 定期巡查灭火器、消防栓等消防设施是否正常。

4.5 公司防火安全守则

4.5.1 在工作和一切活动中，要提高防火意识，严格遵守公司消防安全

管理制度、管理标准和操作规程。

4.5.2　发现火情时，必须及时报告和扑救，并有权制止违反消防安全制度、标准、规定的一切行为。

4.5.3　在公司任何区域，不得私自存放易燃易爆物品。

4.5.4　未经保安、设备部同意，不准在旅游区内动火动焊。若因工作需要动火时，必须到保安部填写《审批单》并采取一定的安全措施。

4.5.5　要做到消防四会，一会报警；二会使用区域岗位的灭火器材；三会扑救初起火灾；四会组织疏散逃生。

4.6　消防安全规定

4.6.1　防火安全规定

4.6.1.1　公司内实行审批制度，未经审批不能擅自动用明火。

4.6.1.2　严禁占用旅游区的任何安全疏散通道。

4.6.1.3　严禁在安全出口或疏散通道以任何理由设置障碍物。

4.6.1.4　严禁将安全出口上锁。

4.6.1.5　严禁损坏、遮挡、挪用、拆除、停用消防设施、器材。

4.6.1.6　严禁在防火卷帘下堆放物品。

4.6.1.7　商品库房内放置物品必须和顶棚保持50厘米的距离，照明用灯不能超过60瓦的白炽灯。

4.6.1.8　严禁违章使用明火作业。

4.6.1.9　公司各区域内不得违反用电安全规程，严禁乱接、乱拉电线、电源。严禁使用大功率电气设施。如若使用必须经设备部同意。

4.6.2　特定场所消防安全规定

4.6.2.1　旅游区配电室的防火安全规定

A. 非工作人员禁止进入配电室。

B. 配电室内严禁存放易燃、易爆和其他物品，不得在配电室内做与本职工作无关的事情。

C. 高低压配电室、变压器室、电容器室，严禁吸烟和明火作业。

D. 保持变压器和断路器油位正常。

E. 保持用电设备清洁，能源机房地沟内要经常清理，防止鼠害。

4.6.3 仓库防火安全规定

4.6.3.1 严格遵守消防安全管理规定的具体规定。

4.6.3.2 商品部负责人为商品仓库消防安全第一责任人，对仓库的消防安全负主要责任。

4.6.3.3 储存货物要严格遵守国家有关规定执行，分类、分垛储存，严禁堵塞主要通道及各种消防设施。

4.6.3.4 自觉接受消防安全监督、检查，对存在的安全隐患无条件立即整改。

4.6.4 水族部实验室防火安全规定

4.6.4.1 实验室人员在做实验时，不准无故离开工作岗位，不准违章作业。

4.6.4.2 严禁在实验室内超标贮存化学危险品，对化学危险品应分类存放，并有专人负责。

4.6.4.3 工作中使用的化学物品，应随用随领，放置地点要远离火源、电源、防止静电发生火灾或爆炸。

4.6.4.4 个别的实验和化验设备，要设在不易燃烧的基座上，下班前要对室内进行全面检查，确认无异常现象时，切断电源，方可离开。

4.6.4.5 对于实验室库存的化学物品，应定期进行检查、清理。

4.6.4.6 实验室人员，必须了解化学实验品的性质及火灾的危险性，掌握灭火的基本方法和各种灭火器的操作使用。

4.6.5 员工餐厅防火安全规定

4.6.5.1 旅游区员工餐厅的炊事人员、对厨房的用火、用电设备，要经常检查。

4.6.5.2 员工餐厅的明火部位，要分工明确，做到有火有人，火灭人走。

4.6.5.3 炉灶周围要经常保持清洁，不准堆放易燃和可燃物。

4.6.5.4 烹调油时，油温不可超高，防止起火。

4.6.5.5 要加强对煤气灶和蒸箱的管理，发现问题及时维修，防止发生漏气爆炸事故。

4.6.5.6 在下班前必须关闭气阀、切断电源。

4.6.5.7　在煤气快用完时决不能将气瓶横放使用，防止发生爆炸。

4.6.6　宿舍防火安全规定

4.6.6.1　保安宿舍人员居住集中，为确保人身安全，入住人员必须要有高度的安全意识，严格遵守旅游区《安全管理手册》。

4.6.6.2　入住人员严禁私自乱接、乱拉电线，遇有电路故障应及时通知部门进行报修，严禁私自处理，确因需要再接拉线时，必须经设备部同意。由设备专业人员进行操作。

4.6.6.3　严禁违规使用电热设备，禁止将易燃易爆、有毒物品带入宿舍内存放及使用。

4.6.6.4　电源线上严禁晾晒衣物，防止触电。

4.6.6.5　严禁吸烟及乱扔烟蒂。

4.6.6.6　对违反以上规定的人员，将按照公司规定处理。

4.6.7　其他有关规定

4.6.7.1　消防器材管理

A. 消防器材、设施是保证旅游区消防安全的重要组成部分，人人都有维护其安全有效的义务和责任。

B. 各部门将所辖区内配置的器材、设施责任落实到人，做好登记造册，负责日常的看护、清洁并按时做好记录，保证完好有效。

C. 消防设施、器材严禁挪作他用或遮挡。

D. 违反有关消防安全规定的行为，将严格按照《安全考核细则》处罚。

E. 旅游区内消防设施、器材的配置，更换、维修、移动等都由保安部负责管理。

4.6.8　用电防火安全规定

4.6.8.1　安装、拆改、增设电器设备时，必须报设备部或安全应急部批准，并按规定进行安装。

4.6.8.2　电器设备停用或下班后，应切断电源。

4.6.8.3　各部门要经常检查电器设备，发现问题及时报设备维修。设备部对电器设备要定期和重点检查，保安部严格落实班后安全检查并及时排除隐患。

4.6.8.4 不准乱拉、乱接电灯、电线、不准违章用电和超负荷用电。

4.6.8.5 各种电器开关、电机、电控箱（柜）等电器设备应保持清洁，不准在其附近和下面或上面堆放易燃和可燃品。

4.6.8.6 架设临时电器线路时，必须经设备部批准，明确使用期限，收工后立即拆除，并由设备部进行督促，逾期不拆者，按规定处理。

4.6.8.7 公司各部室不准长期使用临时电器线路。固定设备不准使用临时线。

4.6.9 电焊维修防火安全规定

4.6.9.1 动用气焊、电焊之前，必须将现场清理干净，清除附近的易燃物和可燃物。

4.6.9.2 焊割管道时，必须清楚管道种类，采取隔热措施并防止火花蹿到管道另一端。

4.6.9.3 雷雨暴风等恶劣天气时，禁止在室外进行气焊、电焊作业。

4.6.9.4 动用气焊、电焊维修时，设备部应到保安部填写《动火作业审批单》并采取防火措施后，由专人监理方可动火，电焊人员要具有合格的上岗资质。

4.6.9.5 若设备发生故障紧急动火动焊抢修时，值班保安要现场监护防止出现问题。

4.6.9.6 动火作业必须有安全措施、监护人和备用消防器材，完工后要彻底检查现场，确认无残留火种后，方可离开现场。

4.6.10 监视系统查询规定

4.6.10.1 查询录像工作需由专职监控值班员操作，其他人员不可擅自操作；查询内容须与工作有直接联系。

4.6.10.2 公司级质检无须填写《监视系统查询单》，可直接调阅查询。

4.6.10.3 黄金周、旺季期间如无重大特殊情况，应尽量避免查询录像，以确保正常监视和预防设备停顿、死机现象。

4.6.10.4 查询录像前须按规定填写《监视系统查询单》并由申请部门领班级以上人员陪同查看，以确保公司监控系统的安全性。遇有紧急状况，可先查询后补手续。

4.6.10.5 国家相关执法、业务部门需调看录像，保安部负责人同意后由监控中心值班员操作查看并进行详细记录。

4.6.11 检查与考核

4.6.11.1 旅游区的消防安全情况，由单位质检小组按照《安全考核细则》负责检查，质检的情况将作为整改的依据。

4.6.11.2 公司的消防安全情况，由保安部按照《安全考核细则》负责检查与考核。实行不定期检查，每天至少一次。

4.6.11.3 对违反本规定逾期不改的部门或个人，将根据情节轻重，上报公司分管领导并进行处理。

5 治安监控管理制度

5.1 目的

为明确责任，完善治安监控岗管理，发现并消除各种治安安全隐患，防范各类事故的发生，确保所辖区域的公共安全，特制定本制度。

5.2 范围

本制度适用于青岛奥帆海洋文化旅游区及经营单位的治安监控管理。

5.3 职责

5.3.1 安保主管负责治安监控日常工作的督导与检查。

5.3.2 监控员负责治安监控岗工作的具体组织和实施。

5.4 管理要求

5.4.1 监控员应严格按规定操作监控设备，无关人员禁止操作。

5.4.2 监控用的计算机不得做与监控工作无关的事情。

5.4.3 严密监视监控各区域可疑情况，随时与各岗位保持联系，发现异常情况及时通知班长和就近岗位人员处理。

5.4.4 保持监控设备的正常使用，定期维护保养，发现设施故障及时报修、维修。

5.4.5 无关人员禁止进入监控室，相关维保、维修人员进入需登记《设备机房来访登记表》。

5.4.6 非工作人员需要查看监控图像需保安部经理批准，填写监控查询申请表，对图像信息的录制人员、调取时间、调取用途等事项进行登记。

5.4.7 保持监控室内环境及设施设备的干净、卫生。

5.4.8 景区内监控系统图像实行自动保存，图像保存时间不少于30天，个别重要点位监控保存时间为90天。

6 安全事故应急预案

为了降低、减少自然灾害所带来的损失，防止重大意外险情的发生，维护公司和广大员工生命财产的安全。根据《中华人民共和国防洪法》和集团相关文件精神，结合公司实际，制订本预案。

6.1 防台防汛应急预案

6.1.1 适用范围

本预案适用于公司所属各部门。

6.1.2 建立公司防台防汛工作领导小组

公司总经理任组长兼防台防汛总指挥，副总经理任副组长兼现场指挥，各部门负责人为小组成员。领导小组下设办公室，办公室设在旅游信息中心。公司防台防汛总指挥根据实际情况下达启动本预案。信息中心电话 66567799，公安电话 110，救护电话 120，火警电话 119。

6.1.3 职责分工

6.1.3.1 防台防汛办公室

A. 贯彻执行上级防台防汛工作的通知和指示精神，编制公司防台防汛预案。

B. 按照上级工作部署定期召开公司防台防汛工作会议，部署和组织公司防台防汛工作。

C. 密切关注天气预报，汇集热带气旋信息进行分析、预测，及时向公司防台防汛领导小组汇报有关信息并按照领导指示和有关规定，制定相应的防范措施。

D. 按照公司部署和要求督促各部门做好防台防汛物资储备工作，并对各部门的防台防汛准备工作进行检查指导。

E. 在防台防汛期间，协调公司相关部门做好防台防汛各项工作，及时向公司防台防汛工作领导小组汇报。

6.1.3.2 应急抢险组

A. 负责现场应急救援、警戒、治安保卫、紧急疏散、抢险救护工作。

B. 加强值班，坚守岗位，及时巡查，发现问题立即上报，并在确保安全的前提下采取有效措施，维持正常工作秩序。

C. 负责在景区各主要入口及重点部位处安放警示牌。根据公司防台防汛领导小组通知要求，及时封闭场馆，劝离游客。

D. 负责协调安保公司做好防台防汛应急抢险工作。

6.1.3.3 应急抢修组

A. 预先对景区内所管辖的供电线路、配电箱、变压器等设施设备做一次全面检查，确保处于良好运行状态。

B. 负责抢修所需要的人力和机械的保障，在条件允许的情况下，及时消除道路破损、电杆倾斜等安全隐患。

C. 负责消防监控室、配电室内设施设备的安全，对出现的故障立即组织抢修，保证机电、机械等设备处于正常使用状态。

D. 负责做好配电室等重点部位的防汛工作，防止海水倒灌。

6.1.3.4 场地巡查组

A. 负责以公司名义通知景区经营业户及相关单位提前做好防台防汛准备，督促保洁和绿化公司加强值班，采取必要防范措施，确保景区人员和财产安全。

B. 负责景区下水道、雨水箅的疏通，防止积水倒灌。检查房屋门窗是否关闭，确保落水管等畅通。

C. 加强场地巡查，认真做好酒吧街防台防汛工作，及时清理杂物和道路积水，发现问题及时解决，无法解决的立即上报。

D. 负责防台防汛期间的车辆调度、使用和管理，确保电瓶车安全正常。

6.1.3.5 后勤保障组

A. 负责及时转发上级防台防汛的指示精神，传达公司防台防汛工作领导小组的工作部署，确保与集团公司应急指挥中心以及外部联系畅通、内外信息反馈迅速。

B. 负责防台防汛期间的后勤保障工作，做好人员统计以及食品、饮料的采购及发放等工作。

C. 负责及时播报相关提示信息，对信息汇总和对外公告，对重点部位进行监控，确保监控设备正常运转。

D. 积极协调相关部门和单位做好事故善后处理工作，尽快恢复生产工作。

6.2 防雪防冻应急预案

为认真贯彻“安全第一，预防为主，防重于抗，有备无患”的方针，加强防雪防冻工作的统一部署，切实做好公司所属设备、设施、建筑的防雪防冻工作，最大限度地减少损失。根据集团安委会相关文件精神，结合公司实际，特制订本预案。

6.2.1 适用范围

本预案适用于公司所属各部门。

6.2.2 建立公司防雪防冻领导小组

公司总经理任组长兼防雪防冻总指挥，副总经理任副组长兼现场指挥，各部门负责人为小组成员。领导小组下设办公室，办公室设在综合信息中心。信息中心电话 66567799，公安电话 110，救护电话 120，火警电话 119。

6.2.3 职责分工

6.2.3.1 防雪防冻办公室

A. 贯彻执行上级防雪防冻工作的通知和指示精神，编制公司防雪防冻应急预案。

B. 按照集团工作部署，召开公司防雪防冻工作会议，组织和部署公司防雪防冻工作。

C. 汇集冬季雨雪天气信息进行分析、预测，及时向领导小组汇报，并按照指示精神，制定相应的防范措施。

D. 在防雪防冻期间，协调公司相关部门做好防雪防冻各项工作，及时向公司防雪防冻工作领导小组汇报。

6.2.3.2 现场执行组

A. 负责通知景区经营业户及服务外包单位，落实值班人员及岗位职责，及时清理积雪，督促做好除雪防冻工作。

B. 认真做好台阶、厕所地面及重点部位防滑警示，采取必要防滑措施。做好防雪防冻物资（如融雪剂、防滑沙）和工具（如警戒绳、警示牌、提示牌）的储备工作。

C. 负责现场积雪清理、安全警戒、应急救援、抢险救护工作。加强值班，坚守岗位，加大巡查力度，发现问题立即上报，并采取措施及时消除安全隐患，做到及时发现、及时防范、及时处置。

D. 积极协调相关部门和单位做好事故善后处理工作，尽快恢复生产工作。

E. 积极配合做好现场指挥临时交办的工作。

6.2.3.3 应急检修组

A. 加强配电箱、水管、线缆、灯杆、旗杆、护栏等设备的巡查，发现问题及时解决，无法解决的立即上报。

B. 明确应急抢修小组成员名单，确保通讯畅通、随叫随到。

C. 负责公司设施设备的安全，对出现故障立即组织抢修，保证机电、机械、设备处于正常使用状态。

D. 做好维修物资准备及应急抢修的工作。

E. 积极配合做好现场指挥临时交办的工作。

6.2.3.4 通讯联络组

A. 按照公司部署和要求，督促各部门做好防雪防冻物资储备工作，并对各部门进行检查指导。

B. 负责收集、整理、汇总现场信息，并做好对内、对外的信息联系。

C. 负责核实公司应急预案人员明细，落实到岗到位情况，并做好后勤保障工作。

D. 在防雪防冻期间，配合现场指挥协调相关部门做好防雪防冻各项工作。如有意外事件发生，及时向领导小组汇报。

6.2.4 具体措施

6.2.4.1 每年冬季暴风雪季节把防雪防冻工作作为工作重点，组织安全自查和隐患整改，开展专项应急演练。

6.2.4.2 防雪防冻期间，各小组应密切关注天气预报，及时汇报领导小组。根据实际情况或按照集团统一部署，领导小组适时启动应急预案，各小组合理调配人员，立即开展工作，确保防雪防冻工作顺利进行。

6.2.4.3 各小组按照职责分工认真做好生活区、生产区的下水道的疏通，电缆沟、孔、洞的堵漏，以防积水冻结。检查房屋、配电室、上下水管等做好保暖工作。

6.2.4.4　各小组对贵重物品，易燃、易爆等物资必须做好防冻处理。对铲雪工具、防冻防滑物资，需要及时补充，专管专用，建立台账。

6.3　游客紧急疏散和救援应急预案

6.3.1　目的

为了保证应急情况下，公司各级能够迅速反应，妥善应对及时、有序疏散和救援景区游客，避免或减少人员伤亡和财产损失，特制订本预案。

6.3.2　适用范围

公司所属景区发生火灾、爆炸、拥挤踩踏等必须紧急疏散和救援游客的突发事件。

6.3.3　处置原则

统一指挥、快速反应、减少损失。

6.3.4　成立应急反应领导小组

公司成立应急反应领导小组，由总经理任组长兼应急反应总指挥，副总经理任副组长兼应急反应现场指挥，公司各部门负责人为小组成员。总体负责应急反应的领导、指挥、部署和协调工作。领导小组下设办公室，办公室设在旅游信息中心。

6.3.5　职责分工

6.3.5.1　应急反应办公室

A. 贯彻执行上级应急反应工作的通知和指示精神，编制公司应急反应预案。

B. 按照上级工作部署，组织公司应急反应工作。

C. 向公司应急反应领导小组汇报有关信息并按照领导指示和有关规定，制定相应的防范措施。

D. 按照公司部署和要求做好物资储备工作，对各部门的应急反应工作进行检查并指导。

E. 在应急反应期间，配合现场指挥做好应急救援各项工作。如有意外事件发生，及时向公司应急反应领导小组汇报。

6.3.5.2　通讯联络组

A. 按照公司应急反应工作领导小组的工作部署与集团公司应急指挥中心以及外部联系畅通、内外信息反馈迅速。

B. 负责组织对事发现场的拍照工作。

C. 负责信息汇总和对外信息公告。

D. 积极协调相关部门和单位做好事故善后处理工作，尽快恢复生产工作。

6.3.5.3 应急抢险组

A. 负责事发现场救援、警戒、治安、抢险救护、游客疏散、维护现场秩序工作。

B. 配合现场指挥做好应急反应、应急抢险工作。

C. 加强值班、坚守岗位、及时巡查发现问题立即上报，并在确保安全的前提下采取有效措施，维持正常工作秩序。

6.3.5.4 应急抢修组

A. 负责抢修所需要的人力、机械的保障。

B. 负责公司设备、设施安全，对出现故障立即组织抢修，保证机电、机械、设备处于正常使用状态。

C. 配合现场指挥做好应急反应各项工作。

6.3.5.5 场地管理组

A. 以公司名义负责向景区经营业户下发通知，督促做好应急反应工作。

B. 加强场地巡查，发现问题及时解决、无法解决的立即上报。

C. 配合现场指挥做好各项应急反应工作。

6.3.5.6 内、外部联系

事件发生后，立即向上级及主管机关汇报，并根据事态严重程度，及时请求外援。公司领导小组办公室电话 66567799，集团安全生产部电话 85753203，医疗电话 120，公安电话 110，消防电话 119。

6.3.5.7 教育培训与演练

各部门定期组织教育培训，保证每名职工熟悉应急程序，明确应急职责，掌握应急技能，提高实战能力。

6.3.5.8 应急响应

A. 先期处置

a）应急情况发生后，事发位置采取应急措施的同时，立即向公司报告。

b）公司接到报告后，根据事态严重程度，由总经理决定启动应急预案，并及时将情况向上级和主管机关汇报。

c）根据应急领导小组指令，各应急小组立即就位。由现场指挥率应急小组立即赶赴现场。

B. 现场处置

a）设立现场指挥部，现场指挥各应急小组迅速开展抢险、抢救工作，及时向总指挥汇报现场状况，并根据事态发展及严重程度建议总指挥是否请求支援。

b）抢修组根据现场指挥指令，迅速采取有效措施，对设备、设施进行抢修，尽快恢复生产。

c）抢险组在事发现场周围设置隔离区域，防止无关人员进入，维持现场秩序，通过各个出口，疏通游客，保证游客疏散有序进行。

d）专业队伍（如 110、120、119）到达现场后，现场指挥进行交接，并向总指挥汇报。抢险工作由专业队伍负责，公司应急人员协助维持现场秩序、疏散、救助游客。

6.3.5.9 现场恢复

应急状态解除后，由公司组织评审会议，针对应急预案存在不足和缺陷提出改进意见，对本预案进行修改。

6.4 景区防恐防暴应急处置预案

6.4.1 目的

为有效预防、及时控制和消除景区突发恐怖、暴力事件的危害，严厉打击暴力恐怖犯罪活动，提高快速反应和应急处理能力，最大限度地减少和遏制恐怖暴力犯罪事件发生，减少对人民群众造成的危害，维护景区的安全稳定和正常秩序，结合景区实际情况，特制订本应急预案。

6.4.2 风险辨识

反恐防暴存在的主要风险包括暴力袭击、自焚、爆炸、火灾、汽车冲撞、绑架等突发事件。

6.4.3 应急行动组织机构及职责

6.4.3.1 机构设置

公司成立应急行动领导小组，由总经理任组长兼应急反应总指挥，副总经理及相关领导任副组长兼应急反应副总指挥，各级安保负责人为小组成员。领导小组下设办公室，办公室设在旅游信息中心，总体负责应急反应的领导、指挥、部署和协调工作。（公安：110；救护：120；火警：119；奥帆中心派出所：66575319；办公室24小时值班电话监控中心：66567795）

6.4.3.2　职责

A. 负责反恐防暴应急预案的制订、修改和宣传贯彻工作。

B. 督促各部门落实应急预案措施，做好应急救援准备工作。

C. 制订应急预案演习方案，适时进行训练和演习，提高安保队员的反恐防暴意识和自防自救能力，以便事故发生时能及时得以控制。

D. 当发生暴恐等突发事件时，及时赶赴事故现场，组织排查、警戒、疏散、救护等应急指挥工作。

E. 立即请求警方和当地政府相关部门给予救援和指导，并向相关政府部门报告确定。

F. 根据警方部署，负责统一指挥，确保人力、物力、财力资源及时到位，指令相关人员执行反恐防暴工作。

G. 统一组织对事件进行调查处置，根据事件情况的特点，实施有效的应急措施，努力控制和防止事件扩大，将损失或不利因素降至最低程度。

H. 确定事态的严重情况，确定是否需要及时组织人员疏散和离开。

I. 事件结束后，安排专人负责写出《事件分析报告》，并组织相关人员评审原《应急预案》的适应性，部分条款不适应时则予以修订。

6.4.4　具体事件的处理办法

6.4.4.1　暴力

A. 立即拨打110报警，准确报告事发时间、地点、人数及性质等具体信息。

B. 如没有伤及人员的情况下应以教育为主，劝说其放弃伤害他人及破坏正常秩序的行为。

C. 如已伤及他人，应予立即制止，以抢救伤员为主，如情况继续恶化应以武力制止。

D. 注意观察暴力组织者的行为、特征。条件许可的话，当即擒获；

不具备条件，也要想办法接近、控制，等待公安、武警或其他队员到时再擒获。

E. 注意收集、保护证人，并留下联系方式。

6.4.4.2 爆炸物品

A. 如发现不明爆炸物，立即拨打 110 报警，并逐级向领导小组报告，同时采取隔离措施，疏散人员集中至安全地带并保护好相关人员。

B. 严禁人员进出加强事故地点保卫、巡查工作。

C. 报告公安部门，请求派人排暴并协助其工作。

6.4.4.3 抢夺、抢劫、盗窃

A. 如发现犯罪嫌疑人没有离开景区，立即通报出口保安监控，并在第一时间拨打 110、向领导汇报，同时组织围捕。

B. 通过监控，如发现犯罪嫌疑人已离开景区，立即向领导汇报，然后检查景区人员的财产安全情况。

C. 如犯罪嫌疑人已伤到人员，应立即拨打 120 急救电话，犯罪并组织抢救。

D. 如犯罪嫌疑人在可监控的范围内,立即组织追捕,捉拿犯罪嫌疑人。

E. 保护好现场、证人，在公安部门到来之前，严禁无关人员进出。

6.4.4.4 纵火

A. 立即启动放火、灭火预案进行扑救灭火，同时拨打“119”报警电话。

B. 保护好现场，引导消防车进入市场，严禁无关人员进出现场。

C. 如犯罪嫌疑人在现场，立即组织围捕。

D. 灭火后，注意保护好现场，统计损失。

6.4.4.5 投毒

A. 如发现毒品，应立即保护好现场并报告领导小组，同时集中所有可能接触到毒品的人员在某特定区域，加以保护，等待公安等有关部门前来检查、检验，同时提供相应的证据。

B. 查明毒源并切断毒源，保护好现场，严禁他人进出。

6.4.4.6 绑架、挟持人质，勒索

A. 如犯罪嫌疑人在现场，应第一时间向领导小组汇报，同时采取围捕方式包围。

B. 正面宣传教育对话，“请不要伤人，有话好商量”以情感化，放下凶器。

C. 保护好现场，严禁无关人员进出现场。

D. 立即报警，请求支援。

E. 如犯罪嫌疑人已离开，应保护好现场痕迹等证物、证人，等待公安部门前来侦破。

F. 如犯罪嫌疑人已逃离景区可视的范围内，应立即追捕，同时首要考虑人质的安全，等待公安部门前来解决。

6.4.4.7　汽车冲撞

A. 当值安保员应立即上报队长，并记录冲撞车辆车牌、颜色及型号，立即通知监控室调整位置，进行全屏录像。

B. 在冲撞车辆前后摆放指引牌。

C. 事件发生时录像进行备份存证。

D. 检查确认设备设施损坏情况。

E. 在车辆进出特殊事件处理记录本上作好记录。

6.4.5　预警和预防

6.4.5.1　奥帆中心防暴恐重点防范部位

游艇码头、各门岗出入口、八角广场、火炬广场、旗林广场、情人坝。

6.4.5.2　事故预警

A. 针对景区可能发生的事故风险，成立应急领导组织机构，发现苗头的第一人立即向部门领导或安保部门报告，若有特殊情况可越级直接向应急领导报告。

B. 加强对安保队员的防暴恐意识和安全教育、宣传，增强安保队员的法制意识和自我保护意识。

C. 严格执行出入登记管理制度，严控可疑外来人员进入景区。

D. 组织反恐防暴演习活动，熟练使用好技防设施。

E. 对可能引起矛盾激化事件的当事人要耐心接待，尽力做好化解工作。

F. 景区成立防暴恐事件处理应急工作领导小组。

6.4.5.3 事故预防

A. 安全措施

a）落实责任、建立责任制，重点工作落实到每一个岗位。确保景区治安秩序良好，有效预防各类突发事件，坚决防止暴力恐怖事件，确保现场安全、稳定。

b）全面开展巡逻、防控工作。采取人防、物防、技防相结合的方式，充分发挥各种防控方式的综合能力，确保各项安全工作措施的落实，排查并消除各类安全隐患，坚决防止发生重大安全事故，切实提高安全保障水平。

人防：秩序部人员巡逻防控要保证 24 小时运转。发现安全隐患，或收集到重大信息要及时通报，确保万无一失。

技防：充分利用现有的设备对要害部位进行日常巡逻检查、监控巡视。以点带面，形成立体防控。

物防：对人员聚集部位、水、电、油等重点部位要加强巡逻死看死守。发现可疑人员、可疑事件要及时汇报并报警。

c）建立安全保卫工作例会制度。安保负责人每季度召开一次安全保卫反恐会议，定期分析项目部安全保卫工作形势，总结经验教训，制定相应对策和措施，布置工作任务，确保工作组织落实、制度落实、责任落实，措施到位。

d）群防群治，充分利用其他部门的工作特点，增强员工安全防范意识。保洁部应参加安全保卫工作，在打扫卫生时刻意检查各楼层隐蔽角落，各种安全隐患、可疑物品，最大限度防止爆炸恐怖事件发生。

B. 工作要求

a）提高认识，加强领导。及时传达，积极动员，精心部署，切实提高各安保队员的紧迫感、责任感，克服盲目乐观、松懈麻痹思想，确保安全保卫工作顺利开展。

b）全体安保人员要提高敏感性。以高度的责任心和全局观念，发挥主动性，全面细致地开展工作，全力以赴完成任务。

c）要服从命令听从指挥，遇到特殊情况及时报告。团结协作，讲究技巧，注意方法，耐心细致做好工作。

d）严肃工作纪律。安保人员保证24小时通讯畅通，保证随叫随到。

C. 反恐防范重点设施及器材

a）监控设施：景区内配备监控摄像头75个，其中重点部位布控占比达100%，有效做到各个角度、各个视线的全天候监控。

b）报警室：重点部位设置门岗报警点4个，夜间开设爆闪警灯。

c）安防器材：配备安防警棍5支，安防盾牌5个，防暴叉5个，安防强光手电筒5支。

6.4.6　其他事项

6.4.6.1　本预案是对景区可能发生的不安全和防恐防暴事件，在组织实施、紧急救援以及事件处理工作中的指导性意见，在具体实施过程中应结合实际情况进行处理。

6.4.6.2　本预案为特定时期的应急预案，安保部门要结合实际进行安全演练，确保演练的实效性和可操作性。

6.4.6.3　安保队所有成员都有参加防恐防暴工作的义务。

6.4.6.4　安保部门应结合自身特点，加强宣传教育工作，提高全员安全意识和采取有效的防范措施并积极协助景区职能部门做好工作。

6.5　景区火灾事故应急预案

为不断增强员工消防安全意识，提高员工应急处置能力，避免或减少人员伤亡和财产损失，结合公司实际，特制订本预案。

6.5.1　适用范围

本预案适用于公司所属各部门。

6.5.2　建立公司应急指挥机构

6.5.2.1　应急指挥部

职责：掌握应急现场情况，判断现场应急的主要方面，进行应急抢险决策，根据救人、疏散物资和应急抢险的需要调整或调集应急抢险力量。

6.5.2.2　应急办公室

职责：负责监督、指导各部门日常应急管理工作，向应急指挥部报告公司范围内发生的火灾事故，协助应急指挥部进行生产安全事故的协调工作。

6.5.3 职责分工

6.5.3.1 应急抢险组

A. 负责到达火灾事故现场进行灭火，控制火势蔓延。

B. 听从负责人的指挥，尽可能将火灾现场及周围主要物资和设备转移到安全地方。

C. 对火灾现场的燃气管道关阀断源；保障用于火灾现场的动力设备正常运行。

D. 提供地下水管网情况，确保火灾现场用水。为消防队破拆建筑物提供技术支持。

E. 负责对火灾现场实行局部断电；必要时，架设火灾现场专用电缆，保障救援现场的照明和设备用电；快速修复损坏的配电设备，及时恢复正常供电。

6.5.3.2 应急救援组

A. 负责组织事故可能危及区域内的人员疏散、撤离至安全地带并清点现场人数，确保人员处于安全区域。

B. 负责事故现场交通管制、维持秩序、事故现场警戒及人员撤离区域的保卫。

C. 负责对事故现场周围重要物资的迅速转移，并组织车辆运送抢救物资和人员。

D. 在保证自身生命安全的前提下，主要负责火灾现场人员的救护。

E. 协助有关部门及时将受伤人员转移到各医院抢救，对紧急救治的重伤人员送至医院做进一步治疗，或直接联系 120 救护，并向医护人员介绍病情。

6.5.3.3 后勤保障组

A. 负责组织抢险物资、工具和后勤物资的供应。

B. 保持通讯畅通，并根据情况启用备用或其他通讯方式。

C. 负责应急过程的后勤保障（地点、交通、食宿等）。

D. 协调相关单位紧急物资采办及运送。

E. 协助相关单位安抚受害人员，对死难和受伤人员给予妥善安排。

6.5.4 相关事项

6.5.4.1 现场救援必须服从统一指挥，严禁擅自行动。

6.5.4.2 在消防灭火的同时，首先应保证自己的人身安全。当消防队赶到现场后，协助消防队进行灭火。

6.5.4.3 在进行抢险时，一定要正确佩戴劳动防护用品。必须穿好防护衣帽，戴好防毒、防烟面罩等。

6.5.4.4 在事故现场抢险救援时，必须三人一组，两人抢险一人监护相互照应。

6.5.4.5 现场若有事故扩大的迹象，及时向上级报告。

6.5.4.6 警戒人员应做出醒目的警戒线，禁止不相关人员进入事故场地。

6.5.4.7 救援人员在事故现场救援时，应经常检查个人防护用品的完好状况，发现异常或感觉身体不适时，应迅速撤离现场。

6.6 景区疫情防控应急预案

制订本预案，主要为有效预防、及时控制和妥善处理景区各类疫情，提高快速反应和应急处理能力，建立健全应急机制，最大限度地减少景区各类疫情的危害，确保游客的生命与财产安全。

6.6.1 适用范围

本预案适用于公司所属各部门。

6.6.2 启动疫情防控机制

6.6.2.1 成立景区疫情防控领导小组

6.6.2.2 防控工作办公室。

办公室设在综合管理部，具体负责组织落实疫情防控领导小组决策部署，按照职责组织开展疫情防控工作，进行疫情防控信息收集、反馈、报送，对接旅游集团以及属地街道、文旅局、卫生防疫、市场监管等相关部门。

6.6.2.3 职责分工

A. 综合管理部负责防控领导小组办公室的日常工作，疫情防控期间景区荷载量核定及公示、景区防控物资的采购及发放工作。

B. 综合管理部负责景区员工管理，监控员工健康状况，建立健全员工台账并进行动态更新，国内中高风险地区信息发布。

C. 营销部负责线上实名购票、实名登记管理，媒体疫情正面引导宣传，有关疫情的公告或宣传牌制作。

D. 物管部负责景区通风设备的管理及景区内通风保障。

E. 游客服务部负责线下实名购票人员引导、登记，游客健康码查验、体温测量，办公区域、景区环境卫生管理及消毒工作。

F. 保安部负责现场安保管理，对出现的游客聚集现象进行合理疏导。负责对接集团疫情防控工作。

G. 其他部门根据领导小组工作部署，落实各项防控工作。

6.6.3　疫情防控措施

6.6.3.1　员工管理

A. 员工实行每日健康监测，如有出现发热、乏力、干咳及胸闷症状时，应及时就医，不得带病上岗。监控中心、科海办公楼前台分别设立体温监测点，上、下班各测量一次并登记；若体温超过 37.3℃，应及时到医院就诊，必要时居家休息。同时报公司安保部，由保安部报集团备案。

B. 员工上下班途中应佩戴口罩，尽量不乘坐公共交通，如必须乘坐公共交通工具时，务必全程佩戴口罩，途中尽量避免用手触摸车上物品。

C. 办公区域每日消毒；办公室应保持环境整洁，每日通风三次，每次不少于 30 分钟；人与人之间保持 1 米以上距离，多人办公时佩戴口罩；食堂每日消毒，员工佩戴口罩进入食堂，分散就餐，取餐排队保持一定距离。

D. 员工保持个人卫生，勤洗手，下班回家后进行消毒，居家时保持室内通风和卫生清洁。

E. 来访人员测量体温、登记备案后方可进入办公区域。

F. 快递业务集中在科海办公楼实行非接触式受理。

G. 在青员工无特殊情况不准离开青岛，非必要不前往国内疫情中高风险地区及毗邻区，如确有特殊原因需离青或前往的，应报景区疫情防控领导小组批准并报备系统管理部，并由保安部报集团备案。

H. 员工亲属（出国前同住）在国外且近期有回国计划的，要提前向公司系统管理部和所在社区报告。

I. 员工如有接触过疑似者或密切接触者，应立即报告景区疫情防控领导小组并报告个人健康状况，如有异常应迅速到就近医院就诊，并按照医院要求进行适当处理。

G. 按照国家疫苗接种原则和要求，积极接种新冠疫苗（加强针），做到“应接尽接”。

K. 不参加大型聚会活动，提倡家庭聚餐聚会等不超过 10 人。

6.6.3.2　游客服务

A. 实行游客入园实名制。鼓励游客采取线上预约、分时段购票；线下游客“先测体温后购票”，鼓励线下游客现场扫码购票，现场窗口购票的游客，应登记身份证和电话信息。

B. 景区全部场馆开放，随时关注景区运营动态，并通过控制售票及检票闸机等方式，按照景区承载量上限有效控制游客数量，避免客流聚集。

C. 疫情防控期间，全体员工必须佩戴口罩上岗，保持服务距离，尽量采取无接触服务。

D. 主入口部位设立体温检测点，安排专人引导、验码或监督游客扫码后进入景区。发现体温超过 37.3℃的游客禁止进入景区，并按照《景区疫情防控应急预案》进行处置。游客检票进入景区时，尽量引导游客自助扫码。

E. 临时隔离室设置在水族馆 2 号楼 3 楼，配备隔离服、一次性手套、酒精等防护物资。生物口设立“临时隔离区”，可作为临时隔离场所。

F. 利用景区 LED 屏、广播等形式，开展疫情防控知识宣传，提醒游客佩戴口罩。

6.6.3.3　景区内部环境卫生管理

A. 每日对景区内外所属一切场地、设施进行全面消毒不少于 2 次，卫生间视情况增加消毒次数。不同部位、物体和工具消毒应配置不同浓度的消毒液，采用不同的消毒方式，具体参照《A 级旅游景区新冠肺炎防控指南》执行。

B. 每个区域使用的保洁用具要分开，做到专区专用、专物专用，避免交叉污染。

C. 卫生间应保持清洁和干爽，提供洗手液，并保证水龙头等设施正常使用。

D. 按要求设置垃圾桶，并定期消毒。

E. 景区环境卫生管理以清洁为主，预防性消毒为辅，避免过度消毒。配制和使用时应注意个人防护，防止对消毒物品造成损坏。

6.6.3.4 景区通风管理

A. 景区应保持空气流通，优先开窗，采用自然通风。

B. 每日对景区中央空调风口、过滤网进行消毒并记录。中央空调新风系统正常使用时，若出现疫情，不要停止风机运行，应在人员撤离后，对排风支管封闭，运行一段时间后关断新风排风系统，同时进行消毒。

C. 每日检查场馆内温度并记录，将温度控制在 18℃ ~25℃，适宜游览。

D. 及时维修和维护景区所有水管和排水系统，修复受渗透影响的区域。

6.6.4 障措施

6.6.4.1 编制原则和依据

坚持疫情高于一切原则，以企业员工安全、游客安全为主导，强化协调联动机制、防控责任机制、信息报送机制和疫情监测、防治机制，依据国家、省、市关于加强新型冠状病毒感染防疫工作的文件和工作要求编制本应急预案。在景区疫情防控领导小组的组织下，以最快速度、最大效能开展管控工作，预防疫情在景区发生和蔓延，最大限度减少人员伤亡和财产损失。

6.6.4.2 应急响应机构及职责

A. 成立应急响应领导小组。

B. 领导小组工作职责

a）负责建立完善的防控体系，检查督促防疫工作落实到位，在上级防疫主管部门的领导下做好防控工作。

b）根据应急事件实际情况和发展特点，确定是否启动预案。

c）预案启动后的统一领导指挥，协调应急指挥机构开展救援工作。

d）根据应急事件处理情况，决定结束应急预案。

e）组织事故调查和总结。

C. 下设机构及分工

领导小组下设防控办公室，办公室设在综合管理部。办公室分为综合保障组、接待运营组、安全督导组、新闻宣传组。

a）综合保障组

职责：负责疫情防控综合协调工作、信息报告工作，负责口罩、测温仪、消毒液等物资的采购和发放工作，保障充分供应；根据领导小组安排，落实其他事项。

b）接待运营组

职责：负责现场接待服务工作及设备的正常运行，包括售票、检票、游客扫码引导和信息登记、体温测量，客流量监控及现场突发情况的报告；根据领导小组安排，落实其他事项。

c）安全督导组

职责：负责现场运营接待的安全保障工作，包括现场接待秩序控制和监督，防止人员聚集，对游客或员工随意摘除口罩、随地吐痰等不符合疫情防控要求、不文明行为进行劝诫，发生突发情况时对相关人员的劝导、疏散或隔离；根据领导小组安排，落实其他事项。

d）培训宣传组

职责：负责员工防疫知识培训及健康档案管理，景区疫情防控工作宣传，疫情突发事件的媒体危机公关；根据领导小组安排，落实其他事项。

6.6.4.3 应急响应程序

A. 单位员工疫情突发应急响应

对单位员工疫情突发情况分为四个等级：

a）一般情况：指单位员工中未发现新冠感染病例（包括疑似病例、确诊病例和无症状感染者）和可疑症状人员。

b）出现可疑症状人员：指单位员工中出现发热、咳嗽、咽痛、腹泻和腹痛等症状人员。

c）出现单个病例：指单位员工中出现 1 例新冠感染病例（包括疑似病例、确诊病例和无症状感染者），尚未出现续发病例。

d）出现聚集性疫情：指 14 天内单位发现 2 例及以上新冠感染病例（包括疑似病例、确诊病例和无症状感染者），病例间存在因密切接触导致传播或感染的可能性。

B. 依据等级分别制定应急响应程序

a）一般情况响应程序：依据景区日常防控工作方案，加强防控工作管理。

b）出现可疑症状人员响应程序：除做好日常管控工作外，将可疑症状人员及密切接触人员先行留置在临时隔离室，进行隔离医学观察；同时拨打 120 急救电话转运可疑症状人员及密切接触者至指定医院，并联系区疾控部门或社区卫生部门对隔离室进行消毒。景区在 1 小时内将疫情信息上报街道、文旅局、疾控部门和上级单位。

c）出现单个病例响应程序：除做好日常管控工作外，主动排查发现单位员工病例，配合相关部门开展病学调查并按要求做好密切接触者管理，严格落实消毒等处置措施。立即上报街道、文旅局、疾控部门和上级单位。

d）出现聚集性疫情响应程序：除做好日常管控工作外，在市、区新冠肺炎防控指挥部的统一领导下，按要求开展相关工作，进行综合分析判断后，立即采取停工歇业和对景区进行封锁。立即上报街道、文旅局、疾控部门和上级单位。

C. 疫情突发事件应急响应程序

a）对发热游客应对措施：对体温超过 37.3℃的游客，禁止其进入景区，工作人员将其引导至其他游客不会接触到的区域。再次测温，如体温正常，游客入园参观；如多次测温确实异常，建议游客到就近指定医院就诊或到景区临时隔离室 / 临时隔离区进行隔离。如游客配合隔离，应对游客信息进行记录。综合部报社区和文旅局，保安部报旅游集团。根据社区意见处置或交由社区人员现场处置。处置结束游客离开后对其行动路线及所处场所消毒。处置情况分别对口报文旅局和旅游集团。

b）对黄码、红码游客的应对措施：游客进入景区应扫场所码（一码通）并进行查验。对持黄码、红码游客，严禁其进入景区，建议游客进入临时隔离室 / 临时隔离区等候处置，并对游客信息进行记录。综合部报社区和文旅局，保安部报旅游集团。交由社区人员现场处置。处置结束游客离开后对其行动路线及所处场所消毒。处置情况分别对口报文旅局和旅游集团。

c）对密接游客 / 员工的应对措施：确定景区有密接游客 / 员工信息后，立即停止景区接待，停止可能造成流动的一切活动。综合部报社区和文旅局，保安部报旅游局集团。交由社区及疾控部门对密接游客 / 员工进行转运或进入临时隔离室 / 临时隔离区等候处置。处置结束密接游客 / 员工离开后，对其行动路线及所处场所消毒。配合疾控部门开展密接游客 / 员工接触人员排查及后续管控工作。处置情况报社区、文旅局和旅游集团。

6.6.4.4　应急响应解除

应急响应领导小组根据情况启动应急预案，根据上级防疫部门处置情况及要求解除应急响应。

6.6.4.5　处置要点

A. 发现人尽可能避免与疑似人员或病例直接接触或近距离接触，并离开疑似人员或病例生活、工作的房间或办公室等场所，不得在未采取防护措施的情况下进入疑似人员或病例发病地点，以防传染。

B. 发现人和其他人员不得接触疑似人员或病例碰触或使用的一切物品。

C. 考虑发现人有被传染的可能，应对发现人执行预防措施。

D. 做好人员情绪稳定工作，避免恐慌，同时做好工作安排。

E. 用医疗机构专车将疑似人员或病例转运至指定医疗机构进行救治。

F. 要对疑似人员或病例存在的地点、空间、交通工具和接触过的物品进行消毒。

6.6.4.6　信息报告

景区疫情防控应急响应领导小组要熟悉所在区（市）疾控部门、定点医疗机构、疫情防控指挥部办公室的联系方式和疫情报告有关要求。

A. 报告内容：包括时间、地点、人员、症状、数量、已采取的措施、报告单位、联系人及联系方式等。

B. 报告时限：发现情况立即电话报告区（市）疫情防控指挥部办公室、疾控部门或定点医疗机构；1 小时内核实情况书面报告；情况复杂的可以书面续报，直至书面终报。

C. 报告要求：信息应当做到及时、客观、真实，不得迟报、谎报、瞒报和漏报。

6.6.4.7 善后工作

疫情突发处置结束，景区疫情防控办公室收集、整理相关工作记录、方案、文件等资料，组织各部门、各小组对应急处置过程和应急处置保障等工作进行总结和评估，提出改进意见和建议，并将总结评估报告报上级主管部门。

6.6.4.8 预案备案

本应急预案经内部审批后，报备青岛市文化和旅游局、青岛市市南区文化和旅游局。

6.6.4.9 预案实施

A. 本预案根据国家关于疫情防控政策变化随时调整。

B. 本预案自发布之日起实施。

6.7 景区疫情防控应急预案

为了及时处理和控制青岛奥帆海洋文化旅游区内可能发生的食物中毒事件，保证游客和相关工作人员身体健康，根据《中华人民共和国食物卫生法》《食物中毒事故处理办法》的规定，结合旅游区实际情况，制定本细则。

6.7.1 事前预防

6.7.1.1 各景区建立严格的食品卫生安全管理制度，设置专人进行卫生安全检查，对在景区内实行租赁、承包、合作经营的餐饮网点，要签订食品卫生安全责任书，明确各自相应的责任。杜绝景区内无照经营的食品商贩，为景区创造良好的卫生环境。

6.7.1.2 各景区要利用各种途径和多种宣传工具，通过各种形式，做好食品安全知识的宣传和教育工作，提高工作人员、游客对有害食物的鉴别能力、增加游客防病知识。

6.7.1.3 各景区要严格执行卫生法规及相关的管理条例。对在景区内从事餐饮经营的人员实行定期身体检查，对患有严重传染性疾病的人员，要坚决劝离该铺位，防止传染性疾病蔓延。

6.7.1.4 各景区要严把食品采购、贮存、加工、销售关；严把餐饮用具消毒关；做好蚊、蝇、老鼠的预防工作，防止病菌传播。

6.7.2 急处理程序

6.7.2.1 接到食物中毒或者疑似食物中毒事故的报告后，接报人应立即向分管领导报告。立即启动《青岛奥帆海洋文化旅游区食物中毒应急预案》，并实施本细则。

6.7.2.2 接到食物中毒或者疑似食物中毒事件的报告时，接报人对事件的发生情况应进行详细登记，及时填写《食物中毒事故报告登记表》。通知报告人保护现场、留存病人粪便、呕吐物、可疑中毒食物及盛装可疑中毒食物的容器。

6.7.2.3 游览过程中发现游客发生疑似食物中毒现象，尤其是群体性发病情形的，各景区要严格执行首见报告制度，发现人必须在第一时间报告景区相关领导；景区医务人员对疑似食物中毒病人做前期处理并将患者送至指定医院就诊。景区内发现有游客或员工出现食物中毒症状（头晕、恶心、腹痛、呕吐、腹泻等）时，发现人要简要了解中毒者的国籍、发病前就餐情况、所吃食物等，及时向景区食物中毒现场应急指挥部办公室报告。立即联系青岛市市南区卫生局卫生监督所、青岛市市南区人民医院等部门协助做好现场采样及病人救治工作。

6.7.2.4 食物中毒应急处理工作小组应马上派出人员，携带食物中毒应急处理箱及时赶赴事故现场进行调查处理，病人已送医院治疗的应派人到医院进行跟踪调查。确认发生食物中毒后，要立即拨打120 或119，请求支援。

6.7.2.5 到达现场后，应尽快了解事情经过，并采取以下措施控制现场，防止事态扩大。

A. 立即停止食用可疑中毒食物，并将中毒患者送医院救治，做好病人的交接和追踪。

B. 保护现场，封存可疑中毒食物、原料；停止销售或经营并追回已售出的可疑中毒食物。

C. 封存可能被污染的食物用工具及用具。

D. 责令事故发生单位消毒、清洗中毒场所和相关设施、消除可疑污染因素。

E. 必要时对共同进餐未发病者进行预防性服药。

6.7.3　采样

所采样品应尽量在 2 小时内送达青岛市市南区卫生健康局。如有特殊情况，应保存于冷藏条件下，4 小时内送达青岛市市南区卫生健康局。

6.7.4　调查情况分析及结果判定

6.7.4.1　中毒患者确定

通过现场核实的发病情况和进食情况分析，对已发现或报告的可疑中毒患者进行鉴别，确定中毒人数。

6.7.4.2　中毒原因分析

根据确定中毒患者流行病学分布的特点，提出是否为一起食物中毒事件的意见，并就食物中毒的致病因素、可疑中毒食物及其来源、中毒原因、进食可疑中毒食物的时间、地点等提出假设。

6.7.4.3　食物中毒的结果判定

根据发病者的潜伏期和临床症状、流行病学和卫生学调查、实验室检验结果，按照《食物中毒诊断标准及技术处理总则》（GB14938）规定的诊断标准，由进行调查处理的工作小组提出初步判定意见，判定是否为食物中毒及中毒原因，报食物中毒应急处理领导小组进行确认。食物中毒的判定应尽可能有实验室诊断资料，但由于采样不及时或已用药或其他原因而未能取得实验室诊断资料时，可判定为原因不明食物中毒，必要时由 3 名副主任医师以上的食物卫生专家进行判定。

6.7.5　处理

6.7.5.1　对封存的食物及食物用工具、用具，应当在封存之日起15日内完成实验室检验或卫生学评价工作，由应急指挥中心办公室根据检验结果或评价结论做出处理决定。

6.7.5.2　事件处理结束后，应急指挥中心办公室应对事件进行总结，填写《食物中毒事故调查报告表》，并撰写调查报告及时报青岛市市南区卫生健康局。调查报告内容应包括事件概况、事件经过、现场调查、卫生监测、检查结果、事件原因分析、结论、事件处理经过、效果、成绩与问题、建议等。

6.7.5.3　在确认事件经过后依照《中华人民共和国食物卫生法》等相关

法律、法规的规定，按照规定的程序和要求对造成食物中毒的责任单位做出警告、罚款或其他行政处罚。对造成严重食物中毒事故构成犯罪的或者有投毒等犯罪嫌疑的，移送司法机关处理。

6.7.6 保障措施

6.7.6.1 食物中毒应急处理工作小组人员应加强对食物中毒相关业务知识的学习，熟悉食物中毒事件的处理方法和操作程序等。

6.7.6.2 食物中毒应急处理用品的配备，以及事件调查期间所需经费和其他物质条件。

6.7.6.3 为维护景区形象、稳定游客情绪，依照国家有关规定，由青岛奥帆海洋文化旅游区应急领导小组或相关部门通过媒体发布有关信息。

第五章 环境卫生管理制度

1 卫生保洁管理规范

为保障景区公共场所的干净整洁，为广大游客提供优美舒适的旅游休闲环境，树立景区良好的形象，特制定本规范。

1.1 明确卫生责任区域，区域保洁员负责日常清扫，保洁主管负责日常的监督检查。

1.2 景区保洁人员按要求每天不定时清扫，客流量集中高峰时段，应加强打扫力度，时刻保持责任区干净、整洁。

1.3 景区保洁员每天对景区景观、电线杆、护栏等进行巡回检查，发现小广告、粘贴物及时清除。

1.4 景区内各类公共设施、娱乐休憩设备：干净整洁，无灰尘、无污渍，各类设施摆放整齐。

1.5 景区木栈道、各类路面：干净整洁，无积水，无纸屑、果皮、烟头等杂物，道路通畅无阻。

1.6 场馆内：展柜干净，无水渍、无手印，地面干净，无污渍，各类展品摆放整齐。

1.7 沿海平面、景观水池等水系：无青苔，无白色污染等漂浮物，打捞的垃圾摆放在指定地点并按规定分类收集。

1.8 公共卫生间：专人管理，地面干净无污渍、无积水，卫生间附件干净、无水渍、无污渍，室内通风良好，空气清新，无异味。

1.9 垃圾分类收集，日产日清，及时集中清运到指定位置。垃圾桶（箱）干净、美观、无污渍、无黏附物、无异味。

1.10 每日至少两次对公共区域、卫生间、垃圾桶（箱）、垃圾中转站等位置进行消毒作业，客流量大时，增加消毒频次。

2 垃圾分类管理制度

为有效推进景区生活垃圾分类管理工作，营造一个干净整洁的旅游环境，根据青岛市政府颁布的《青岛市生活垃圾管理办法》的工作部署，特制定本制度。

2.1 垃圾的分类

2.1.1 有害垃圾

包括生活垃圾中对人体健康或者自然环境造成直接或者潜在危害的物质，如废充电电池、废扣式电池、废灯管、弃置药品、废杀虫剂、废油漆、废日用化学品、废水银产品、废旧电器以及电子产品。

2.1.2 可回收物

包括生活垃圾中未污染的适宜回收和资源利用的垃圾，如纸类、塑料、玻璃和金属。

2.1.3 厨余垃圾

包括生活垃圾中的餐饮垃圾、厨余垃圾等易腐性垃圾，如食品交易、制作过程废弃的食品、蔬菜、瓜果皮核。

2.1.4 其他垃圾

包括除可回收物、有害垃圾和餐厨垃圾之外的其他景区垃圾，如大件垃圾以及其他混杂、污染、难分类的塑料类、玻璃类、纸类、布类、木类、金属类、渣土类等生活垃圾。大件垃圾是指体积大、整体性强，或者需要拆分再处理的废弃物品，包括家具和家电等。

2.2 垃圾定点设置及垃圾分类存放

2.2.1 景区设置垃圾分类回收站，分类投放的景区垃圾应当分类收集、存放，禁止将已分类投放的景区垃圾混合收集、存放。

2.2.2　可回收垃圾和有害垃圾应当定期收集，餐厨垃圾和其他垃圾应当每天定时收集。

2.2.3　分类收集后的有害垃圾应当按照《危险废物贮存污染控制标准》的要求处置。

2.3　垃圾分类规范要求

2.3.1　垃圾投放规范

2.3.1.1　可回收垃圾投放至可回收垃圾桶（箱）内。

2.3.1.2　有害垃圾投放至有害垃圾桶（箱）内。

2.3.1.3　餐厨垃圾投放至餐厨垃圾桶（箱）。

2.3.1.4　其他垃圾应当投放至其他垃圾桶（箱），其中大件垃圾应当按规定市南环卫上门收集搬运。

2.3.2　垃圾分类职责

2.3.2.1　垃圾清运工职责：垃圾清运工作要迅速及时、全面彻底。垃圾清运实行“定点定车定人，固定清运与循环清运相结合”的原则，每天定点集中清运，针对淡旺季游客数量采取不间断循环清运，不同类垃圾桶内垃圾不得混合收集、清运。

2.3.2.2　保洁员职责：保洁员负责劝导游客分类投放垃圾，发现垃圾桶中有未按垃圾分类要求投放的垃圾，及时捡拾至正确的垃圾桶内。

2.3.2.3　宣传员职责：负责垃圾分类工作的宣传及垃圾分类宣传活动的组织。

2.3.3　其他注意事项

景区垃圾分类收集、运输、处置过程中，应当采取有效的污染防治措施，防止产生二次污染。不得在人行道、绿地、休闲区等公共区域进行可回收物分拣、贮放。处置有害垃圾必须符合国家有关危险废物收集、贮存、运输、处理的规定。

3　景区厕所建设与管理规范

本文件规定了青岛奥帆海洋文化旅游区范围内公共卫生间建设与管理的基本要求。本文件适用于青岛奥帆海洋文化旅游区管理的其区域内为公众服务的卫生间。

3.1 管理规范

卫生间实行专人管理，保洁员每日 8:00 前完成卫生间首次保洁及消毒工作，定时清理，持续保持卫生间干净整洁，管理间物品整齐规范摆放。

3.2 保洁人员要求

3.2.1 仪容仪表

3.2.1.1 保洁员应使用文明礼貌用语、微笑服务，所有保洁人员礼貌有加，主动打招呼等。

3.2.1.2 保洁员应按规定着装，做到工装洁净。

3.2.1.3 保洁员在工作中的坐、立、行姿势，做到规范。

3.2.1.4 保洁员应遵守员工岗位操作规范。

3.2.2 工作纪律

3.2.2.1 不迟到、早退。

3.2.2.2 上班时间不私自外出。

3.2.2.3 岗上不吃食品、不吸烟、不带酒意上岗、不串岗。

3.2.2.4 上班时间不玩手机、不聚堆聊天，接打电话应到非面客区简短、轻声。

3.3 清洁要求

3.3.1 根据卫生间保洁标准，做到“十净”“八无”“一整洁”，卫生间通风良好，无明显异味。

“十净”：地面净、墙壁净、门窗净、蹲位净、隔板净、便池净、洁具净、灯具净、附件净、周边环境净。

“八无”：墙面无污渍、无灰网，便池无污物，立面无乱画，地面无杂物、无积水，室内无异味、无蚊蝇。

“一整洁”：管理间干净整洁。

3.3.2 卫生间定期消杀，蝇蚊孳生季节，增加消杀频次控制生长。

3.3.3 每日做好卫生间消毒工作，根据旅游淡旺季调整消毒频次。

3.4 维护要求

保持卫生间设施设备完好，可正常使用。发现卫生间设施损坏，应及时上报、维修。

3.5 管理间要求

管理间物品定位摆放，设置保洁物料存放区及保洁工具存放区。倡导环保管理，杜绝浪费水、电、纸等行为，洗涤用品、清洁工具按规范要求定位管理，对可能污染环境的清洁剂应密封保存，符合安全管理要求。

3.6 工具间或工具柜

工具柜物料定位摆放：

在负一层、负二层、负四层、外围卫生间放置水桶、拖布桶、洗手液、洁厕灵、84 消毒液。

3.7 开放时间

旅游区卫生间开放时间与营业时间一致。

3.8 附加服务

免费提供洗手液、卫生纸、母婴室免费提供一次性隔尿垫。

4 青岛奥帆海洋文化旅游区吸烟区管理制度

为控制吸烟危害，保护广大游客的健康，减少火灾隐患，维护和改善旅游区内的公共环境，确保旅游区环境安全，根据《公共场所卫生管理条例》，结合青岛奥帆海洋文化旅游区实际，制定本规定。

凡在青岛奥帆海洋文化旅游区内生产、生活、旅游的所有团体、个人应当遵守本规定。

4.1 旅游区吸烟区与非吸烟区的划分

4.1.1 旅游区游客中心停车场为吸烟区，奥帆中心区域的国际会议中心外围、情人坝特色街的垃圾桶旁边区域为吸烟区。

4.1.2 其他区域为非吸烟区，其中奥帆中心观光车、燕岛山公园禁烟，海底世界全区域禁烟。

4.2 巡查员的职责

4.2.1 负责其主管区域内非吸烟区的日常禁烟管理工作。

4.2.2 负责宣传吸烟危害健康的知识。

4.2.3 负责礼貌制止在非吸烟区的吸烟行为，对吸烟者进行劝阻、教育。

4.2.4 完成与吸烟者有关的其他工作。

4.3 被动吸烟者享有下列权力

4.3.1 要求在非吸烟区吸烟者停止吸烟。

4.3.2 要求巡查员劝阻在非吸烟区的吸烟行为。

4.4 吸烟区管理规定

4.4.1 在吸烟区设置统一的“吸烟区”标识，并表明“吸烟有害健康”字样。

4.4.2 在吸烟区设置带灭烟台的果皮箱，配备游客休息设施等。

4.4.3 景区内工作的所有员工禁止在旅游区内吸烟，一经发现按照公司管理规定予以处罚。

4.4.4 吸烟区原则上实行属地管理，吸烟区的监督、检查及保持吸烟区内的卫生，由在该区域作业的部门或者负责现场清扫工作的保洁员工进行管理。

第六章 营销策划管理制度

1 营销工作开展流程

1.1 做好景区价格及政策确定

1.1.1 销售政策依据往年的销售情况、市场变化、竞争对手策略、客源定位和公司要求等信息制定。

1.1.2 数据的收集和处理应遵行一定的程序，以保障获取数据的真实性和有效性。

1.1.3 数据信息应经过数据分析后方可使用，相关的分析结果应保留记录。

1.1.4 营销部采用内部、外部政策讨论会的形式，协商确定销售政策方案。

1.1.4.1 内部政策讨论会：在分析数据的基础上，提出政策制定意向，形成政策的概要和方向。

1.1.4.2 外部政策研讨会：由营销部组织公司内各相关部门，共同提出销售政策讨论稿，并做进一步的修订和完善。

1.1.5　销售政策制定应在充分考量客户需求和满足销售需要的前提下进行，经内部、外部政策讨论会研究、确认后，报公司总经理办公会讨论通过，最终由公司总经理签发。

1.2　景区营销渠道的确认

包含但不限于大型电商、小型电商旅行社、疗养院、学生中介机构等专业从事组织旅游团队的中间商机构以及机关、企事业等单位。

1.2.1　旅游市场促销管理制度

1.2.1.1　了解游客需求

A. 景区市场管理部门的促销人员向参观景区的游客开展游客综合问卷调查、专题性问卷调查及旅游团队问卷调查，必要时可在景区外开展类似的调查活动，了解潜在游客的新需求。

B. 调查问卷回收后及时进行统计分析，调查游客满意度和游客对景区现有服务及景区硬件设施的意见，由景区办公室转各相关部门迅速整改。

C. 了解游客对景区服务及硬件设施的建议，尤其是对新项目的建议，要认真分析其合理性、可行性，交景区办公室呈景区主要负责人参考。

D. 市场管理部门应及时收集国际、国内旅游市场信息，行业政策和有关法律、法规，了解知名旅游景区及竞争对手的最新动态，整理后汇编成册报景区有关负责人参考。

E. 市场管理部门在收到团队客人参观的合同后，应进一步了解其需求，最大限度地满足游客的需求。

1.2.2　广告及对外宣传

1.2.2.1　年度计划的制订

市场管理部门的宣传策划人员根据景区确定的《年度重大活动计划》，对景区全年的活动所需的宣传广告费用做出预算分析和时间安排，拟定《景区年度对外宣传（广告）计划》，报部门经理审核，景区分管负责人审批。

1.2.2.2　广告

A. 市场管理部门的宣传策划人员根据景区的重大活动、新建大型项目的内容和特点，明确广告目标，以提醒游客关注。

B. 依据景区的财力、特点及竞争对手的状况，确定广告预算的决策模型，编制广告预算。

C. 根据游乐项目特性、竞争对手状况、成本及媒体习惯选择媒体种类。

D. 编制重大活动的《对外宣传（广告）计划》及相应的实施方案，广告《合同书》经批准后，协助广告商在活动前15~30天完成广告制作。

E. 广告完成后，报景区分管负责人审核，评审通过后对外发布。广告内容、宣传形式应与景区主题及活动内容相协调。

F. 市场管理部门应及时分析广告活动是否达到预期效果，并通过对参观游客的询问调查、游客人数的变化等形式对广告效果进行分析和评价。

1.2.2.3　宣传

A. 市场管理部门的宣传策划人员应重视与新闻媒体的合作，围绕景区活动经常地撰写宣传稿件，交部门负责人审查后，送选定的媒体进行宣传报道。

B. 宣传策划人员根据《景区对外宣传计划》，联系印刷景区活动所需的宣传品。

C. 宣传品设计方案、印刷数量、所需费用及印刷样品需景区负责人批准。

1.2.3　公关活动

1.2.3.1　宣传策划人员协助部门负责人筹办景区重大活动的新闻发布会，邀请新闻记者、旅行社负责人到会，为其提供经景区的宣传资料。

1.2.3.2　宣传策划人员积极参与景区开展的其他公关活动和公益活动，加强与社会各界的联系，扩大景区的影响，树立景区的良好形象。

1.2.3.3　宣传策划人员的公关人员积极协助前来采访的新闻记者开展工作，按有关规定作好记者入园、用餐等各项接待工作。

1.2.3.4　外单位进入景区拍摄影视或商业广告片，公关人员应按有关规定给予办理入园手续。

1.2.3.5　公关人员负责收集、整理和保存与景区有关的宣传材料，包括报刊、影视、广播及新闻单位名录，每月向宣传策划组负责人报告。

1.2.4　景区推介及促销

1.2.4.1　市场促销组根据景区全年活动计划及市场预测，制订景区全年促销计划，报部门经理、景区分管负责人审批。

1.2.4.2　市场促销人员配合景区重大活动、新项目的推出，进行市场分析，派促销人员赴旅行社、宾馆、大型企业、学校等上门推销，同时了解游客需求的变化。

1.2.4.3　建立有效的推销渠道和网络，促销人员定期访问旅行社、宾馆等单位，进行市场调查，收集旅游信息，积极寻找和发现潜在的顾客。

1.2.4.4　市场促销人员应及时向部门领导报告促销情况。

1.2.5　积极参加旅游交易活动

1.2.5.1　根据景区及部门的安排，市场促销组应选派促销人员参加省内、国内的旅游交易会，及时了解最新的旅游市场动态。

1.2.5.2　交易会使用和发放的宣传品及宣传资料应精心选择，并须征得景区领导的认可。

1.2.5.3　促销人员应抓住交易会的各种机会，宣传景区的最新活动，广泛接触顾客，收集各种信息。

1.2.5.4　对交易会获取的信息应认真分析，及时反馈，并应妥善保管。

1.2.5.5　市场管理部门根据促销目标、景区活动、项目特色，协调人力资源，对各种促销方式综合运用，以取得最佳的效果。

1.3　确定销售任务和制订全年营收计划

1.3.1　目标设定

1.3.1.1　每年12月，综合管理部、财务管理部和物管部根据年度安全经营情况起草公司来年的安全、职业健康、质量、投诉和环境保护目标。

1.3.1.2　目标设定时，应考虑以下依据

A. 董事会下达的经营目标和销售计划。

B. 公司整合管理体系方针。

C. 公司经营、管理现状和主要风险。

D. 公司的重大环境因素、重大危险源。

E. 公司、顾客、相关方、法律法规的要求。

F. 管理评审的结果。

1.3.2 目标确定

1.3.2.1 设定的目标经总经理审批后报总经理办公会最终确定。

1.3.2.2 目标确定时，应考虑以下要求尽可能量化目标，设定科学的测量参数，避免空洞和含糊不清。

A. 参考以往数据分析的结果，考虑目标的适宜性和可行性。

B. 根据目标设定依据的变化，及时调整目标，考虑目标的有效性。

C. 应充分考虑目标对资源、技术的要求和限制。

1.3.2.3 确定的目标形成文件并发布，确保在公司内得到有效沟通。各部门根据公司目标在部门内不同层次设定部门目标、指标，提报重点工作。

1.3.2.4 设定的重点工作经分管领导审批后报总经理办公会最终确定。

1.3.3 目标实施

1.3.3.1 各部门负责人应针对职责范围内确定的目标和重点工作按周制订工作计划，填写《工作计划》报综合管理部备案。

1.3.3.2 工作计划应包括以下内容

A. 依据的安全、职业健康、质量、投诉和环境保护目标。

B. 本部门的职责，以及公司、顾客、相关方和法律法规的要求。

C. 依据公司级、部门级重点工作和例行工作。

D. 实施的具体要求，包括时间、责任人、方法和资源。

1.3.3.3 各部门员工在部门负责人领导下，按照工作计划和公司领导要求开展工作，以确保目标的贯彻、保持和实现。

1.3.3.4 安全、职业健康、质量、投诉和环境保护目标实施可通过多种形式实现，如文件化、运行控制和考核。

1.3.4 目标监控

1.3.4.1 各部门员工按部门要求采用填写《日清表》《工作日志》或《工作总结》的形式，留存绩效数据，为部门各项工作的完成提供依据。

1.3.4.2 各部门定期对整合管理体系目标实现进度进行监测，及时分析改进的机会。

A. 综合管理部按月监测服务质量和投诉受理目标实现进度，并进行绩效总结。

B. 市场营销部按月监测职业健康目标实现进度，并进行绩效总结。

C. 交通运营部按月监测经营目标实现进度，并进行绩效总结。

D. 物管部按月检测环境影响目标实现进度，并进行绩效总结。

E. 财务管理按月检测环境保护目标实现进度，并进行绩效总结。

F. 奥帆中心按月监测安全目标实现进度，并进行绩效总结。

G. 海底世界按月监测安全目标实现进度，并进行绩效总结。

H. 各部门对职责范围内确定的目标和工作进度进行监测，并进行绩效总结。

1.3.4.3　目标和工作进度监测的结果形成记录，填入《工作总结》报综合管理部备案。

1.3.4.4　综合管理部根据各部门提报的数据，汇总填入《目标进度表》，报总经理办公会审阅。

1.3.4.5　总经理办公会定期听取汇报，对目标管理工作进行部署，以确保目标管理的有效性。

1.4　开展营销活动

1.4.1　策划

1.4.1.1　以公司的市场整体规划（年度、月度）为指导，结合市场形势及反馈的数据信息为依据，形成全面具体的分工明确的可操作方案。

1.4.1.2　方案经公司研究确定后，营销部将严格按活动方案的要求进行分工、协调、监控，并统一制作活动所需的宣传材料及物品。

1.4.1.3　由各部门经理对此活动方案进行二级分解，将活动的步骤具体落实到实施负责人，及时形成对策表，反馈至营销部。

1.4.1.4　如市场推广项目非常重要（市场风险大，如若泄露会对公司经营造成重大影响），项目实施前营销部应经总经理或总经理办公会同意，以办公例会、部门经理沙龙、召集临时会议等形式组织协调相关部门调整工作目标及计划内容，以配合市场活动的实施。在这些会议上形成对公司内部资源的整合——根据公司项目的要求，由各个部门上报自身可以提供的资源状况，并由营销部统一调配以保证市场活动的顺利进行。

1.4.2 实施

各相关部门必须严格按营销活动策划方案和各部门的对策表实施、执行，不可随意、随机的省略或简化活动的内容和步骤（除不可抗之力之外）。

1.4.3 总结

1.4.3.1 在活动中，按营销部要求，对活动发展的情况以及变化，趋势等情况及时反馈，以便营销部及时、准确、有效地制定措施。

1.4.3.2 营销活动策划案执行结束后，各相关部门要对此项活动的效果、影响以及优势、不足进行归纳分析，并将心得、体会、建议、经验、失误等进行阐述，由经理认可后形成报告备案，同时反馈营销部（不得超过30天），由营销部汇总整理（不得超过30天），按年度上报公司领导。

1.5 以宣传促进营销

1.5.1 年度计划的制订

工作人员根据景区确定的年度经营方案计划，对景区全年的活动所需的宣传广告费用做出预算分析和时间安排，拟定《景区年度对外宣传（广告）计划》，报部门经理审核，景区负责人审批。

1.5.2 广告策划与投放

1.5.2.1 工作人员根据景区的重大营销活动的内容和特点，明确广告目标，以提醒游客关注。

1.5.2.2 依据景区的财力、特点及竞争对手的状况，确定广告预算的决策模型，编制广告预算。

1.5.2.3 根据景区项目特性、竞争对手状况、成本及媒体习惯选择媒体种类。

1.5.2.4 编制重大活动的《对外宣传（广告）计划》及相应的实施方案，广告《合同书》经批准后，协助广告商在相应活动开始前15~30天完成广告制作。

1.5.2.5 广告完成后，报景区负责人审核，评审通过后对外发布。广告内容、宣传形式应与景区主题及活动内容相协调。

1.5.2.6 营销策划部门应及时分析广告活动是否达到预期效果，并通过对参观游客的询问调查、游客人数的变化等形式对广告效果进行分析和评价。

1.5.3 宣传

1.5.3.1 工作人员应重视与新闻媒体的合作，围绕景区活动经常地撰写宣传稿件，交部门负责人审查后，送选定的媒体进行宣传报道。

1.5.3.2 宣传策划人员根据景区需要联系印刷景区活动所需的宣传品。

1.5.3.3 宣传品设计方案、印刷数量、所需费用及印刷样品需景区负责人批准。

1.5.4 品牌传播方案

景区更多依托政府官方媒体、景区网站、自媒体进行宣传，及时启动多级媒体宣传，不断提升品牌知名度及美誉度。

1.5.4.1 加大宣传力度

针对景区目前的市场现状，采取区域广告宣传，选择区域广告性的媒体，集中优势、重点突破，形成强劲的优势。

A. 新闻媒体（报纸、电视）

主要应用在景区的日常宣传和重要节庆优惠及影视拍摄状况的宣传上。

B. 中介机构宣传（旅行社）

与旅行社建立良好的合作关系，定价时充分考虑双方利润问题。

C. 网络

利用网络高速、及时、全球性、全天候的特点，进行覆盖面较广的宣传，借热门网络提升景区的点击率。

D. 宣传牌

在重要的公路及繁华地带的醒目位置制作宣传牌。

E. 墙体广告

在周边地区书写墙体标语和广告，提升度假区知名度和影响力。

F. 参加大型旅游推介会

利用好各地区的大型旅游产品推介会，加强与其他景区的联系和合作，开拓境外市场。

G. 印制宣传画册（风光片、宣传页、折页图、海报、年票、纪念币等）。

H. 特色主题活动

利用节假日开展相应的主题活动。

I. 文化风情旅游节

通过极具特色的文化吸引各地游客，展示民族千年底蕴，出售特色纪念品，办成广大旅游者的节日和广大商家的节日，更好地体现社会效应和经济效应。

J. 开展多种经营

全方位满足顾客食、住、行、游、购、娱的需要，提升景区服务档次和扩大服务内容。

1.5.4.2　渠道管理

A. 景区市场推介与营销渠道方式

a）通过广告宣传、新闻媒体、旅游推介会等形式，扩大景区影响力。

b）通过在目标市场设立区域办事处及销售代理。

c）通过与目标市场各旅行社签订协议。

d）与企事业团体签订协议。

e）在重要客源市场设立旅游直通车。

B. 企事业团体、旅行社需提前传真预订，由市场营销部发单至相关营运项目确认。团体、旅行社均在指定售票窗口办理购票手续。当天到达的团体、旅行社须凭单位介绍信或补发传真，由市场营销部出单确认后再办理购票手续，否则不享受优惠价格。

C. 协议旅行社除了享受协议优惠外，根据组团量的大小，给予不同比例的人头返点奖励；凡销售代理须签订销售代理合同，按销售额达到的等级给予不同比例的优惠或奖励。

D. 如销售过程中发生特殊情况，由部门逐级上报主管领导或总经理审批后，按批复意见执行。

E. 拓展人员政策制定及管理

a）根据不同市场区域指定专职人员进行拓展，拓展人员必须按公司既定的拓展方案与价格标准执行。

b）通过拓展人员提前预订，经过景区市场营销部确认，并实际消费的旅行社及团队客人，方可计入拓展人员当月销售业绩。

c）规定拓展业务人员每天平均拜访的客户数量（休息或公务除外），并按要求填写联系的单位、内容、客人反馈意见及建议等。

d）每周将拜访情况及重要事情汇总，报上级主管；由上级主管将每周所有拓展情况汇总，并向总经理汇报。

e）根据来景区消费的客人数量，与旅行社和直销企业签约数量，以及拓展人员走访等情况，对拓展人员进行每月和每季度考核，并与绩效奖励挂钩。

1.5.4.3 促销管理

A. 景区促销主要着重于“每月热点”，即根据当月节假日特点，推出相应的优惠价格，锁定不同消费群体进行“特惠月”促销活动，在现行报价基础上对特殊群体（或消费客源）给予特价优惠，以带动该特殊群体的消费，并根据旅游淡、平、旺不同时期制订不同的促销方案。

B. 针对不同的节假日和特惠月进行相应的促销活动策划，通过在各种媒体对景区的各个特惠月进行有针对性的广告宣传，既配合销售活动的开展、招揽消费者，也将各经营项目的特色向公众传递，包装景区的整体形象。

2 策划工作开展流程

2.1 策划工作的意义

景区活动策划是提高市场占有率的有效行为，具有大众传播性，能提高景区的知名度，激发品牌在群众中的美誉度，树立景区良好的形象和口碑，对景区后期游客的引流和品牌营销也起到积极的推进作用。

2.2 活动策划基本流程

2.2.1 市场活动的分类

由国家、省级、市级文化和旅游局统一组织，公司参展的旅游交易会、产品推介会等大规模的促销活动。

2.2.2 市场活动操作过程

2.2.2.1 市场活动的运作

2.2.2.1.1 策划

根据各级文化和旅游局下达的活动主题方案和参展要求，结合我公司的实际情况，制订策划活动方案、活动对策表及预算方案，上报公司领导审批。

2.2.2.1.2 实施

方案审批确定后，营销部将根据活动方案和对策表要求，并配合各级旅游局，将方案组织实施到位。在活动开展的过程中要及时、准确、客观地反馈各种信息，日参观量、项目落实情况、存在问题等。

2.2.2.1.3 总结

活动结束后，对整个活动分析得失，撰写总结报告（同营销活动一样，不得超过30天）备案，并按年度上报公司领导。

2.2.3 营销策划岗位负责活动总结的汇总和保存

2.2.4 市场活动监控

营销部经理对市场活动进行整体的推进、监控，督导各分管责任人按时间、要求及时完成工作，并在必要时提供资源支持。

3 营销策划岗位职责

3.1 协助部门经理组织员工认真学习景区各项规章制度，并认真执行。

3.2 协助部门经理完成景区下达的各项任务指标，制订本部门工作计划，并组织实施。

3.3 协助部门经理制定本部门各项制度和流程，定期对员工进行培训和考核。

3.4 负责制订公司各类市场营销、策划方案，并具体实施。

3.5 负责完成旅游市场拓展相关工作。

3.6 负责景区营销工作，协助上级制订年度营销工作计划，争取多种形式开展促销活动，扩大影响，提高经济效益。

3.7 根据市场营销情况，协助上级制订部门营销计划，并组织实施。

3.8 编制市场营销预测报告，为景区接待提供可靠信息。

3.9 协助经理建立景区营销队伍，指导销售人员不断学习更新知识，提高推销技巧，适应市场变化。

3.10 协助上级做好部门销售人员指标确定、考核及提成办法等管理工作。

3.11 负责兼职销售的组织和管理工作。

3.12 完成领导交办的其他工作。

4 策划活动管理规定

4.1 市场营销部根据公司经营销售、市场推广的需要，结合各种时令节日提前制订举办活动的策划方案，并报上级主管领导审核。

4.2 《活动策划方案》内容

4.2.1 活动主题、时间、地点、目的。

4.2.2 活动组织成员名单。

4.2.3 活动邀请函、回执、嘉宾证、住宿、餐费及邀请嘉宾或单位名单。

4.2.4 活动行程，工作进度。

4.2.5 活动的费用预算等。

4.3 《活动策划方案》执行流程

4.3.1 分管市场营销部的主管领导负责召集各相关部门开会协调，并根据会议内容修改活动方案，审核后呈报总经理批准执行（重大活动需经董事会审批）。

4.3.2 总经理审批同意后，市场营销部视实际需要召集相关部门召开工作落实会议，向各部门传达活动需跟办事宜，或将审批后的策划方案发给各相关部门。如有异议，需在3天内反馈给市场营销部，经上级主管领导及总经理同意后方可修改。

4.3.3 市场营销部负责整个活动的统筹安排，各部门则按方案跟进涉及本部门负责的工作。活动策划的负责人须在活动结束后，提交活动总结，呈报上级领导审阅后存档。

第七章 景区餐饮管理制度

1 餐厅设备及用具管理制度

1.1 餐厅设备

1.1.1 所有设备设施、用具实行文明操作，按规范标准操作与管理。

1.1.2 对设施设备制定定期保养维护措施，人人遵守。

1.1.3 餐厅内一切个人使用器具，由本人妥善保管，使用及维护。

1.1.4 公共用器具，使用后放回规定的位置，不得乱丢乱放，同时加强保养。

1.1.5 一些特殊工具，如雕刻、花嘴等工具，由专人保管存放，借用时做记录，归还时要点数和检查质量。

1.1.6 部分用具以旧换新，需将旧物交给库管员，方可领取新用具。

1.1.7 餐厅内一切用具、餐具（包括零部件）不准私自带出。

1.1.8 一切用具、餐具应轻拿轻放，避免人为损坏。因不遵守操作规程造成设备工具损坏，丢失的，需照价赔偿。

1.1.9 定期检查、维修。凡设备损坏后，须经专业维修人员检查，能修则修，不能修需更换的，应按相关流程审查批准。

1.2 厨房设备管理

1.2.1 初加工厨师每天对蔬菜货架及蔬菜筐清洗、除垢。

1.2.2 打荷厨师对炊具分类摆放，并每天清洗更换调味盅；调料不足及时补充，并为炉灶做好必要的准备；每天整理仓库物品，做好仓库物品的清洁工作。

1.2.3 炉灶厨师每天清洁炉灶：每天开餐前对炉灶各阀门进行检查，防止漏气、漏油、漏水，并清洁炉灶表面；每星期对炉灶各卫生死角进行一次彻底清扫。

1.2.4 砧板厨师负责冰柜的日常保养和清洁卫生，定期对其进行维护和保养。

1.2.5 厨师长随时检查负责区域的各种机器设备使用情况，督促厨师及时清理，谁使用谁负责；如使用过程中发现故障，不要自行修理，应及时报修，待机器设备完全修理好后再使用。

1.2.6 绞肉机为电动机械，使用前必须先对电源插头、电线实施检查，保证使用安全；每次使用完及时进行清理，使用时要注意安全，严格按照操作规程进行操作。

1.2.7 搅拌机主要用来搅拌面粉、肉酱等，更应注意卫生，每次使用完必须将黏结物清洗干净；使用时要注意安全，严格按照操作规程进行操作。

1.3 餐具管理制度

为加强餐具管理与控制，使餐具破损控制在千分之三的范围内，特作此制度。

1.3.1 洗刷

1.3.1.1 在清洗过程中，餐具必须分类装放，按秩序清洗。

1.3.1.2 使用框装餐具时，不能超过容量的三分之二。

1.3.1.3 清洗好的餐具必须大小分装，整齐叠放。

1.3.1.4 厨师长监督洗碗工按规定清洗，发现破损，立即剔除并做好记录。

1.3.1.5 餐具清洗后，合理存放，小件餐具不能堆放太高，以防倒塌损坏。

1.3.1.6 服务员在服务和收拾餐具时，认真做到轻拿轻放，杜绝鲁莽作业，并严格做到大小餐具分类摆放，由领班负责监督，发现故意损坏，追究责任并赔偿。

1.3.1.7 每月月底进行餐具盘点，汇总一个月自然破损的餐具做好记录，填报报损申请。

1.3.1.8 在餐具的使用过程中，员工要加强责任心，如发现有不合格的餐要及时更换，避免将破损餐具上台而影响酒店整体形象。

客损的餐具按成本价两倍赔偿，员工损坏的按成本价进行赔偿。

2 餐厅服务管理规范

2.1 着装整洁统一，佩戴工号牌。

2.2 接待游客耐心细致，热情周到，不得与游客发生任何形式的争论争吵。

2.3 遵守《食品卫生法》，做到证照齐全，餐饮经营许可证张贴上墙。

2.4 做好卫生岗位责任制，确保食堂内部消防安全。

2.5 仓库食品存放严格按照规范要求执行。

2.6 从业人员做到持证上岗。

2.7 所售商品明码标价，一物一签。

2.8 不得出售过期、霉变及“三证（生产许可证、产品出厂合格证、质量保证书）”“三期（保质期、生产日期、保存期）”不全商品。

3 餐厅卫生管理制度

3.1 认真学习贯彻执行《食品卫生法》，加强食品卫生管理工作，强化管理措施。

3.2 严格落实《餐饮服务许可管理办法》和《餐饮服务许可审查规范》要求，旅游景区餐饮服务单位必须持有《餐饮服务许可证》，季节性开业或歇业要及时向景区商务部报告。

3.3 各就餐场所做好相应的通风、防腐、防蝇、防鼠和其他有害昆虫的措施。

3.4 每位员工必须遵循《公共场所卫生管理条例》，注意个人卫生和形象。

3.5 做好各就餐场所内外清洁卫生，并对各就餐场所的碗筷、餐具、灶具在每次使用时做到一洗二清三消毒，确保游客就餐安全。

3.6 餐饮店铺应在规定时间倾倒垃圾，并且在装运垃圾时做到不滴漏、不散落、无油渍，时刻保持景区公共卫生。

3.7 对餐饮商家采购食材定期抽查，对过期变质食物严禁加工食用，否则造成的人身安全和经济损失由餐厅负责人承担，园区并根据实际情况对餐厅进行数额不等的处罚。

3.8 餐饮店铺在进货时应使用对地面无损坏的手推车，并且做到在货品搬运过程中无水渍、无血污、无散落。

3.9 做好安全工作，杜绝意外事故发生，对其做好督促、检查、防范工作。

3.10 炊事人员做好个人卫生，定期进行检查，检查结果向商务部报备。传染病人严禁做饮食工作。

3.11 严格规范各餐饮店铺等位区的桌椅放置，特别是户外水吧及流动餐车等。不得超出经营范围，不得占用公共通道，时刻注意公共安全。

3.12 各餐饮店铺在公共区域进行例会时，不得影响其他店铺的正常营业。

4 餐厅餐饮质量规范

4.1 餐厅服务器质量标准

4.1.1 餐茶用品

餐厅餐具、茶具、酒具有缺口、缺边、破损的要及时更换，不能上桌使用，新的餐具要与原配餐具在型号、规格、质地、花纹上保持一致，成套更换时方可更新。各种餐具专人管理，摆放整齐，取用方便。

4.1.2 服务用品

餐厅台布、餐巾纸、开瓶器、打火机、五味架、托盘，茶壶等各种服务用品配备齐全，数量充足、配套、分类存放，摆放整齐。专人负责管理，制度健全，供应及时，领用方便。

4.1.3 消耗品

餐厅所需要的酒精、固体燃料、鲜花、调味品、蜡烛灯具、牙签、纸巾等各种客人用餐使用消耗品按需配备，数量适当，专人保管，摆放整齐，领用方便。开餐时根据客人需要供应及时。无因配备不全或领用上桌供应不及时而影响客人所需要的现象发生。

4.1.4 用品

餐厅清洁剂、除尘毛巾、餐茶具洗涤用品等各种清洁用品配备齐全、分类存放、专人管理、领用方便。需要专业的各类清洁用品无混用、挪用现象发生。无因专用洗涤剂使用不当，造成金器、银器、铜器、不锈钢餐具、茶具、酒具出现污痕、褪色、斑点无法洗涤等现象发生，有毒清洁用品专人保管、用后收回、无毒气扩散或污染空气现象发生。

4.2 餐厅卫生质量标准

4.2.1 日常卫生

4.2.1.1 餐厅卫生每餐整理，天花板、墙面无蛛网灰尘，无印迹、水迹、掉皮、脱皮现象。

4.2.1.2 地面边角无餐纸、杂物、无卫生死角，光洁地面每日拖光不少于3次，地毯区每日吸尘不少于1次。整个地面清洁美观。门窗、玻璃无污点、印迹、光洁明亮。

4.2.1.3 餐桌台布、口布无油污脏迹、无皱褶，整洁干净。门厅、过道无脏物、杂物、水迹，畅通无阻。盆景、盆栽新鲜舒适，无烟头废纸。字画条幅整齐美观，表面无灰尘。卫生间专人负责日常工作，清洁舒适无异味。

4.2.2 餐具用品卫生

各餐厅餐具、茶具、酒具每餐消毒。金器、银器、铜器按时擦拭，无痕、表面无变色现象发生，瓷器、不锈钢餐具和玻璃制品表面光洁明亮无油渍。

托盘、盖具每餐清洗，台布、口布每餐更换，平整洁净，各种餐茶用具、用品保管良好，有防尘办法，始终保持清洁。

4.2.3 工作卫生

餐厅服务员要严把菜品质量关，每餐工作前洗手消毒，装盘、取菜、送食品时使用托盘、盖具，不用手拿取食品。面包、甜品用托盘、夹子，冰块用冰桶、冰夹，保证食品卫生安全。

4.3 餐厅桌椅、铺台质量标准

4.3.1 便餐

正式开餐前，摆好餐桌椅，准备好餐具，整理好环境卫生，依次铺台做到桌面整洁，排列整齐，餐具摆放美观、规范、餐具之间距离符合标准，能够给客人提供良好的就餐环境。

4.3.2 宴会

正式开餐前，摆好餐桌椅，准备好餐具，整理好环境卫生。餐桌横竖成线、斜对成线，整齐美观。餐茶酒具摆放以座位为基础，形成美观、典雅的构图形象。

4.4 中餐服务质量标准

4.4.1 订餐

客人订餐、定座、接待主动、态度热情、面带微笑、语言亲切，询问客人用餐时间、人数、订餐内容、座位要求等，复述客人姓氏、包间号、用餐时间、用餐人数、餐标及特别要求等清楚做好记录，提前进行工作安排。

4.4.2 迎接客人

客人来到餐厅，迎宾主动问好，微笑相迎，常客、回头客称呼姓氏、职务，帮客人存放衣物，按顺序引导客人入位，订餐定位的客人按事先安排的座位引导。

4.4.3 餐前服务

客人来到餐桌，值台员仪容整洁、仪表端庄、面带微笑地迎接客人，拉椅让座，台面台布、口布、餐具、茶具整洁干净，客人落座后主动问好，双手递上菜单，询问客人用何茶水及上茶，斟茶服务规范，递送香巾主动及时，服务周到。

4.4.4 开单点菜

客人点菜，态度热情、主动推销、引导消费，服务员熟练掌握餐厅菜肴品种、风味、价格、特色，询问客人点菜品种、所需酒水、饮料明确，开单点菜内容书写清楚，然后向客人复述菜单，对客人所提问题有问必答，推销意识强烈，针对性强。熟练电脑输单系统，及时将客点菜单发送到名档口。

4.4.5 上菜服务

按客人点菜先后顺序上菜。无先到后上、后到先上的现象发生，客人点菜后，15 分钟内开始上菜，除甜品、水果外，客人所点菜品 45 分钟内上齐，如有特殊要求，按其办理。需增加准备时间长的菜肴，事先告知客人大致等候时间。上菜遵守操作程序，使用干净托盘，掌握上菜节奏与时间，托盘走菜姿态轻稳，无碰撞打翻、汤汁溢出现象发生。菜点上桌，双手呈放，摆放整齐、规范。菜肴上桌齐全后告知客人，祝客人用餐愉快。

4.4.6 盯台服务

菜点上桌，示意客人用餐，餐中勤添茶水、斟倒酒水、饮料。客人用餐过程中，适时体察客人要求，服务好每一位宾客。上菜、撤盘等遵守操作规程。如有用手食用的食品时，及时递上上次性手套。根据客人进餐需要，适时更换骨碟、清理台面，客人吸烟，递火及时，烟盅更换及时，烟盅内烟头不得超过 3 个，整个盯台服务做到台面照顾全面到位，服务准确及时，待客服务周到细致。

4.4.7 结账送客

客人用餐结束，账单呈送客人面前，账目清楚，核对准确，坚持唱收唱付、唱找的结账流程，客人挂账时签字手续完善，并表示感谢，客人起立主动拉椅，提醒客人带好随身物品，主动征求客人意见和建议，热情送客。客人离开后，收台快速，动作轻稳，迅速整理好餐桌，餐茶酒具摆放整齐规范，撤下的台布、口布存放指定地点。

4.5 自助餐服务质量标准

4.5.1 菜点供应

菜单安排合理，花色品种多样，冷菜、热菜、甜点、汤羹、水果、主食各类齐全，品种不少于20种，能够适应客人选择需要，各种菜点色、香、味俱佳，10~15分钟上菜，自助餐台菜点摆放有序、整齐美观，按进餐顺序整齐排列、高低错落有层次感和展示效果。

4.5.2 迎接客人

客人来到，迎接主动热情。引导客人入座或到自助餐台取餐具菜点主致力细致。

4.5.3 餐中巡视

客人就餐过程中自动取餐，用餐，服务员巡视照顾客人主动热情，客人咨询或有疑问，有问必答。自助餐台菜点随时补充，热菜保证法度。餐桌适时整理，保持干净整洁。涸盅随时撤换，烟头不得超过3个。客人用餐结束，主动告别，迅速清理台面、撤换餐具，3分钟内布置好餐桌或餐位，保证后来客人用餐方便。

第八章 景区购物管理制度

1 购物场所及从业人员管理办法

有统一管理措施和手段，包括计量管理、位置管理、售后服务管理等。

1.1 自营商铺氛围布置

整体外观上要与景区氛围融为一体，并展现出其独特性；店内的装修、陈列要与景区风格协调一致。如古镇要表现出古色古香，度假区要体现休闲，风景名胜要贴近自然的风格等。

1.2 自营商铺货品陈列原则

1.2.1 容易判别的原则

如果商铺经营品种繁多，在商品摆放陈列时首先要解决的问题是让顾客能够快速了解陈列商品的地点，减少客人寻找的时间，必要时可以设置分布图或商品指示牌。

1.2.2 显而易见的原则

为了能够迅速引起客人主意，商品在货架上显而易见是销售达成的首要条件。让商品陈列使顾客显而易见，要做到三条：

1.2.2.1　贴有价格标签的商品正面要面向顾客。

1.2.2.2　每一种商品不能被其他商品挡住视线。

1.2.2.3　货架下层不易看清的陈列商品，可以倾斜式陈列。

1.2.3　伸手可取的原则

商品陈列必须能使顾客自由方便地拿到手，最重要的是要注意商品陈列的高度。

1.2.4　满陈列的原则

货架上的商品必须经常、充分地放满陈列，给顾客一个商品丰富的好印象，达到吸引顾客注意力的效果，也可以起到提高商品周转的物流效益。

1.2.5　先进先出的原则

随着商品不断地被销售出去，就要进行商品的补充陈列，补充陈列的商品就要依照先进先出的原则来进行。其陈列方法是先把原有的商品取出来，然后放入补充的新商品，再在该商品前面陈列原有的商品。

1.2.6　关联性的原则

顾客常常是依货架的陈列方向行走并挑选商品的，很少再回头选购商品，所以关联性商品应陈列在通道的两侧，或陈列在同一通道、同一方向、同一侧的不同组货架上，而不应陈列在同一组双面货架的两侧。除此之外，把不同分类但有互补作用的商品陈列在一起，也体现了关联性陈列的原则。其目的是使顾客在购买商品 A 后，也顺便购买陈列在旁边的商品 B 或 C 。

1.2.7　同类商品垂直陈列的原则

同类的商品要垂直陈列，呈一个直线式的系列，体现商品的丰富感，会起到很强的促销效果。

1.3　服务规范

1.3.1　保持工作区域清洁卫生。

1.3.2　保持良好的站姿，为客人提供快捷、准确、高效、礼貌的服务。

1.3.3　根据商品的缺货情况，及时补充所需商品；领货时应检查商品的生产日期，做到先进先出；发现货品保质期将到时，应提前报告上级领导。

1.3.4 对易受潮的食品、物品要特别注意存放，必须放置干爽的地方。

1.3.5 服务过程中发现不合格商品，应立即予以标识和隔离，并及时向上级领导汇报。

1.3.6 客人购物后应即时做好相关的《销货单》；售出的货品一般不予退货，如因质量问题令客人不满意需更换时，必须由上级领导证明。

1.3.7 营业结束后，清点账务，做到货款相符，账货相符，并将当天营业额上交财务；每天交款后的收据、存根连同销货单交到办公室保存。

1.3.8 下班前检查电源，锁好柜台及门窗，方可下班。

1.3.9 上级主管协同财务部做好每周及每月的盘点工作，如发现问题，及时向上级领导汇报。

1.4 商品经营负责人职责

1.4.1 全面负责景区商品经营活动的业务管理工作。

1.4.2 根据领导指示精神和需要，制订景区商业经营项目的开发、规划和实施方案，并组织落实。

1.4.3 负责统筹管理景区各项招商引资，新产品、新项目的开发与市场拓展托工作。

1.4.4 负责组织洽谈商业经营业务，审阅项目洽谈合同书。

1.4.5 负责制订部门各项工作计划、总结及具体实施方案。

1.4.6 负责组织安排合作客商及潜在合作者来访的接待工作。

1.4.7 定期组织业务例会，了解情况，督导工作，协调各项工作关系。

1.4.8 负责景区旅游商品和旅游纪念品的开发工作。

1.4.9 负责本部门员工的培训与考核工作。

1.4.10 组织完成领导交办的其他各项工作。

1.5 售货员职责

1.5.1 严格按照公司要求，穿着工作服，并佩戴工作牌。

1.5.2 热情礼貌待客，主动介绍商品，做到精神饱满，服务用语规范。

1.5.3 严格遵守公司的规章制度与服务要求，不得串岗离岗，不得在柜台内聊天、打闹、嬉笑，不得在柜内会客、办私事。

1.5.4 严禁私套外币，不准收受客人小费。

1.5.5 交接班做到交接清楚，货款相符，签名负责。

1.5.6　负责做好每日销售报表，及时将营业额全部上交财务。

1.5.7　做好每月的销售统计表，并随时接受上级监督检查。

1.5.8　服从上级管理，团结同事，在工作中要相互支持、相互协作。

1.6　售卖服务规范

1.6.1　一切服从上级的工作安排，做好本职工作，遵守公司各项规章制度。

1.6.2　微笑服务，使用礼貌用语，不得与客户发生争吵。

1.6.3　及时了解菜品相关价格及口味等。

1.6.4　关注菜品的保质期，对游客的健康负责。

1.6.5　保持工作环境清洁卫生，确保营业期间运作正常。

1.6.6　收钱找钱都需“唱收”“唱找”。

1.6.7　每天需执行两次盘点，即营业前和营业后。对滞销且积货商品做建设性销售（包括套餐），并总结及上报滞销原因。

1.6.8　款项做好日清日结，营业结束需关闭卖品部内所有灯光、设备并做好清洁。

1.6.9　严禁在卖品区嬉戏打闹及吃喝东西等行为，不得擅离职守，一经发现，视其情节轻重严肃处理。

2　旅游商品质量检测及价格管理办法

2.1　目的

为切实做好商业经营从业人员的管理工作，为游客停工便捷和有特色的旅游商品购买服务，规范购物质量、价格、计量、位置、税收、售后服务等商品管理工作，做到规范化管理、文明化管理，结合实际情况，特制定本制度。

2.2　质量管理

2.2.1　商业经营要亮照经营、文明经营、热情服务、坚决杜绝围追兜售、强买强卖、欺诈游客现象。

2.2.2　旅游商品的经营应符合GB/ T 16868的规定，商品质量必须保障人体健康与安全。不准出售假冒伪劣商品，不准出售过期、变质商品。

2.2.3　禁止销售过期、变质及其他不符合食品卫生规定的食（饮）品。

2.2.4　旅游商品货真价实、明码标价、种类丰富，突出本地区及本旅游景区特色，符合GB/ T 16868的规定。

2.2.5　实行环境卫生“门前三包”制度，各商业经营区域必须保持环境整洁。

2.2.6　严禁经销违禁物品，扰乱旅游市场秩序。

2.3　价格管理

2.3.1　商业经营要规范商品价格，服从工商、物价部门管理，做到明码标价，价格合理，质价相符。

2.3.2　不准蛮横无理、漫天要价、欺行霸市、欺诈游客。

2.3.3　不准哄抬价格、暴力经营。

2.4　计量管理

商业经营使用的计量工具，必须经技术监管部门鉴定，符合国家规定标准。

2.5　售后服务管理

2.5.1　经营管理为景区购物场所质量管理人员，负责参与处理游客对景区商品质量、服务质量投诉等。

2.5.2　投诉处理中心为景区受理售后服务的专职部门，负责处理游客对景区商品质量、服务质量等投诉。

2.5.3　受理游客商品质量投诉时，应要求游客出示本景区超市出具的有效购物凭证（POS条、售货单或发票），若无有效凭证，但能够提供其他证据证明是在景区超市购买的，也应受理。

2.5.4　如商品售后在短时间内不能及时处理的，相关负责人应安抚好游客情绪，耐心做好解释，留下游客联系方式，问题协调处理后，联系游客妥善处理。

2.5.5　投诉处理中心受理游客投诉后，应及时做好相应的记录台账。

第九章　景区住宿管理制度

1　住宿接待服务规范

1.1　迎宾

值班员接到住客通知后，在一楼门厅处等候，微笑示意向客人问好，对前来入住的客人说“欢迎光临”，对本楼层住客应称呼“您好！××先生或女士”。

1.2 引领入住

1.2.1 值班员应主动向客人询问入住房号。

1.2.2 在引领客人到房间时，如无行李员，值班员应主动帮客人提行李。

1.2.3 引领时应走在客人的外侧1米左右，同时应与客人说些轻松的话题；来到客房前，征求客人意见是否代替开门，开门时要边说边演示房卡的使用方法；门开启后，先请客人进房（晚上值班员先进，打开灯），随后客人再进；征求客人意见行李放在何处；征求客人意见是否需要介绍房间并做详细或简单介绍。

1.2.4 离开房间时，应面向客人后退一步，转身走到房门，再轻轻地关上。

2 住宿场所及从业人员管理办法

为使各项工作有一套切实可行的管理制度和标准，做到有章可循，有据可依，实现严格管理，以管理促效益的目标，确保日常工作能够得以正常开展，特制定酒店住宿管理规定、工作制度。

2.1 仪容仪表

2.1.1 上班时间内一律着工作服，穿黑色鞋，季节变换时通知统一更换着装。

2.1.2 必须保持衣冠整洁，仪表大方，不得留长指甲、染指甲、染发，保持清雅、淡妆，不得浓妆艳抹，头发保持干净、整齐，后不过肩，前不盖眼，不得披头散发，不佩戴夸张饰物。

2.1.3 举止要端庄，见到客人和领导应起立问候，在任何情况下不得与客人嬉戏、打闹，不得在客人面前修指甲、剔牙、掏鼻子、抓痒、伸懒腰、打哈欠。

2.1.4 按照文明服务要求规范言行，并能正确使用文明用语。

2.1.5 严禁工作时吸烟，除吸烟区外禁止任何地方吸烟，严禁在楼道和休息室吸烟。

2.2 劳动纪律

2.2.1 切实做到“十不”，严格按照操作规程办事，履行岗位职责和交接班手续，防止发生差错。如有发生必须及时报告部门主管，设法弥补。

2.2.2 工作台内必须保持整洁有序，服务台及抽屉内不得摆放私人物品、零食及与工作无关的物品。

2.2.3 钥匙必须随身携带，严禁将钥匙交给客人，值班人员临时离开时必须将钥匙交给当班人员，不得将钥匙随意放在服务台。

2.2.4 服务员无权告诉或暗示客人本楼层有无空房，更不能擅自开房接待客人。

2.2.5 遇到客人或领导批评，不论对错，须冷静对待，耐心解释，不得与领导或客人发生争吵，更不能强调个人理由。

2.2.6 不得利用工作之便假公济私，谋取私利，更不能同宾客拉关系、办私事。宾客主动赠送纪念品应婉言谢绝，并及时报告部门主管听候处理。不准收取小费，如有客人坚持，无论多少，如数上交，不得占为己有。

2.2.7 无事生非，挑拨离间，损害职工团结，影响生活和工作秩序，玩忽职守，违反操作规程，造成损失者，均视情节轻重给予处理。

2.2.8 员工上下楼一律不能乘坐客用电梯。

2.3 工作程序

2.3.1 必须按安排的班次进行工作，如有特殊情况需变更班次时，应先向经理请示，经同意后方可进行调班。在正常工作时间内完成本职工作，因工作需要加班加点者，经核实后补偿相应的休息时间。

2.4 文明礼貌

2.4.1 对宾客要面带微笑，主动问好，“请”字当头。必须熟练掌握及运用五声要求。

2.4.2 服务员必须做到“三轻”，接电话时声调要温和礼貌，主动报出部门，谈话简明扼要，对方未挂机前，不得抢先挂机。

2.5 卫生制度

2.5.1 日常卫生一日多次，客人每外出一次打扫一次。严格按照客房卫生标准打扫卫生，保持室内外整洁。

2.5.2 宿舍、服务台的内外卫生，每天要勤打扫，做到整齐，干净无杂物，物资放置要整齐。

2.5.3 公共卫生要按时、按质、按量各负其责完成，要做到窗明几净六面光。

2.5.4 环境卫生按主任安排计划打扫，保持干净。

2.6 登记制度

2.6.1 各楼层设值班日记本，用于登记当日住房、空房及卫生情况、领导通知事项、宾客嘱办事项等。登记要详细、认真、及时，并做好交接班工作。

2.6.2 建立旅客住宿登记本。凡来宿宾客的各方面情况应根据住宿登记单上反映的各项内容逐条如实登记，不得漏填并要保存好，以备后查。

2.6.3 建立客房设备损坏维修登记本，及时将客房设备损坏情况、报修情况及修复情况登记备查。

2.6.4 楼层每日发放物资消耗要如实反映在物资日耗表登记表上，作为发放数量的依据。

2.6.5 建立楼层物资明细账，及时将增减物资情况登记入账，每月底清查一次，并把增减情况、原因、库存现有数上报客房部。

2.7 客房安全防事故制度

2.7.1 严格遵守值班制度，注意观察楼面情况，尽快熟悉本楼住客特征，把好安全关。

2.7.2 提醒客人将现金贵重物品及时到总台寄存。

第十章 行政工作管理制度

1 文件管理制度

1.1 文件策划

公司文件按所属分为整合管理体系文件、部门文件；按类别分为手册文件、程序文件、指导文件和表单文件；按管理分为受控文件和非受控文件；按载体分为实体文件和电子文件；按权限分为普通文件和保密文件。

1.2 文件编号

1.2.1 编号构成

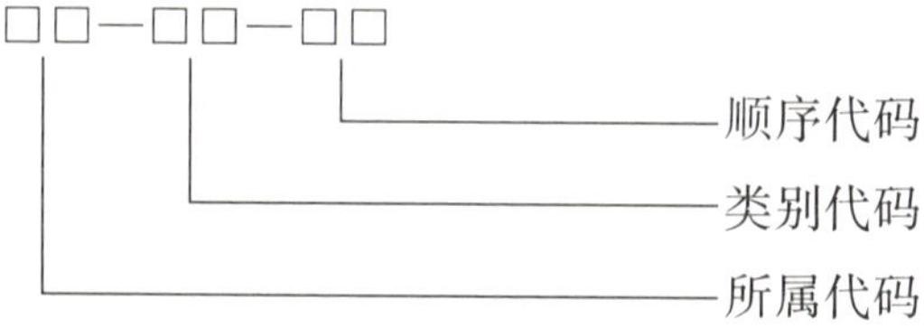

1.2.2 版本号构成

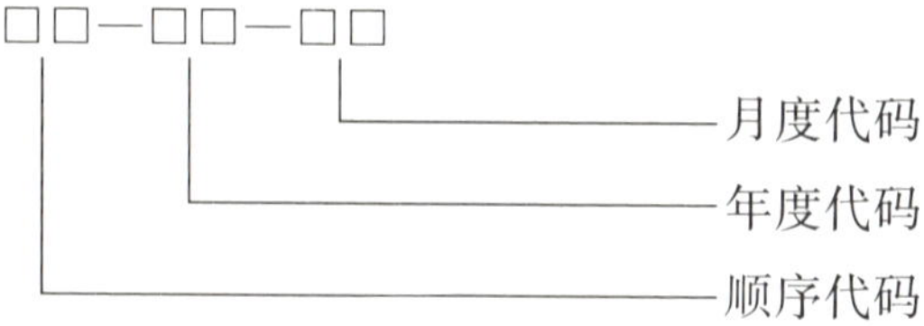

1.2.3 表单号构成

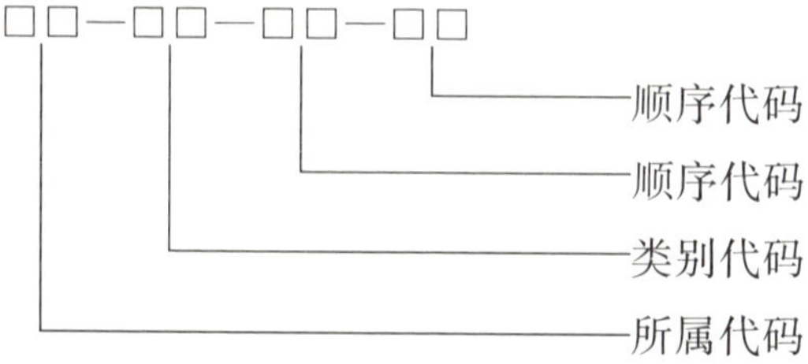

1.2.4 所属代码

公司级	部门级							
	综合管理部	交通运营部	财务管理部	市场营销部	物管部	智慧中心	奥帆中心	海底世界
00	01	02	03	04	05	06	07	08

1.2.5 类别代码

手册		程序			指导				
制度	手册	程序	规定	办法	细则	流程	规程	指导	须知
00	01	02	03	04	05	06	07	08	09

1.3 文件格式

1.3.1 电子版本的Word文档，文件首页页眉左栏两行，第一行为公司标识，居中；第二行为状态，采用五号黑体（加粗）和宋体字，左对齐。中栏两行，第一行为“青岛奥帆海洋文化旅游区”，采用四号黑体字，居中；下方为“整合管理体系文件”“××部文件”，采用三号黑体字（加粗），居中；第二行为文件名称，中栏采用五号黑体（加粗）和宋体字，左对齐。右栏四行第一行为文件编号；第二行为版本号；第三行为发布日期；第四行为生效日期，均采用五号黑体（加粗）和宋体字，左对齐。文件次页页眉为公司横板标识，左对齐。文件页脚为文件页数，五号宋体字，右对齐。

1.3.2 电子版本的Word文档编辑时，可参照以下技术指标，尽可能统一格式：

1.3.2.1 采用A4纸；上、下、左、右页边距均为2厘米；页眉、页脚均为1.5厘米。

1.3.2.2 文件一级标题为五号宋体（加粗）1.5倍行距；正文为五号宋体，1.5倍行距。

1.3.2.3 表单标题为三号黑体（加粗），既定内容为五号宋体（加粗），1.5倍行距。

1.3.2.4 文件按其内容可分为若干个层次，层次的编号采用阿拉伯数字，每个层次间加小圆点“.”，在最后一层根据内容也可采用英文字母排序。

1.3.2.5 电子版本的PDF文档，应通过Word文档转换或原始文件扫描生成。

1.4 文件编制和修订

1.4.1 整合管理体系文件由党政联席会或总经理办公会组织相应职能主管部门编制和修订，部门文件由分管领导组织部门负责人编制和修订。

1.4.2 文件编制和修订应在职责和权限范围之内进行，超出职责和权限规定的内容无效。

1.4.3 文件编制和修订应基于识别出适用的外来文件、文件评审的结果或具体的变更。变更文件名称及编号、表单名称及编号、所属名称或修改错别字时，不需要重新进行审批。

1.5 文件审签和发布

1.5.1 编制或修订后的文件应进行审签，以确保文件是充分和适宜的。采用以下方式进行。

1.5.1.1 整合管理体系文件经党政联席会或总经理办公会审议通过，加盖公章、骑缝章存档，通过发布。

1.5.1.2 部门文件经分管领导审批通过，由分管领导签发。

1.5.2 受控文件发布时加盖受控印鉴，作为追溯其生命周期的唯一性标识；非受控文件发布时不加盖印鉴，不需追溯其生命周期；保密文件发布时，必须明确发布范围。

1.5.3 经审批后签发的文件，为正式文件，公司内应严格遵守。实体文件发放时，由综合管理部和收文部门分别填写《收发文登记表》，进行文件登记管理；电子文件发布时，由综合管理部通过集团OA信息系统进行公示。

1.6 文件控制和管理

1.6.1 公司接收到的董事会文件由综合管理部存档；整合管理体系文件由系统管理部存档；部门文件由系统管理部和编制部门分别存档，安排专人专柜管理。

1.6.2 各部门对本部门接收到的文件进行分类登记，填写到《文件化信息清单》中，以此作为本部门文件管理的依据。

1.6.3 各部门对本部门接收到的文件须及时组织员工进行培训学习，填写《文件传阅单》作为文件传阅学习的证据，妥善保存。

1.6.4 文件应设定专人管理，确保在使用处按使用权限可获得有关版本的适用文件，保持清晰、分类标识清楚并适宜保存。

1.6.5 董事会、整合管理体系受控文件只能查阅不能借阅，公司员工可通过系统进行查阅，因工作需要必须借阅的，借阅时需文件管理员陪同。

1.6.6 受控文件禁止复制（出于文件保护的备份行为除外），不能外流。如有泄漏，依次追究责任人、文件管理员、部门责任人的责任。

1.6.7 记录填写要字迹清晰、准确、完整、数据可靠，不得用铅笔书写，不得随意涂改；遇有热敏纸为载体的记录（如传真），应将其复印保存；没有固定表单的记录应使用适宜的记录本。

1.6.8 如因笔误或计算错误需修改原数据，不能采取涂抹的方式，而应采取单杠划去原数据，在其上方书写更改后的数据，并签上更改人的姓名和日期。

1.7 文件评审

为保证文件的有效性，系统管理部应督导文件编制部门根据公司要求、员工意见、日常管理、内部审核、管理评审等结果，对内部文件进行动态评审。

1.8 文件处置

1.8.1 经评审需要废止的文件，由编制部门采用请示报告的方式提出书面申请，履行与文件审签相同的程序。

1.8.2 需要回收的文件，由文件发布部门负责回收，受控文件必须按照发文记录全部回收。

1.8.3 回收的文件需要作废并保存的，应加盖作废章，单独存放并妥善保管，防止其的非预期使用。不需保存的，受控纸质版销毁（人力资源文件除外），原始电子版归档公司知识库。

1.8.4 记录归档按照档案管理的要求执行。

2 办公用品（具）和印刷管理制度

2.1 总则

2.1.1 为规范集团办公用品管理工作，着重加强办公用品。采购、申领、维修等工作的合规性、实效性，依据《青岛市市级行政事业单位部分通用办公设备和办公家具配置标准》《青岛市市级行政事业单位国有资产使用管理办法》等文件要求，结合本集团实际情况，特制定本办法。

2.1.2 本办法适用于集团各部门、全资子公司（以下简称“各单位”），各控股公司、委托经营公司参照执行。

2.1.3 集团办公室负责制定集团办公用品管理相关制度，并依据制度对各单位办公用品的管理使用进行指导、监督；各单位为各自办公用品管理的责任主体，应依据集团制度做好各自办公用品管理工作，并安排专人负责本单位办公用品日常管理工作，人员的配备及变更应向集团办公室报备。

2.1.4　本办法所涉及的办公用品按照使用和价值可分为设备类办公用品、低值易耗类办公用品（耐用办公用品、一次性消耗品）。

2.1.4.1　设备类办公用品，例如，办公桌、办公椅、茶几、沙发、文件柜、传真机、复印机、电脑、打印机、扫描仪、碎纸机、照相机。

2.1.4.2　低值易耗类办公用品（价值在 500 元以下，包含 500元），例如，计算器、电话机、订书机、打孔机、文件框、剪刀、纸刀、白板等。一次性消耗品如笔记本、速写本、签字笔、圆珠笔、铅笔、橡皮、胶水、复写纸、钉书钉、笔芯、公司印刷品、墨盒、复印纸、水性笔、白板笔。

2.2　办公用品费用成本控制、审批及采购

2.2.1　费用成本控制

2.2.1.1　办公用品费用实行分单位核算，发生费用计入各单位年度预算费用内。费用核定按照增人增费、减人减费的原则进行调整。

2.2.1.2　每年12月份，各单位应将下一年度办公用品需求预算报集团办公室、财务中心审核备案。

2.2.1.3　一次性消耗品类办公用品实行限额管理，每人每年200元。各单位因特殊情况超过限额的，需说明情况，经集团办公室审核后报分管领导审批同意后方可采购。

2.2.2　审批程序

2.2.2.1　低值易耗类办公用品

集团各部门办公用品管理人员负责于每月 15 日至 25 日通过 OA 申请下个月的需求明细，办公室审核后，统一发放；各子公司参照集团程序自行负责审批发放。

2.2.2.2　设备类办公用品

各单位办公用品管理人员负责填写《设备类办公用品申请表》（附件 1），经办公室审核、分管领导同意后，按集团要求采购发放。

2.2.3　采购要求

2.2.3.1　低值易耗类、设备类办公用品的申请经审批通过后，涉及集团各部门的，由办公室负责按照集团招采规定统一采购；涉及各子公司的，由各子公司负责按照集团招采规定自行采购。其中，设备类办公用

品采购标准应按照《青岛市市级行政事业单位部分通用办公设备和办公家具配置标准》执行。

2.2.3.2 集团风险控制管理部负责对供应商资质进行审核把关，甄选供应商纳入集团供应商库。

2.2.3.3 办公用品采购按照“产品质优价廉、供货商信誉好、服务佳”的标准，可选择以下方式进行采购：

A. 一次性大宗采购应按照集团相应的招标采购管理制度办理执行。

B. 向通过集团招标选定的供应商直接采购。

C. 向集团确定的供应商库内挑选 2~3 家供应商进行询比价采购，没有选定供应商或供应商库之前，可临时向市场供应商比价采购。

D. 向设备厂家、产品官方网店、京东自营店、国美等电商平台以及向苏宁、国美、麦德龙、佳世客等正规商家直接采购。

E. 其他符合法律法规要求的采购方式。

2.2.3.4 集团本部办公设备采购到货后，集团办公室负责核实产品型号并安排人员进行安装调试，设备正常运行后由申请单位负责收货确认。属于固定资产的，由财务中心资产部负责登记造册建立固定资产台账。各子公司的办公设备安装调试及验收参照集团执行。

2.3 办公设备的维修、报废和移交

2.3.1 设备维修

2.3.1.1 设备类办公用品的日常维护由使用人员和使用单位负责，维修费用计入各单位办公费用当中。

2.3.1.2 设备类办公用品如出现需要维修、更换配件等情况，使用单位应及时填写《设备类办公用品维修（硒鼓更换）申请单》，经申请单位主要负责人同意，集团办公室审核后方可维修、更换。

2.3.1.3 涉及集团各部门的，由集团办公室负责组织维修；涉及各子公司的，由各子公司负责自行组织维修。

2.3.2 设备报废

2.3.2.1 集团办公室可委托设备维修、保养等单位对办公设备进行技术性能鉴定，当满足以下条件之一者可视为无效资产：

A. 已无法正常工作，且无法维修的办公设备。

B. 维修费用高于设备账面价值或设备残值的 2 倍，且属于淘汰产品或预估维修后使用寿命低于 1 年的办公设备。

C. 维修费用高于设备原值或市场现有价格的办公设备。

D. 设备属于淘汰产品，对当前工作已无效，使用寿命已达 6 年以上，且已提完折旧的办公设备。

E. 其他由于不能正常使用或某种特殊原因而丧失其使用价值的办公设备。

2.3.2.2 经集团办公室确认为无效资产的办公设备，由使用单位按照集团资产管理规定进行报废处理，财务中心资产部负责进行监督、指导。

2.3.3 设备移交

员工在调动、退休、离岗、辞职时，其个人使用或指定管理的办公用品（例如：电话机、文件夹、文件框、插排、订书机、笔筒等，但不包括一次性消耗品，纸、笔、本子）全部移交该单位办公用品管理人员，双方办理移交手续，设备毁损、灭失的该员工应照价赔偿，否则不予办理有关手续。各部门设备移交情况需报集团办公室备案，子公司设备移交办理情况自行留存。

如有需要携带办公设备到集团内部新单位的（与原单位不属于同一个会计单位主体），必须按照集团资产管理规定办理资产转移手续。

2.4 附则

2.4.1 人为造成设备类办公用品损坏的，维修费用由当事人按照 50%比例支付。如查实属于故意破坏办公设备的行为，应对当事人处以维修成本 2 倍的罚款，并依法追究当事人法律责任。

2.4.2 本办法由集团办公室负责解释。

3 证照、印章管理制度

3.1 目的

为规范公司的印章、信函等的使用、管理，维护印信使用的规范性和严肃性，特制定本制度。

3.2 适用范围

本规定适用于公司所有印章及信函的使用、管理等。

3.3 职责

3.3.1 综合管理部负责公司印章的刻制、发放、回收、报废和使用监督检查；负责公司印章、“合同专用印章”、公司负责人印章、公司法人印章的保管使用。

3.3.2 财务部负责“财务专用章”“工会委员会财务专用章”、公司法人印章的保管使用。

3.3.3 “支部委员会”印章由公司支部委员会保管使用。

3.3.4 “工会委员会”印章、工会主席印章由公司工会委员会保管使用。

3.3.5 公司所有印章的主管部门应指定专人保管使用，保管人员不在岗时，由相关部门负责人或其指定人员保管使用。

3.4 工作程序

3.4.1 公司印章、公司负责人印章、公司法人印章的使用程序

3.4.1.1 公司印章的使用范围

A. 以公司名义上报和下发的文件。

B. 以公司名义开具的介绍信。

C. 以公司名义发出的信函。

D. 必应加盖公司印章的其他材料。

3.4.1.2 公司法人、公司负责人印章的使用范围

A. 以公司名义上报的，需加盖公司法人、公司负责人印章的有关报表和材料。

B. 以公司名义开具的，需加盖公司法人、公司负责人印章的介绍信。

C. 以公司法人、公司负责人名义发布的命令或通告等。

D. 需加盖公司法人、公司负责人印章的证书及其他材料。

3.4.2 公司印章、公司负责人印章的使用规定

3.4.2.1 印章的使用原则上应在综合管理部办公室内，特殊情况需带出使用的，应经总经理批准后，由印章保管人到场（2人以上）监印。

3.4.2.2 用印应填写《公章使用登记表》，经申请公章部门负责人签字、分管领导批准、总经理确认后方可使用。

A. 定期对外发布的例行格式文件、表格由部门负责人审核、分管领导批准后即可使用。

B. 公司总经理例会、公司办公例会通过须加盖公章的文件及其相关文件，可依据会议记录由经办人填写《公章使用登记表》“用印事由”栏后，经由部门负责人审核批准后直接加盖公章。

C. 总经理因公务无法现场签字确认的，总经理可授权代理人行使公章审批权，代理人及代理期限需在总经理例会或公司例会中公布。

3.4.2.3　印章管理人员应核对文件内容、领导批示及用印数量等，确认无误后，方可用印。

3.4.2.4　当日申请，应在当日一次性用印完毕，不得拖延或分批次用印。否则要重新填写《公章使用登记表》并由领导签字确认。

3.4.2.5　用印位置应骑年盖月，不压正文，印迹要端正、清晰；印章之间要留有间距，严禁出现印章交叉互盖的现象。

3.4.2.6　原则上不允许在未填写完整的材料上或空白纸上加盖公司印章或企业负责人印章，特殊情况，经部门负责人签字、分管领导批准、总经理确认后方可用印，但应详细记录用印用途、用印次数以备核查。

3.4.3　公司介绍信

3.4.3.1　因公或私需开具公司介绍信时，由经办人书面写明联系单位、具体事由、日期及有效期，经部门负责人同意后，到综合管理部开具介绍信。

3.4.3.2　介绍信使用公司印章申请程序同4.1条。

3.4.3.3　严禁开具空白介绍信及没有日期、有效期的介绍信。

3.4.3.4　填写介绍信时应清楚、完整地按介绍信栏目要求逐一填写，各项内容必须与存根内容相符。填写时，应使用钢笔或签字笔。

3.4.3.5　介绍信合订本用完时，存根应存档，保管期3年，过期后经主管领导批准后予以销毁。

3.4.4　公司专用章

3.4.4.1　公司“合同专用章”的使用按公司程序文件《合同管理办法》GW—ZH—GW01—12的相关要求执行。

3.4.4.2　“支部委员会”印章，由公司党支部书记指定专人保管使用。用印时应填写《专用章使用登记表》经党支部书记签字同意后方可用印，不得加盖“支部委员会”印章使用范围以外的事项。

3.4.4.3　公司“工会委员会”印章、工会主席印章，由公司工会主席指定专人保管使用。用印时应填写《专用章使用登记表》经工会主席签字同意后方可用印，不得加盖“工会委员会”印章、工会主席印章使用范围以外的事项。

3.4.4.4　由财务部保管使用的“财务专用章”由财务副总保管并使用；“工会委员会财务专用章”、公司法人印章的使用由财务部专人负责保管，经财务部经理同意后方可用印。不得加盖专用章使用范围以外的事项。

3.4.5　综合管理部应将公司各种印章的保管部门、保管人、印章图样进行存档备案。

3.4.6　印章的丢失、作废、报废

3.4.6.1　印章丢失

公司印章、公司法人印章、公司负责人印章、财务专用章等代表公司的各种印章丢失后，应立即报告上级主管部门及公安局备案，并以登报或以信函的形式通知有关单位声明遗失期间所盖印章无效。

3.4.6.2　印章作废

A. 构变更以前的相关印章作为作废处理。

B. 人事变动以前的领导个人印章，在权效上作为作废处理，但可退回领导本人保存。

C. 作废的印章在总经理批准后，可做封存、报废销毁处理。

D. 综合管理部应设置印章丢失、作废、报废统一台账，以备查询。

3.4.7　用印的检查与考核

3.4.7.1　印章保管人应熟知所保管印章的使用范围、批准权限，做到正确用印。

3.4.7.2　审批人应正确使用审批权限，不得超越审批权限。

3.4.7.3　印章管理人员应亲自使用印章，不能委托他人代为用印。

3.4.7.4　违反规定而申请用印，印章管理人员有权拒绝用印。

3.4.7.5　违反规定私自刻制公司相关印章者，给予记过处分，并罚款1 000元；对责任人、部门负责人处以警告处分，并罚款500元。

3.4.7.6　违反规定用印，一次性对印章保管人罚款50元，用印人罚款20

元；造成经济损失、声誉影响的，视情节轻重分别对用印人、印章保管人处以通报批评、警告、记过、辞退等行政处分及相应经济罚款，并追究其法律责任。

3.4.7.7 印章因保管不当而丢失，根据丢失印章的种类和造成的损失程度给予通报批评、警告、记过、辞退等行政处罚，并附以相应经济罚款（100~1 000元）。

3.4.7.8 综合管理部有权对各部门印章的保存、使用情况进行监督检查。

4 会议管理制度

4.1 目的

加强会议管理，规范会议流程，提高会议效率，以达到会议预期效果。

4.2 适用范围

适用于公司的总经理办公会、办公例会、部门例会、班前会。其他会议可参照本规定执行。

4.3 职责

4.3.1 综合管理部负责本管理规定的执行、监督；负责部门周例会监督、指导工作。

4.3.2 会议组织部门负责有关会务工作，并有权对违反本管理规定的行为进行处理或提出处理意见。

4.4 会议原则

4.4.1 精简高效原则

会议应精而简，讲究效率，防止拖拉扯皮现象；会议应厉行节约，反对铺张浪费。

4.4.2 保密谨慎原则

会议材料未经允许严禁外流，重要材料会后收回；与会人员根据会议性质对会议内容保密。

4.4.3 严肃认真原则

参会人员要遵守会议纪律，态度认真、发言时要以理服人，严禁不文明举止。

4.4.4 积极主动原则

参会人员在会场应保持精力集中，发言时应畅所欲言，与会议进展积极互动。

4.5 工作程序

4.5.1 会议类别

4.5.1.1 总经理办公会

A. 总经理办公会不定期召开，总经理召集和主持会议，总经理因特殊原因不能履行职责时，须委托他人召集和主持。全体高管人员参加，综合管理部经理列席。必要时，有关人员列席。特殊情况不能参会者须向总经理请假。

B. 总经理办公会议议题由公司高管提出，综合管理部负责汇总，报总经理确定。

C. 会议主要任务

a）研究提出公司经营计划、费用预算方案、福利分配方案、人员编制方案、销售政策等；

b）研究决定中层管理人员聘任、员工调动及奖惩等事宜；

c）研究决定固定资产购置事宜。

d）其他需要总经理办公会议研究决定的经营管理工作。

D. 综合管理部负责总经理办公会议的有关会务工作，起草《会议纪要》，进行督查督办。

4.5.1.2 办公例会

A. 公司办公例会每周召开 1 次，每周二召开，经营旺季（指七、八月份，春节、“十一”黄金周。下同）暂停，如有调整须提前 1 日通知。总经理召集和主持会议，总经理因特殊原因不能履行职责时，须委托他人召集和主持。公司各部门负责人参加，必要时召开由各部门领班以上管理人员参加的办公例会扩大会议，或根据会议内容通知有关人员列席。特殊情况不能参会者须向会议主持人请假。

B. 各部门于每周一 12:00 前将部门本周工作计划（逢月底含当月总结及下月计划）报综合管理部，综合管理部于 17:00 前报送至高管人员。

C. 会议主要任务

a）通报公司一周（或一个阶段）来的主要工作进展情况，总结一周（或一个阶段）来的主要工作，部署下一周（或一个阶段）的主要工作任务。逢月底或月初，应对月度工作进行总结和部署。

b）对公司的重大工作部署进行动员，统一思想认识。

c）进行经营活动、财务活动分析，找出问题、研究对策。

d）研究公司发展战略、发展思路等。

e）其他需要公司办公例会讨论、协调的工作。

D. 综合管理部负责办公例会的有关会务工作，起草《会议纪要》，进行督查督办。

4.5.1.3 部门例会

A. 部门每周安排一次例会，固定时间举行，时长为1~2小时，经营旺季暂停。部门负责人召集和主持会议，部门负责人因特殊情况不能履行职责时，须委托他人召集和主持。部门全体人员参加，必要时有关人员列席。特殊情况不能参会者，须向部门负责人请假。

B. 会议主要任务

a）以企业文化学习为主，根据公司要求组织企业文化学习和典型案例研讨。

b）传达公司有关文件、领导指示，总经理办公会、公司办公例会会议精神。

c）通报部门一周（或一个阶段）来的主要工作进展情况，总结一周（或一个阶段）来的主要工作，部署下一周（或一个阶段）的主要工作任务。逢月底或月初，应对月度工作进行总结和部署。

d）分析讨论各岗位（班组）闪光点和问题点，开展业务讨论，总结经验、研究对策。

e）对部门重要工作部署进行动员，统一思想认识。

f）其他需要部门周例会讨论、协调的工作。

C. 各部门负责本部门周例会会务工作，部门周例会应做好会议记录。

4.5.1.4 班前会

A. 部门每日班前固定时间（各部门根据实际情况自行确定）召开，时长约为10~20分钟。部门当日主持工作的管理人员召集和主持。部门当日在岗员工参加。特殊情况不能参加者须向会议主持人请假。

B. 公司营运部门必须召开班前会，服务部门和营销部，无特殊情况，也应召开班前会。

C. 会议主要任务

a）总结前一日工作闪光点和问题点，总结经验、提出改进对策。

b）部署部门当日工作。

c）其他需要班前会传达和部署的工作。

D. 各部门负责本部门班前会会务工作。

4.5.2 会议纪律

会议组织部门负责会议纪律管理，有权依据《员工奖惩管理制度》对违反会议纪律者进行处理或提出处理意见。

4.5.3 会议记录

4.5.3.1 会议记录人负责会议记录，主持人明确是否编写《会议记录》或形成《会议纪要》。会议原始记录应于会议当日呈报会议主持人审核。

4.5.3.2 《会议纪要》的发布范围由主持人确定，最迟不迟于会议次日发布。

4.5.4 会议督办

4.5.4.1 会议决议、决策事项须会后跟进督办的，遵照“谁组织，谁督办”的原则；会议主持人另有指定的，从主持人指定。总经理主持的会议的会后督办工作原则上由综合管理部负责落实，总经理另有指定的，从总经理指定。

4.5.4.2 会议督办的依据以会议原始记录及《会议纪要》为准。

4.5.4.3 会议督办部门应填写《督办工作汇总表》，定期向跟进指定人汇报督办情况。

5 档案管理制

5.1 总则

5.1.1 为规范集团档案管理工作，保证档案管理的完整性、科学性、制度性，明确工作职责，杜绝材料流失，维护档案完整与安全，为集团经营管理提供有效服务，根据《档案法》《档案法实施办法》《山东省档案条例》和《青岛市档案管理条例》等法律法规，结合集团档案管理的实际需要，特制定本规定。

5.1.2 本规定所称的档案，是指集团在生产经营和管理活动中形成的，具有保存价值的各种文字、图表、声像、实物等不同形式的历史记录。

5.1.3 集团档案工作的基本原则是统一领导与分级管理相结合，档案工作以资产关系为纽带，实行统一领导、统一管理、统一制度、统一标准。集团各部门在各项活动中形成的具有保存价值的文件材料，由各部门及时整理、归档，并移交集团档案室集中管理或按相关规定进行管理；各子集团公司形成的档案资料分别由各公司指定专人管理，以维护档案的完整与安全。

5.2 档案管理体制及其职责

5.2.1 集团成立档案工作领导小组，全面负责集团档案工作。集团分管领导任组长，集团综合管理部负责人任副组长，各部门、子集团公司负责人为成员。档案工作领导小组下设办公室，设在集团综合管理部，作为领导小组的办事机构，主管集团档案工作，负责组织贯彻落实档案工作的法律法规和方针政策，建立健全集团档案管理制度，将集团档案工作纳入发展规划和工作计划。档案室负责集团档案的收集、整理、保管、鉴定、统计和开发利用。建立完善由集团分管领导、档案主管部门负责人、各部门分管领导、专兼职档案员组成的集团档案管理网络体系。

5.2.2 集团档案工作接受市档案局（市档案馆）的业务指导、监督和检查；子集团公司（包括集团控股子公司）的档案工作接受集团档案室的业务指导、监督和检查。

5.2.3 集团综合管理部对各门类档案实行统一监督管理，档案室负责室藏管理、会计、照片、音像、实物、招标等各类档案的集中保存和查阅利用。干部、职工档案分别由人力资源部（党委组织部）按照人事档案相关标准统一管理；建设项目档案由工程管理部按照工程档案相关标准统一管理。除向档案室移交的管理类档案外，人力资源部（党委组织部）、工程管理部各自负责上述相关文件材料归档、整理和档案保管、利用工作，档案保管装具、保护设备应符合规定要求，档案目录数据定期报送集团档案室，并接受其业务指导、监督和检查。

5.2.4 集团综合管理部以及各子集团公司明确专人作为本单位专职档案管理员并做好档案管理工作；其他部门指定专人作为本部门兼职档

案管理员。

5.3 档案管理人员的基本职责

5.3.1 专职档案管理员应履行下列职责

5.3.1.1 宣传贯彻执行档案管理的法律、法规及政策规定，组织制定或修订本公司各类档案管理的规定、标准和办法。

5.3.1.2 组织落实档案工作任务，负责对各部门档案工作进行监督、检查、指导和业务培训。

5.3.1.3 接收各部门移交的档案并整理归档，采取有效措施，确保档案及时收集与安全管理，防止档案受损和遗失。

5.3.1.4 开展档案的统计、鉴定、保管和提供利用工作。

5.3.1.5 开展档案信息化、数字化工作。

5.3.1.6 开展档案管理教育和培训，提高员工档案意识。

5.3.1.7 组织档案编研和信息开发交流，发挥档案的信息资源作用。

5.3.2 兼职档案管理员应履行下列职责

5.3.2.1 配合公司专职档案管理员宣传贯彻执行档案管理的法律、法规及政策规定，以及公司各类档案管理的规定、标准和办法，统筹协调部门档案管理工作。

5.3.2.2 定期对本部门产生的各类文件材料进行整理归档，负责集中管理本部门形成的档案，并按规定向公司档案室移交。

5.3.2.3 组织开展本部门档案的利用、鉴定、统计及保密等工作。

5.3.2.4 参加集团组织的档案业务培训和档案工作的各项活动。

5.3.3 档案人员应严格执行档案保密制度，做到不失密、不泄密，确保档案的安全。

5.4 文件材料的形成与归档

5.4.1 各类文件材料的形成、积累、整理和归档工作应列入集团各部门、子集团公司的工作计划和程序，纳入各部门、子集团公司年度考核范围。各部门应把文件材料的形成、积累、整理和归档工作，纳入部门职责范围，列入部门负责人、兼职档案人员、部门工作人员的岗位责任制。

5.4.2 各部门、子集团公司及承担重大建设项目的负责人应确定专人负责各类档案材料的积累、整理和归档工作。

5.4.3 举行重大活动或发生重大事件时，包括所属单位产权变动过程中的资产处置、基建工程竣工验收等，相关部门、单位应通知档案人员参加，档案人员做好相关文件材料的收集工作，对文件材料的完整、准确情况进行审查、验收。

5.4.4 对因公外出学习、考察、参加会议获取的材料和外购资料、书籍，有关人员应及时向公司档案室办理移交或备案登记手续。

5.4.5 文件材料的归档范围

5.4.5.1 按照材料来源划分

A. 集团各部门形成的文件材料。

B. 集团外部形成的对本集团有保存价值的文件材料。

C. 集团所属公司应移交的文件材料。

D. 集团参与投资的全资、控股、参股企业应移交的文件材料。

E. 集团参与的合作项目、合作单位应移交的文件材料。

F. 集团改制过程中兼并、购买、转让其他单位的有关材料。

5.4.5.2 按照发展阶段划分

A. 筹备、设立过程中形成的文件材料。

B. 运营中形成的文件材料。

C. 合并、重组、分立、解散和破产等产权变动过程中形成的文件材料。

5.4.5.3 按照载体形式划分

A. 纸质文件、图纸。

B. 电子档案（包括存储电子文件的光盘）。

C. 音像。

D. 照片。

E. 实物。

F. 其他载体。

具体归档范围详见《文件材料归档范围和档案保管期限表》。

5.4.6 文件材料归档整理，按照集团归档文件材料整理规程的具体规定执行。

5.4.7 各部门形成的管理类文件材料，一般在办理完毕后第二年的第一季度向集团档案室移交归档。因上级业务部门有明确要求，管理类中有关党群、安全管理的专项文件材料，可推迟一年移交归档；会计档案在会计年度终了后归档，原则上由财务部门保管 2 年后移交集团档案室；项目建设文件一般在项目竣工验收备案后 3 个月内归档，建设项目周期长的可按阶段、单项归档。

5.4.8　文件形成部门负责人或承办活动（项目）的单位负责人是归档文件质量第一责任人，对相关文件齐全、完整、准确、真实、整理规范情况进行审查并负责。

5.5　档案的管理

5.5.1　遵循“保持档案之间的有机联系，便于管理与利用”的原则，依据集团管理职能，结合档案内容及形成特点，制定集团档案分类编号办法，组织对各门类档案进行科学分类与编号。

5.5.2　建立全宗卷，开展档案编目工作，结合实际编制各门类档案目录，建立档案目录数据库、全文数据库、专题数据库等。

5.5.3　配备适应需要的档案库房、橱具等设施，并具有防盗、防火、防潮、防光、防尘、防霉、防有害生物、防污染等安全措施。

5.5.4　珍贵、涉密的档案应放入保险柜或采取专门措施保存。

5.5.5　加强档案信息化建设，开展档案数字化、电子文件归档与电子档案管理工作，及时做好数字档案资源安全备份。

5.5.6　建立档案统计台账，按年度对档案管理的基本情况进行统计，统计的内容包括档案种类、数量、档案提供利用及效果等。按照青岛市档案主管部门规定要求，组织上报档案统计年报。

5.5.7　建立完善档案鉴定工作机制，成立集团档案鉴定工作领导小组，按规定组织文件材料归档、档案保管期限划定及档案销毁的鉴定工作。

5.5.8　建立实行档案、人员出入库登记制度，定期开展档案清点、库房安全检查工作。

5.5.9　严格执行档案交接制度，档案人员离职或调动工作时，应规范办理档案交接手续。交接双方应对保管的档案进行清点、登记，并在《档案交接登记表》上签字。未完成交接的不得办理调离手续。

5.5.10　实施破产、兼并、出售、租赁、股份制改革时，其档案处置与管理办法按《青岛市国有企业产权变动档案管理办法》的规定执行。

5.5.11 建立完善档案利用审核机制，严格履行档案利用制度及审批程序。

5.5.12 建立健全档案检索体系，整合开发档案信息资源，为集团经营管理和各部门工作等提供档案利用服务。

5.5.13 制订完善档案安全管理应急预案，定期组织演练和培训，提高档案安全应急处置能力。

5.6 考核与奖惩

5.6.1 综合管理部每年对各部门、子集团公司档案管理情况进行检查，检查依据青岛市档案主管部门制发的年度检查考核标准进行。

5.6.2 有下列情形之一的，给予表彰或奖励

5.6.2.1 在档案的收集、管理和利用等方面取得显著成绩的。

5.6.2.2 在档案科学研究方面做出重要贡献的。

5.6.2.3 为保护集团档案安全做出突出成绩的。

5.6.2.4 在档案工作中提出优化建议或创新思路，被采纳施行并取得明显成效的。

5.6.2.5 在档案规范化管理活动中成绩突出，得到上级档案主管部门认可的。

5.6.2.6 同违反档案法律法规的行为做斗争表现突出的。

5.6.3 有下列行为之一的，责令限期整改，拒不改正或情节严重、造成损失的，按规定对其部门负责人和责任人给予相应处罚。

5.6.3.1 损毁、丢失档案的。

5.6.3.2 擅自提供、抄录、公布、销毁档案的。

5.6.3.3 涂改、伪造档案的。

5.6.3.4 擅自出卖或者转让档案的。

5.6.3.5 不按照规定归档或者不按期移交档案，被责令改正而拒不改正的。

5.6.3.6 明知存在档案安全隐患而不采取补救措施，造成档案损毁、灭失，或者存在档案安全隐患被责令限期整改而逾期未整改的。

5.6.3.7 发生档案安全事故后，不采取抢救措施或者隐瞒不报的。

5.6.3.8　档案工作人员玩忽职守，造成档案损毁、灭失的。

5.6.4　违反档案法律、法规构成犯罪的，依法追究其刑事责任。

6　公务车辆管理制度

6.1　总则

6.1.1　为加强集团公务车辆管理，保障车辆使用的合理性和有效性，提高工作效率，降低费用支出，实现车辆管理的规范化，根据《青岛市市属企业公务用车制度改革实施意见》（青车改组字〔2018〕4 号）有关公务用车制度改革的要求和《关于合理确定并严格规范市直企业负责人履职待遇、业务支出的意见》（青办发〔2015〕11 号）的相关规定，特制定本办法。

6.1.2　本办法所称的集团公务车辆，是指非经营性车辆，承担集团办公、接待等业务活动所使用的所有机动车辆，包括产权归属青岛旅游集团（含子公司）的车辆（以下简称“集团所属车辆”），也包括通过汽车租赁公司租用的车辆。

6.1.3　集团综管中心行政办公室负责集团本部公务车辆的管理工作，子公司公务车辆由子公司相关部门负责具体管理工作。

6.1.4　本办法适用于集团本部及各子公司。

6.2　用车管理规定

6.2.1　车辆使用范围除集团正职负责人配备公务用车外，还包括机要通信用车、应急用车、保密用车、商务活动用车等。

6.2.2　集团部门需要使用公务用车必须提前通过 0A 系统提交申请，并经分管领导批准后，由集团综管中心行政办公室统一安排车辆。如果遇有紧急公务需要使用公车，但来不及提交申请，可先向综管中心行政办公室报备，事后必须补交用车申请。

6.2.3　遇有重大接待或集体活动时，集团综管中心行政办公室根据需要有权统一调配集团所有公务车辆。

6.2.4　如果现有公务车辆无法保障必要的公务出行，必须提前向综管中心行政办公室报备，经同意后方可租用车辆，但必须从严控制租车范围、车型和数量，不得租用超标车辆，租赁价格不得高于同行业水平。

6.2.5　除工作需要外，原则上公务车辆在非工作时间要统一停放在集团指定地点。

6.3 车辆购置、移交及处置规定

6.3.1 因业务开展需要购置公务车辆的单位，应提交集团党委会研究，同意后方可进行购置。

6.3.2 各单位（部门）之间不得擅自进行公车的移交，如有公务车辆移交需经集团综管中心行政办公室同意后方可办理。在办理公务车辆移交时，必须填写《车辆移交审批表》。

6.3.3 对于拟处置（转让或报废）车辆，由集团综管中心行政办公室会同财务中心资产办提出处置意见，提交集团党委会研究通过后，由集团财务中心资产办负责进行资产处置。

6.4 加油、维修保养及费用报销规定

6.4.1 集团公车加油，实行一车一卡、定企业加油，费用由集团综管中心行政办公室指定专人定期与加油企业结算。建立《加油登记表》。驾驶员在给车辆加油时必须如实填写相关信息数据，以便相关部门进行核查。因特殊情况需要临时在非定点加油企业加油，驾驶员应事先提出申请，征得集团综管中心行政办公室同意后方可加油。

6.4.2 集团公务车辆的驾驶员应定期对车辆进行例行保养；如无指定驾驶员的，综管中心行政办公室应指定专人负责车辆的加油、维修和保养。

6.4.3 集团公务车辆的维修、保养由驾驶员提出申请，报集团综管中心行政办公室同意后，方可进行维修。维修过程中，驾驶员应认真监督维修作业，维修后仔细审核“维修明细”并签字。驾驶员不得擅自决定维修项目以外的其他项目。

6.4.4 因违反用车管理规定，发生交通事故、车辆被盗等，造成经济损失的，驾驶员承担相应责任；公务用车发生交通违章的，驾驶员负全部责任。

6.4.5 集团所属车辆的燃油、保险、维修保养费用及日常发生的停车、过路过桥、洗护等费用，按照集团全年预算批准的额度，实行总额控制，实报实销。

6.5 驾驶员管理及事故处理规定

6.5.1 驾驶员应定期对车辆技术状况进行全面检查，确保车辆安全性能良好。

6.5.2 严禁公车私用，违者将视情节给予当事人相应处罚。由此造成违法、违规事故的，由当事人负全部责任。

6.5.3 车辆在公务途中发生事故后，驾驶员在做好应急处理的同时，应迅速将事故原貌如实报告集团综管中心行政办公室及车辆使用单位，不得隐报瞒报。事故处理完毕，当事驾驶员应于其后3个工作日内提交《事故经过报告》。

6.5.4 由于驾驶员个人原因造成事故的，责任由驾驶员承担。

6.6 监督

集团综管中心应当会同集团财务中心，加强对集团公务车辆（包括子公司的公务车辆）管理使用等情况的监督检查。公务车辆使用如有违规违纪行为，将由集团纪检监察办按照相关规定追究相关负责人和直接责任人的责任。

7 网站及微信公众号管理制度

7.1 “新闻动态”栏目的维护与更新

7.1.1 营销部新闻管理员负责对公司网站“新闻动态”栏目的信息提供工作。向网站管理员以电子文档的形式（含文字和图片）提供新闻稿。

7.1.2 主题活动、名人之旅需在活动确定当日，由营销部新闻管理员同步将相关资料提供给网站管理员。网站管理员对信息进行分类、整理、汇总后经营销部经理审批后发布。

7.1.3 每月25日，网站管理员将新闻管理员提供的稿件进行汇总并交营销部经理。营销部经理据此在新闻管理员的月度考核中进行体现。

7.2 “票务信息”“营业时间”“表演时间”信息的维护与更新。网站管理员根据公司工作联络单的通知，负责“票务信息”“营业时间”“表演时间”的更新工作。

7.3 “关于我们”栏目的维护与更新工作

7.3.1 综合管理部负责“关于我们”栏目的信息提供工作。

7.3.2 “企业发展历程”每月以书面的形式交网站管理员。

7.3.3 “企业荣誉”在确定后1个工作日内以电子文档的形式（含文字和图片）交网站管理员。

7.3.4 系统管理部负责“在线招聘”栏目的信息提供工作，系统管理部确定人事招聘资料后1个工作日内，以书面的形式交网站管理员。

7.3.5 网站管理员负责信息的统计、汇总、发布工作。

7.3.6 每月25日，营销部信息管理员将相关栏目负责人提供的稿件进行汇总并交综合管理部经理。综合管理部经理据此在相关负责人的月度考核中进行体现。

7.4 营销部网媒管理岗负责公司微博、微信公众号、抖音等新媒体的发布更新。

7.5 网站其他栏目的维护与更新

7.5.1 网站管理员负责网站其他栏目的信息更新。

7.5.2 网站管理员负责信息的统计、整理、发布工作。

8 景区值班管理制度

8.1 总则

8.1.1 为进一步规范景区值班工作，进一步落实工作职责，结合景区实际，制定本制度。

8.1.2 各部门适用本制度。

8.1.3 安全应急部对值班工作实施综合监管，对值班工作实施日常管理等工作。综合管理部负责值班表编制。

8.2 值班时间和人员组成

8.2.1 公司实行24小时值班制度，值班时段为当日9:00至次日9:00，值班人员由公司带班领导、值班人员组成。公司带班领导由公司领导班子成员及公司职能部门中层领导轮流担任。公司值班人员由集团职能部门员工组成轮流值班。

8.2.2 公司根据自身实际制定值班制度。值班时间要求和值班人员安排应不低于有关法律、法规和行业标准的要求且满足本单位实际需要。原则上有生产运行业务的单位应当实行24小时值班制度；值班人员由本单位领导和岗位值班员组成。值班人员应经培训、考核合格后上岗。

8.2.3 公司值班领导因特殊情况不能参加值班的，公司值班领导应书面报集团总经理和董事长签字同意后；各单位值班领导应书面报集团分管安全负责人和集团总经理签字同意后，可不参加值班。

8.2.4 公司值班领导、值班员由公司提报，值班期间要认真履行职责，保持24小时电话畅通，随时接听值班电话，及时妥善处理各类值班事务，严格执行值班信息通报程序，严禁迟报、漏报、瞒报、误报。

8.2.5 值班巡检内容，包括但不限于：景区内各项风险隐患点及安全设施的巡查；当日景区内施工、搭建及特种车辆作业现场规范程度；物管部安保及保洁日常工作的监督；旅游区所辖经营业户的规范经营；领导交办的其他巡查任务。

8.2.6 值班工作要求，包括但不限于：按时报送值班记录表。值班人员每日填写当日值班表，做好值班信息汇总、报送工作，于次日10点前上报至安全应急部（值班记录表）；保持24小时通讯畅通，及时、妥善报送和处置各类突发事件；认真学习值班制度规定，熟悉上报、应急等操作流程；要加强值班工作保障，做好钉钉流程审批、值班打卡等工作，确保各项工作正常运转。遵守行业要求的值班工作职责及领导交办的工作职责。

8.3 突发事件的信息报送和处置流程

8.3.1 值班员接到上报的突发事件信息，应立即向相关单位核实情况，并按突发事件处置流程上报，跟进突发处置进展，做好信息续报。

8.3.2 公司发生一般事件后，立即报当日值班人员，当日值班人员应立即报安全应急部，待事件研判后，统筹协调相关职能部门进行处置工作。发生突发事件后，当日值班人员收到消息后，应立即向当日带班领导汇报，第一时间赶赴现场，统筹调度指挥现场，按公司领导指示，组织书面材料20分钟内上报旅游集团指挥中心。

8.3.3 立即是指当面或以电话、对讲机、传真、网络等可利用的最适当、最迅速的方式报告。

8.4 值班纪律

值班人员要按照法律法规的要求和集团有关制度、规定要求，做好值班信息报送工作。值班人员对各类预警和突发事件信息第一时间接报、第一时间响应、第一时间科学合理协调处置，并认真做好值班日志。值班日志信息要素要齐全、完整、清晰；值班人员在值班期间，必须坚守岗位，认真履行职责，不得脱岗、漏岗，不得出现其他违规行为。确需暂时离开岗位的应向当日带班领导请示，经批准且安排好人员代为值班后方可离开。事情处置完毕后，要及时回到值班岗位并向带班领导销假；值班人员值班当天不得饮酒或摄入麻醉类药物及其他影响值班的食品等。由于上述情况，无法保证值班的，必须提前向带班领导如实报处置；凡因值班人员责任心不强，工作失误，漏岗，迟报、误报、漏报、瞒报等，给值班值守工作造成损失的，要追究值班人员责任。

8.5 本制度自发布之日起执行

8.6 本制度由安全应急部负责解释

9 通讯工具管理制度

9.1 基本要求

按对讲机规范操作，讲话清晰、简洁。不得在对讲机中开玩笑、讲粗话，不得进行与工作无关的交谈。对讲、座机电话为一线员工通讯工具，严禁使用手机，特殊情况经授权使用手机时，应尽量避开游客。

9.2 具体规范

9.2.1 接听

9.2.1.1 基本规范

A. 电话铃响三声之内接起电话；如果三声内未及时接起，拿起话筒后应向对方致歉。

B. 电话接通后，向对方礼貌问好。

9.2.1.2 语言示例

A. 您好，青岛奥帆海洋文化旅游区 / ×× 部门！我是 ×××。（接听电话）

B. 对不起，让您久等了！（对方等候）

9.2.2 通话

9.2.2.1 基本规范

使用普通话，亲切自然，语言简洁，让对方听到微笑。

身体站直或坐正，不要将听筒夹在肩膀上。

话筒与口部保持 3 厘米左右距离，控制音量。

电话中断和重新通话时，要向对方致歉。

9.2.2.2 语言示例

对不起，请稍等一下。（要与第三人讲话）

对不起，让您久等了。（重新通话）

9.2.3 转达

9.2.3.1 基本规范

及时请受话人接听电话或将受话人的情况转告发话人。

帮助找人时，让对方等候不要超过 1 分钟。

9.2.3.2 语言示例

请稍候！（转达）

对不起，××× 正在通话，请问您需要留言吗？（受话人不方便接听）

对不起，××× 现在不在，请问您需要留言吗？（受话人不在）

9.2.4 复诵

9.2.4.1 基本规范

电话中，对方交待的重要问题要再次确认，并做记录，保证无误。

9.2.4.2 语言示例

我再重复一遍您所讲的内容好吗？（复诵对方讲话）

9.2.5 错误电话

9.2.5.1 基本规范

如果拨错电话，应立即致歉，并请放电话。

对方打错电话，应说明情况，礼貌相待，并询问是否需要帮助。

9.2.5.2 语言示例

对不起，打扰您了。再见！（打错电话）

对不起，您打错电话了。/ 需要我帮您查一下电话号码吗？（对方打错电话）

对不起，我找负责此事的同事跟您沟通，请稍等。（自己处理不了时）

9.2.6 结束

9.2.6.1 基本规范

通话结束后，轻放话筒，一般由发话人终止通话，由发话人先挂电话。

9.2.6.2 语言示例

谢谢您的来电！再见！

10 其他管理制度

10.1 青岛奥帆海洋文化旅游区临时施工管理办法

10.1.1 总则

10.1.1.1 为了强化对旅游区场地临时施工的管理，符合创建国家5A级景区的要求，公司本着科学合理、安全实用的原则，杜绝私建、乱建、违规施工现象，以达到临时场地活动管理的规范化、标准化、科学化，特制定本办法。

10.1.1.2 本办法适用于在旅游区内进行临时施工的所有工程。

10.1.1.3 凡是进入旅游区进行施工的项目，相关部门应会同景区公司参与论证、设计环节，公司提出场地具体使用意见，以确保设计合理，施工符合场地管理办法。

10.1.1.4 公司综合管理部、财务管理部是工程施工现场临时设施的监督、审核、审批机构。

10.1.2 临时施工管理流程

10.1.2.1 各施工单位须认真填写《工程施工入场联系单》并向公司财务交纳押金，方可施工。

10.1.2.2 临时设施施工完成撤出奥帆中心前，须向公司设备管理部领取《工程施工撤场联系单》并办理相关押金退款手续。

10.1.3 临时施工管理条例

10.1.3.1 临时设施的施工，要以保护旅游区的环境为第一要义，严禁占用绿化用地，破坏景区的绿化植被。

10.1.3.2 禁止无隔离施工，建设工程施工现场实行全封闭施工，按照规定设置隔离围挡，施工现场要保持场容场貌整洁，设置安全隔离区域。

10.1.3.3 禁止人员不系安全带高空作业，高处作业、悬空作业、必须系合格的安全带作业。

10.1.3.4 禁止人员不戴安全帽作业，工人及管理人员进入施工现场必须戴好安全帽、工作卡。

10.1.3.5 特殊车辆请参照《特殊车辆进入景区规定》的要求进场施工。

10.1.3.6 禁止无入场审批单作业，严格遵守景区施工审批安排，服从管理。

10.1.3.7 施工场地禁止吸烟、禁止明火，施工人员进入作业区禁止携带火源等危险物品，禁止酒后上岗。

10.1.3.8 施工人员禁止私自接水、接电。

10.1.3.9 景区限速20千米/小时，施工车辆禁止在景区高速行驶，保证游客游览安全，施工车辆要进行车辆信息登记，在规定时间内拉载货物。

10.1.3.10 特种作业人员禁止无证作业，电工、焊工、塔吊、施工电梯等特种作业人员必须持证上岗。

10.1.3.11 作业工具不符合标准禁止使用，施工现场的脚手架、安全防护设施、安全标语和警告牌必须符合规定。

10.1.3.12 施工单位应派专职安全管理人员现场监护，确保各项安全措施落实到位。

10.1.3.13 本办法自下发之日执行，解释权归公司所有。

第十一章 人力资源管理制度

1 员工管理制度

执行公司人力制度汇编。

2 员工聘用制度

执行公司人力制度汇编。

3 劳动合同管理

执行公司人力制度汇编。

4 员工考勤管理制度

4.1 假期管理

4.1.1 年假

4.1.1.1 员工连续工作满12个月以上的，可享受年假。

A. 员工累计工作已满 1 年不满 10 年的，每年享有 5 天年假。

B. 员工累计工作已满 10 年不满 20 年的，每年享有 10 天年假。

C. 员工累计工作已满 20 年的，每年享有 15 天年假。

4.1.1.2　公司在每年的年末核定员工次年的年假天数，参照社会保险缴费年数及个人档案确定员工工龄。

4.1.1.3　员工有下列情形之一的，不享受当年的年假。

A. 累计工作满 1 年不满 10 年的员工，请病假累计 2 个月以上的。

B. 累计工作满 10 年不满 20 年的员工，请病假累计 3 个月以上的。

C. 累计工作满 20 年以上的员工，请病假累计 4 个月以上的。

4.1.1.4　员工已享受当年的年假，年度内出现以上规定情形之一的，不享受下一年度的年假。

4.1.1.5　公司运营部、商品部、保安部员工年假原则上只能安排在公司的营业淡季，遇特殊情况可单独报分管领导审批；其他部门员工年假只能安排在公司的营业淡季和平季。各部门负责人应按年度进行统筹，提前做好安排。

4.1.1.6　员工因工作原因年度内无法享受当年年假的，由系统管理部汇总后提出书面申请，经总经理同意后，可延期至次年安排休假。

4.1.2　婚假

4.1.2.1　员工达到法定结婚年龄，自依法登记结婚之日起1年内可申请婚假，男员工年满23周岁、女员工年满20周岁的，可休婚假3天。

4.1.2.2　员工申请婚假前需提供结婚证明（结婚证），申请休假时间可根据工作需要进行适当调整。

4.1.3　计生假、产前假、陪护假、产假、哺乳假及育儿假

4.1.3.1　为保证女员工身心安全，公司面客服务岗女员工怀孕满6个月的，必须离岗休产前假。

4.1.3.2　女员工可休计生假、产假及哺乳假，按国家相关规定执行，审批手续参照病假。

4.1.3.3　已婚男员工在配偶生产当月可休陪护假，按国家相关规定执行，审批手续参照病假。

4.1.3.4　已婚已育员工可休育儿假，按国家相关规定执行，审批手续参照事假。

4.1.4　工伤假

4.1.4.1　员工发生事故伤害或者按照职业病防治法规定被诊断、鉴定为

职业病，经劳动保障行政部门认定为工伤需要休假时，可享有工伤假。

4.1.4.2　工伤假期满后，若不能继续从事原岗位，公司为其安排调岗，若无劳动能力或不能胜任公司其他岗位则按照国家相关规定根据劳动能力鉴定等级办理退职手续。

4.1.5　丧假

员工遇直系亲属不幸去世，可休丧假 1~3 天，审批手续参照急事假。

4.1.6　病假

4.1.6.1　员工因生病不能出勤可申请病假，病假应具备以下见证性资料。

A. 二甲及以上医院开具的挂号单、病历、假条（单次不超过 1 周）。

B. 三甲医院开具的病假条（单次一周及以上或月度累计 10 天以上的）。

C. 其他证据性材料（包括化验单、诊断报告等）。

4.1.6.2　公司女员工依法享有“三期保护”的权利，视实际情况可给予每月1天的无病历病假，不需要提供见证性资料。

4.1.6.3　为保证员工身体健康，有下列情况时，部门负责人应安排其休病假。

A. 员工患严重传染性疾病时。

B. 员工患病无法完成本职工作时。

4.1.7　长期病假

4.1.7.1　员工因患病或非因工负伤，需要停止工作医疗且休假天数超过1个月时，根据本人实际参加工作年限和在本单位工作年限，公司按国家相关规定给予医疗期。

4.1.7.2　员工因怀孕、患病或非因工负伤，休假天数超过3个月者，公司将不再保留原工作岗位，待医疗期满后由公司根据实际情况（工作胜任情况、身体适应情况等）另行安排工作。若病休复工员工遇劳动合同期满且公司无适合岗位安排，经员工书面申请后，公司将办理终止劳动关系手续。

4.1.7.3　员工因患病或非因工负伤不能从事工作的，公司按国家相关规定，做出解除或终止劳动合同处理决定或送有关部门办理伤病提前退休

（职）等。

4.1.7.4 长期病假不包括下列情况：

A. 因违反国家有关法律法规等的规定而受伤的（如打架斗殴）。

B. 做美容手术、牙科治疗、近视眼矫正手术以及常规性的健康检查的。

C. 超过医疗期后需要继续休假的。

4.1.8 事假

员工因私事必须由本人处理时应首先考虑换班或调休，如无法换班或调休时可申请事假。

4.1.9 公司员工依法享有法律、法规规定的假期，假期期间内包含节假日（年假除外）。

4.2 出勤管理

4.2.1 上班签到和下班签退

4.2.1.1 公司员工按照部门班次安排出勤，实行指纹签到、签退登记制度，上下班时应在考勤机上录入指纹信息。

4.2.1.2 如无法录入指纹信息时，应在办公楼或B口（dingding A&B）处使用手机进行蓝牙打卡。

4.2.1.3 遇其他特殊情况时，连接考勤专用WI-FI登录钉钉系统的考勤打卡功能手工打卡登记并标注原因，现场及时联系系统管理部处理。

4.2.1.4 员工有以下行为时，记为迟到：

A. 工作时间开始后 30 分钟内到岗者，记为迟到。

B. 漏钉钉系统打卡签到者，记为视同迟到。

C. 因公外出期间，漏外勤打卡签到或未标注原因者，记为视同迟到。

D. 出差或外派期间，漏外勤打卡签到者，记为视同迟到。

4.2.1.5 员工有以下行为时，记为早退：

A. 工作时间终了前 30 分钟内离岗者，记为早退。

B. 漏钉钉系统打卡签退者，记为视同早退。

C. 因公外出期间，漏外勤打卡签退或未标注原因者，记为视同早退。

D. 出差或外派期间，漏外勤打卡签退者，记为视同早退。

4.2.1.6　出现视同迟到和早退情况时，所在部门负责人当日可申请复议。复议时，需提供证明员工正常出勤的证据或分管领导出具的证明。

4.2.1.7　通过复议的视同迟到和视同早退情况，当月前两次不累计进行行政处罚。

4.2.1.8　年度内累计迟到、早退达到20次的，视为严重违反公司规章制度。

4.2.2　出勤确认

4.2.2.1　为确保面客服务岗位的正常配置，一线部门执行晨会日志登记制，由日值管理人员每天晨会应使用手机登录钉钉系统的晨会日志功能手工填写相应内容，确认员工出勤状态，并实时拍摄照片上传，提交部门管理人员和系统管理部管理人员备查。

4.2.2.2　执行四班三运转的岗位，每个班次交接班时，由交班人使用手机登录钉钉系统的交接班记录功能手工填写相应内容，确认员工出勤状态，并实时拍摄照片上传，提交部门管理人员和系统管理部管理人员备查。

4.2.2.3　各部门负责人应及时关注本部门员工出勤及上班签到和下班签退状态。

4.2.3　因公外出

4.2.3.1　为保证员工的职业健康安全，对员工的工作场所进行识别、控制，故要求员工因工作需要外出时，需报备。外出的报备流程：

A. 员工因公外出，向部门负责人报备。

B. 部门负责人外出，向分管领导报备。

4.2.3.2　外出办公不能指纹签到、签退时，应使用手机登录钉钉系统的考勤打卡功能手工外勤打卡登记并标注原因，且打卡地点需要定位在外勤目的地或附近。

4.2.4　出差和因公外派

4.2.4.1　公司员工因工作需要出差时，使用手机登录钉钉系统的出差功能提出申请，履行审批手续，并抄送系统管理部。

4.2.4.2　向异地项目派驻或出差的员工，应使用手机登录钉钉系统的考勤打卡功能进行定位打卡。

4.2.4.3 其他出差情况的员工，应使用手机登录钉钉系统的考勤打卡功能手工外勤打卡登记并标注原因，且打卡地点需要定位在出差线路期间、目的地或附近。

4.2.5 夜间巡查

保安部管理人员每月应进行不少于8次的夜间巡查，日期和时间随机，使用手机登录钉钉系统的夜查记录功能手工填写相应内容，确认设备部、保安部夜班期间员工在岗情况及工作状态，并实时拍摄照片上传，提交部门分管领导、部门管理人员和系统管理部管理人员备查。

4.2.6 加班

4.2.6.1 各部门应对工作进行合理规划，提高工时利用率，工作不做积压，尽量减少非必要性加班，确因工作需要加班的，按照钉钉系统加班审批程序进行。

4.2.6.2 加班审批由各部门负责人发起，写明加班原因，履行审批程序获总经理批准后方可实行，并抄送公司及部门考勤员。

4.2.6.3 月度内员工加班超过4天时（节日加班除外），加班申请不予受理。

4.2.6.4 产生加班的员工，系统管理部统筹核算年度存补休余额，年度内安排其补休（节日加班除外）。对于无法补休的加班，公司按国家相关规定给予加班费。

4.2.6.5 公司统一发布停休通知时，无需进行加班审批。

4.2.7 换班

4.2.7.1 员工因私事必须由本人处理或生病需就医、休养时可换班，应至少提前1天提出申请，填写《换班申请表》，经部门负责人批准后执行。

4.2.7.2 员工因急事或急病需换班的，应及时通知部门负责人获同意后执行，事后补办换班手续。

4.2.7.3 公司因工作需要安排休息员工到岗工作时可换班，换班应尽可能在月度内安排补休。

4.2.7.4 换班应在同岗位（或班组）中具备相同技能的员工之间进行，以确保正常工作的完成不受人员能力的影响。

4.2.8　请假

4.2.8.1　员工请假应提前提出请假申请，按照钉钉系统请假审批程序进行。

4.2.8.2　员工应如实填写请假类别、时间、事由等内容，履行审批程序获总经理批准后方可实行，并抄送公司及部门考勤员。

4.2.8.3　为保证公司的日常工作不受影响，事假审批应按下列顺序执行：

A. 建议员工进行换班。

B. 事由充分且工作可延续、替代，批准。

C. 安排休息员工加班或由管理人员顶岗，批准。

4.2.8.4　病假审批应以保障员工身体健康为最高原则，尽可能兼顾部门工作不受影响。

4.2.9　旷工

4.2.9.1　员工有以下行为时，记为旷工：

A. 未经换班、请假手续或假期未续而擅自不到岗者，未到岗期间按旷工时间计。

B. 请假事由或依据造假，欺诈公司者，未到岗期间按旷工时间计。

C. 被公安机关依法拘留，无法到岗工作者，未到岗期间按旷工时间计。

D. 工作时间开始后未到岗且不属于迟到情况的，未到岗期间按旷工时间计。

E. 未经审批擅自外出的，外出期间按旷工时间计。

4.2.9.2　无故连续旷工3天者、年度内累计5天者，视为严重违反公司规章制度。

4.3　考勤统计

4.3.1　执行标准工时制的岗位，按照月度应出勤天数统计出勤；执行综合工时制的岗位，按照实际排班工时统计出勤。

4.3.2　为保证员工的职业健康安全，各部门应根据员工实际出勤情况，按日统计汇总。

4.3.3　各部门考勤员应及时将考勤记录登记到《考勤统计表》中，确保考勤数据的完整和准确。

4.3.4 统计单位

统计单位	考勤类别
分钟	旷工
半日	存休、补休、调休、加班、出差、年假、病假、工伤假、事假
日	休息、婚假、计生假、产前假、陪护假、产假、育儿假、丧假、探亲假

4.3.5 各部门负责人应对部门考勤记录进行审核，确保考勤数据的真实和有效。

4.3.6 每月10日前，各部门将上月的考勤记录报系统管理部存档，作为每月员工工资计算的依据。

4.3.7 系统管理部在进行出勤核算时，有权视具体情况冲减存补休。

4.3.8 根据人社部疫情防控期间相关指导文件规定，经工会与公司协商决定，上一年度公司员工产生的存补休余额，下一年度继续对冲年假和存补休。

5 员工教育培训管理制度

5.1 确定需求

5.1.1 各部门通过确定影响产品及服务质量的每项工作的能力需求，评价进行该项工作的人员的能力，以弥补员工可能存在的任何能力方面的差距，与《岗位职责书》保持一致。

5.1.2 确定需求前应进行需求与其现有人员能力的比较和分析，无论需求是当前的还是预期的。

5.1.3 确定需求时需考虑培训方针和目标、管理要求、资源等方面的内容，以确保所策划的培训能够与公司保持一致。

5.1.4 公司为鼓励员工取得技能证书等自主学习行为，拓宽职业发展道路，允许员工以个人名义提出书面培训需求，作为个人培训策划的安排。

5.2 评审能力

5.2.1 能力差距的分析必须基于客观事实，以判断能否通过培训得到改善，同时对应培训目的。

5.2.2 各部门采取适当的频次和恰当的方式，定期对员工能力进行评审，以确保培训需求得到及时识别，评审能力时可参考员工绩效考核成绩。

5.3 培训设计

5.3.1 确定并列出有关制约培训过程的条件。

5.3.1.1 依法规定的各种要求。

5.3.1.2 组织确定的方针要求（包括那些与人力资源有关的要求）。

5.3.1.3 财务考虑。

5.3.1.4 时间和日程要求。

5.3.1.5 接受培训人员的可用性、积极性和能力。

5.3.1.6 某些因素，如能否获得进行培训的内部资源或声誉好的培训提供者。

5.3.1.7 任何其他可用资源的制约条件。

5.3.2 制约条件应作用于选择培训方式和培训提供者及培训计划的编制。

5.3.3 培训方式和选择准则

5.3.3.1 为保证培训需求得到满足，应依据所列出的资源、制约条件和目标选择培训方式。

5.3.3.2 培训方式可选择：

A. 外出参加公开课。

B. 现场的或非现场的课程和专题研讨会。

C. 学徒（以老带新），在工作中接受辅导和建议。

D. 自学。

5.3.3.3 适当的方式或这些方式的组合的选择准则应包括：

A. 时间、地点、设施及费用。

B. 培训目标。

C. 学员情况（如当前的或计划的职业身份，特长和（或）经历，参加者的最大数量）。

D. 培训持续的时间和实施的顺序。

E. 评定、评价和验证的形式。

5.4 培训策划

5.4.1 培训目标应建立在针对培训需求而在培训计划中所规定要达到

的预期能力的基础上，以确保培训的有效提供，并创造通畅和公开的交流。

5.4.2 培训的安排应充分考虑公司的方针和目标、岗位能力要求和员工的需求，由各部门于每年年末制订《年度培训计划》，经分管领导审批后，报总经理批准。

5.4.3 各部门负责人在制订月度工作计划时，考虑培训策划的安排。

5.4.4 不需要教育培训经费的内训，一般从相关工作的负责人、先进员工、星级员工、内审员等业务骨干中选择内训师。

5.4.5 内训师（不包括管理人员）提供固定课程培训时，根据培训大纲自行准备《培训课件》，系统管理部或所在部门可提前提出书面激励申请。

5.4.6 需要教育培训经费的培训安排应采用报告的形式提报总经理办公会审批，并包括以下内容：

A. 培训目标和要求。

B. 培训需求说明、培训方式和内容概要。

C. 学员（接受培训人员的有关情况）。

D. 日程安排，如持续时间，日期和重要的阶段。

E. 财务、资源要求，如培训材料和教职人员。

F. 从业禁止要求、服务期要求等。

5.5 培训提供

5.5.1 公司提供必要的资源，比保证培训满足策划的要求，其支持和促进培训的作用还应包括：

5.5.1.1 支持讲师或内训师及参与培训的人员双方。

5.5.1.2 监视培训质量。

5.5.2 讲师或内训师按照培训安排提供培训，并确保培训的效果满足需求，各相关部门人员按要求为培训提供必要支持。

5.5.3 接受培训的人员应参与培训过程，使受训人员增强过程的责任感，从而使他们为确保成功而能承担更多的职责。

5.6 效果验证

5.6.1 培训策划部门在培训结束后规定的期间内对培训目标的达成情况

进行验证，以确保培训满足策划的要求，即培训是有效的。

5.6.2 效果验证的方式可采用不同的方式进行：

5.6.2.1 笔试。

5.6.2.2 问答。

5.6.2.3 提交报告或总结。

5.6.2.4 现场操作。

5.6.2.5 其他培训监督人认为恰当的验证方式。

5.6.3 培训策划部门保管《培训记录》，包括相关证据材料，如试卷、证书、录像或照片。

5.7 培训评价

5.7.1 培训评价应在短期和长期的基础上开展：

5.7.1.1 在短期方面，应从学员中获得有关培训方式、所用资源以及培训中所获得的证书、知识和技能的反馈信息。

5.7.1.2 在长期方面，应对学员的工作业绩和生产率改进做出评价。

5.7.2 培训评价时应考虑以下内容：

5.7.2.1 培训结果与培训目标的符合程度。

5.7.2.2 学员对讲师或内训师提供培训的满意程度。

5.7.2.3 与培训相关的建议或抱怨。

5.7.2.4 培训完成情况的确认。

5.7.3 为确保员工安全培训教育（再教育）满足相关法律法规要求，涉及安全的培训，策划部门在完成培训效果验证后，保持《安全培训教育记录卡》作为合规性评价的证据。

5.7.4 系统管理部依据培训评价的结果，向总经理办公会提报内训师的激励兑现。

6 考核管理制度

6.1 绩效监测

6.1.1 绩效监视

目标及体系运行绩效的监视频率随公司客流量变化而适时调整。原则上，考核者必须在被考核者绩效形成过程中予以有效的指导，通过对被考核者绩效完成情况的不断跟踪，适当提供积极性反馈，鼓励良好的行为及工作方法，及时提供建设性的反馈以纠正不良的工作方法来提高绩效。同时注意及时形成必要的工作记录，以便为实施绩效管理积累客观依据。考核实施时，应避免主观，依据客观事实进行评价，并保留记录。

6.1.2　绩效测量

绩效测量按月实施，各相关业务主管部门应于每月 8 日前将绩效测量结果提报给系统管理部②。系统管理部②依据各部门提供的数据，填入《目标实现进度表》，确定公司工作绩效，于每月 10 日前发布。

6.2　绩效考核

6.2.1　主要考核项设定及权重

<table>
<tr><th rowspan="2">姓名</th><th rowspan="2">权重</th><th colspan="3">营业完成度</th><th rowspan="2">顾客满意度</th><th rowspan="2">企业文化</th><th rowspan="2">培训教育</th><th rowspan="2">安全风险</th></tr>
<tr><th>销售</th><th>票务</th><th>商品</th></tr>
<tr><td>公司领导</td><td>100%</td><td>90%</td><td></td><td></td><td>10%</td><td>0%</td><td>0%</td><td rowspan="4">−100%</td></tr>
<tr><td>营销部</td><td>100%</td><td></td><td>80%</td><td></td><td>20%</td><td rowspan="3">−10%</td><td rowspan="3">−10%</td></tr>
<tr><td>商品部</td><td>100%</td><td></td><td></td><td>80%</td><td>20%</td></tr>
<tr><td>其他部门</td><td>100%</td><td>80%</td><td></td><td></td><td>20%</td></tr>
</table>

6.2.2　主要考核项系数

为激发创收部门工作潜力，合理分解目标、指标而特别设立，对应营业关联度指标。当上一年度实际完成率达到或超过上一年度系数上限时，次年度上限为上一年度系数上浮 10%；当上一年度实际完成率未达到上一年度系数上限时，次年度上限为上一年度实际完成率上浮 10% 四舍五入取整。

票务调节系数	商品调节系数	设定标准
0.7	0.8	销售收入月度目标实现进度＜ 73%
0.8	0.85	73% ≤销售收入月度目标实现进度＜ 85%
0.9	0.9	85% ≤销售收入月度目标实现进度＜ 100%

（续表）

票务调节系数	商品调节系数	设定标准
1.0	1.0	销售收入月度目标实现进度＝ 100%
1.05	1.05	100% ≤销售收入月度目标实现进度＜ 110%
1.1	1.1	110% ≤销售收入月度目标实现进度＜ 120%
1.2	1.15	120% ≤销售收入月度目标实现进度＜ 130%
1.3	1.2	130% ≤销售收入月度目标实现进度≤ 240（190）%

6.2.3　主要考核项得分封顶

根据公司目标及过往业绩，参照疫情防控期间绩效考核暂行办法，结合公司实际，主要考核项得分封顶如下：

6.2.3.1　营销部259.2分。

6.2.3.2　商品部202.4分。

6.2.3.3　其他部门240分。

6.2.4　封顶兑现

自年度目标完成当月起，按累进进度兑现封顶部分绩效。

6.2.5　日常考核项设定及权重

6.2.5.1　部门负责人

依据月度工作计划，自行设定考核项目并分配权重，上限 100 分，经分管领导审核确认，由系统管理部备案后，报总经理审批执行。考核项作为月度绩效考核的依据，设定后可由分管领导进行调整，各部门负责人依据系统管理部提供的考核项目自评后，报分管领导复评并填写考核评价，由总经理最终确定考核成绩。

6.2.5.2　其他管理人员

依据工作职责，自行设定考核项目并分配权重，上限 100 分，经部门负责人审核确认，由系统管理部备案后，报分管领导审批执行。考核项作为月度绩效考核的依据，设定后可由部门负责人进行调整，各部门管理人员依据系统管理部提供的考核项目自评后，报部门负责人复评并填写考核评价，由分管领导最终确定考核成绩。

6.2.5.3 员工

执行部门经理负责制，由所在部门负责人制定本部门员工具体的绩效考核实施办法，基本规则如下：设定日常考核项，对应日常工作，上限 90 分；另设改进考核项，对应重点工作、专项工作或创新工作（流程优化），个人不设上限，但要保证部门内平均分不超过 10 分。

6.2.6 考核评价

工作目标完成效果评价，如不能通过经营统计数据得出确切的绩效结果，由其上级对下级进行基于客观事实的评价。评价是用来衡量被评估人工作表现的，是根据被考核对象在每项关键工作目标上的完成情况确定的。

6.2.7 考核结论

6.2.7.1 结论的确认

考核者应与被考核者确认绩效考核结论，无论采取面谈还是书面评价的方式进行，被考核者均需在《绩效考核评价表》签字确认绩效考核结论。各部门应汇总绩效考核成绩备用，并保留记录。

6.2.7.2 结论的提报

绩效考核按月实施，考核者应于每月 13 日前完成绩效考核，以确保员工薪酬兑现。

6.2.7.3 结论的应用

公司本着公正、客观的原则，应用绩效考核结果，必要时，作为管理评审的输入。绩效考核结果与员工利益的相关性表现为绩效工资的分配；年度激励的分配；任命、晋级、晋档、评优、降级以及培训资格的确认。

图书在版编目（CIP）数据

5A 之路：青岛奥帆海洋文化旅游区创建案例及操作指南 / 青岛旅游集团编 . —青岛：中国海洋大学出版社，2024.12 - ISBN 978-7-5670-3968-1

Ⅰ . P7-902；F592.752.3-62
中国国家版本馆 CIP 数据核字 2024OMG869 号

书　　名　5A 之路——
　　　　　青岛奥帆海洋文化旅游区创建案例及操作指南

　　　　　5A ZHI LU——
　　　　　QINGDAO AOFAN HAIYANG WENHUA LVYOUQU CHUANGJIAN ANLI JI CAOZUO ZHINAN

出版发行　中国海洋大学出版社
社　　址　青岛市香港东路 23 号　邮政编码　266071
出 版 人　刘文菁
网　　址　http://pub.ouc.edu.cn
订购电话　0532-82032573（传真）
责任编辑　张　华
印　　制　青岛创美包装有限公司
版　　次　2024 年 12 月第 1 版
印　　次　2024 年 12 月第 1 次印刷
成品尺寸　170 mm×240 mm
印　　张　30.75
印　　数　1～2 000
字　　数　454 千
定　　价　49.80 元